博士论丛

转型期中国特大城市空间增长

叶昌东　著

中国建筑工业出版社

图书在版编目（CIP）数据

转型期中国特大城市空间增长/叶昌东著. — 北京：
中国建筑工业出版社，2016.6
（博士论丛）
ISBN 978-7-112-19414-8

Ⅰ.①转…　Ⅱ.①叶…　Ⅲ.①特大城市 — 城市空
间 — 城市扩展—研究—中国　Ⅳ.①TU984.2

中国版本图书馆CIP数据核字（2016）第094785号

责任编辑：滕云飞　朱笑黎
责任校对：王宇枢　李美娜

博士论丛
转型期中国特大城市空间增长
叶昌东　著

*

中国建筑工业出版社出版、发行（北京西郊百万庄）
各地新华书店、建筑书店经销
北京京点图文设计有限公司制版
北京云浩印刷有限责任公司印刷
*
开本：787×1092毫米　1/16　印张：18　字数：329千字
2016年8月第一版　2016年8月第一次印刷
定价：**48.00**元
ISBN 978-7-112-19414-8
　　（28658）

序

改革开放以来，我国进入快速城市化阶段，城市建设取得了巨大成就。与此同时，城市空间增长过程出现了一系列新的变化，如城市群、城市新区、城市更新、城中村等；也伴随着出现了一些增长的问题，如土地资源浪费、城市交通拥挤、城市公共设施配套不足、城市环境污染等。因此如何及时掌握城市空间变化的新特征、新规律，提出合理、可持续的城市空间增长模式和发展策略，这是我们城市研究工作者应尽的职责，我及我的研究团队将在城市空间研究领域做出我们的努力。

城市内部空间结构一直是我长期关注的研究方向之一。2009年我申请的国家自然科学基金课题"节约型城市空间增长研究"获得批准。我的博士生围绕转型时期中国城市内部空间结构这个主题进行博士论文选题，当时给叶昌东确定了"转型期中国特大城市空间增长"的主题去完成博士论文。

叶昌东博士于2001年进入中山大学学习，2005年开始跟随我攻读硕士、博士学位。期间参与了大量的科研和实践工作，曾到过全国大部分主要的特大型城市做过亲身考察体验，对我国城市空间增长问题既有较丰富的感性认识，也有一定的理论认识。2011年博士毕业之后进入华南农业大学城乡规划系参加工作，工作期间进一步延续了城市空间增长领域的研究工作，并获得了国家自然科学基金课题"行业尺度下城市产业用地空间分异及其形成机制——以广州为例"的资助，取得了一些新的研究进展。

本书以全国50多个特大型城市为样本案例，较为系统地分析和研究了我国近20年的城市空间增长特征，具有一定的创新性，主要表现在：(1)较为全面地总结了转型期中国特大城市空间增长中新的空间要素和空间要素的新形式，并将其分为新型产业空间、新型居住空间、新型公共空间和综合性空间的新形式以及向区域性空间拓展的新方式5种主要的类型，重点分析各种空间要素的区位选择特点及布局模式并进而总结转型期中国特大城市空间要素的布局模式。(2)运用了定量方法研究转型期中国特大城市空间增长结构和形态的演变特征。通过功能结构、空间拓扑分析和形态指数分析的定量方法对转型期近20年来的中国特大城市空间结构和形态演变特征做了分析，并探讨了其与城市规模、产业结构的关系，总结演变规律。(3)总结了转型期中国特大城市空间增长的基本模式。从功能布局、增长形式、行动主体三方面对中国特大城市中旧城空间、城市边缘区、城市外围空间、城市区域性空间的增长模式进行了总结，将其分别归纳为分化、推移、跨越和延伸四种基本模式。

　　本书的出版，相信对城市空间领域的相关研究工作者开展研究工作，对城乡规划、人文地理等专业的师生扩展专业知识，对相关管理部门制定政策均能有一定的启发和帮助。

2016 年 3 月 12 日

前　言

本书是国家自然科学基金课题"节约型城市空间增长研究"（编号：40971097）、"行业尺度下城市产业用地空间分异及其形成机制——以广州为例"（编号：41401168）的部分成果。共分 9 个章节：

第 1 章研究综述，分析选题背景和研究意义、相关概念界定以及国内外相关研究进展。第 2 章研究设计，分析研究对象、研究方法、资料和数据评估及研究思路和框架。第 3 章转型期中国城市空间增长背景条件，分析近 20 年来中国城市空间增长的社会经济背景以及城市空间增长的总体特征。第 4 章转型期中国特大城市空间增长要素，研究分析近 20 年来中国城市空间增长中出现的新现象和新形式。第 5 章转型期中国特大城市空间结构演变特征，分析近 20 年来中国大城市空间结构的演变规律，并研究城市空间结构演变与城市规模等级、产业结构的关系。第 6 章转型期中国特大城市空间形态演变特征，从形状、紧凑度、破碎度三个角度研究了近 20 年来中国大城市的空间形态变化，分析城市空间形态的演变特征。第 7 章转型期中国特大城市空间增长基本模式，分别从功能开发、增长形式和行动主体三个角度进行研究，进而总结近 20 年来城市空间增长的基本模式。第 8 章转型期中国特大城市空间增长动力机制，从影响因素入手，根据其对近 20 年来中国大城市空间增长的要素、结构、形态特征的作用总结其影响作用机制。第 9 章结论与讨论，对当前中国城市空间增长中存在的问题和应对措施进行了探讨分析。

由于作者本人水平有限，书中仍有许多不足之处，在未来的研究中，我将继续在城市空间增长领域做出自己的努力，希望能够得到相关领域研究同仁和工作者的支持和帮助。

本书可作为高等院校城乡规划、人文地理等专业研究生与本科生的教学拓展，也可作为政府管理部门和相关研究工作者的参考。

目　录

第1章　研究综述

1.1　研究背景

1.1.1　转型期背景下中国城市空间增长中的新现象不断出现

1980年代末至1990年代初，中国改革开放重点逐渐转入城市，使城市进入了社会经济快速发展和转型的时期。中国城市不仅与西方国家共同面临着全球化、信息化、生态环境保护的问题，同时还面临着国内社会主义市场经济转型的特殊国情；城市空间增长现象不断更新并日益复杂，成为城市研究领域的重要内容，主要包括有：①城市空间要素不断丰富，如CBD、大学城、城中村、"三旧"改造、开发区、地铁、城市快速路、生态景观、新城市功能区、城市空间增长边界等。②城市土地节约集约利用，当前中国城市空间扩展过快，在土地资源紧缺的基本国情下必须提高土地利用强度、提倡节约集约利用土地资源，这已经成为中国城市建设和土地管理中矛盾突出的问题之一，其中涉及城市规划和土地利用规划的协调和衔接、城市开发建设与土地资源保护、工业生产与粮食生产安全等问题。③城乡统筹发展，城市化过程是城市不断向乡村地域扩张的过程，是改变农村生活方式、生产方式的过程；尽管改革开放以来，中国的城市化发展取得了巨大成就，但由于中国是一个典型的传统农业型社会，所以目前仍存在广大的农村地域，这使得城乡统筹问题在中国城市空间增长中表现得尤为激烈，如城市内部存在大量的"城中村"、城乡交界处存在城乡接合部农村社区转向城市社区的转制问题等。④城市—区域一体化，城市和区域关系密切，城市是区域发展的核心，区域是城市存在的环境；目前，随着城市地域空间的不断扩展，开始出现城市和区域在景观形态上融为一体的现象，城市群、大都市连绵带等空间现象是中国城市空间增长的主要趋势之一。

1.1.2　转型期一般性城市空间增长模式有待进一步深入研究

当前中国城市空间增长的研究以个案分析或单一视角的研究为主，系统性的一般城市空间增长模式的总结略显不足。1990年代以来，各种住房、土地、人口统计登记制度的建立和完善，为开展城市空间增长研究提供了良好的基础；同时，各种空间分析技术手段的逐步成熟，使中国城市空间增长相关研究进入了一个相对快速发展的时期；并出现了一些关于中国城市空间增长理论模式的研究与总结，如对社会区、住房、城市贫困等城市社会空间的研究，对商业和高新技术产业等城市产业空间的研究，对城中村、开发区、城市群等城市空间形态的研究以及对中国城市内部人口分布变动模型、郊区化发展模式的总结等。这些模式侧重研究城市空间增长中的单个方面问题，系统性的总结仍有所欠缺；另外，1990年代以来，尤其是21世纪以来，在全球化、信息化、生态环境保护的新背景下，这些模式有的已经不再适合中国城市发展的实际情况，对新的环境背景下中国城市空间增长一般模式的探讨仍有待进一步加强。

1.1.3 空间分析手段的日益丰富为城市空间增长研究提供了技术支撑

1990年代以来，空间分析技术手段日益丰富成熟，为进行城市空间增长科学性的分析提供了技术和方法上的支撑，这些技术方法主要包括以下4类：

1. 遥感影像分析技术的精度越来越高，可以对人工建筑物、构筑物、城镇建成区等景观要素进行精确的识别；且遥感影像的覆盖面越来越广，大部分城市地区均可获取遥感影像数据；遥感影像分析技术在城市空间增长研究中已有广泛的应用，通过与GIS等地理信息分析技术的结合，为城市空间增长研究提供了强大的技术支持[1-3]。运用遥感影像分析技术研究城市空间增长具有相对客观和可比性强的优势，但也存在历史数据不易获取、数据解译过程受人为主观因素影响等不足。

2. GIS的空间分析是以空间位置和形态特征为基础，通过空间数据与属性数据的综合运算提取并产生新的空间信息的技术过程。其目的是通过对空间数据分析处理获取地理对象的空间位置、空间分布、空间形态、空间演变等新信息，为城市空间增长提供了重要的分析手段和工具。主要内容包括空间数据的空间特征分析、空间数据的非空间特征分析以及空间特征和非空间特征的联合分析；其中空间特征分析包括运用空间统计学、图论、拓扑学、计算几何、图形学等方法对空间事物作出定量的空间描述和分析；非空间特征分析包括通过数理统计尤其是多元统计的方法进行数学（统计）模型描述或模拟空间现象的演变过程和规律；空间特征和非空间特征的联合分析是通过空间特征分析获得空间位置信息，然后通过非空间特征分析获取区域的专题信息。目前GIS空间分析技术已广泛应用于城市空间增长的实践和理论研究领域，主要应用领域包括城市基础地理信息系统的建立、城市空间增长管理、城市规划管理等。

3. CA（元胞自动机）方法具有强大的空间运算能力，适用于自组织系统演变过程的研究；而城市作为一个自组织系统是 CA 技术应用和实践的重要领域之一，如 CA 技术在对城市空间系统时空演变过程的模拟中具有很强的优势[4]，国内外有许多学者应用 CA 方法对城市空间拓展过程进行过研究[5-8]。但 CA 方法在城市空间增长研究中的应用目前正处于探索阶段，研究重点集中在地理空间现象的复杂动态影响因素引进到 CA 模型中的转换规则以及模型参数确定和纠正等问题上，如利用层次分析法、线性 Logistic 回归分析法、神经网络训练法、核学习机、灰度模型等不同转换规则对城市空间拓展的模拟等[9-11]。

4. 分形理论用于表征图形局部与整体某种方式的自相似性；常用的分形维有 Hausdorff 维数、几何维数、相似维数、信息维数和关联维数等；目前分形理论在城市空间增长研究已有大量应用，主要集中对城市群、单个城市空间分形特征等的分析上[12-16]；在 GIS 空间分析技术的帮助下分形研究工作量大为简化，两者的结合使得分形理论在城市空间研究中有较强的应用前景。

此外模糊数学、突变论等理论和方法在城市空间增长研究中也有较多的应用，总之近年来空间分析手段的快速发展为城市空间增长研究提供了多样的研究方法和分析工具。

1.1.4 地理学的多元化转向为城市空间增长成因机制分析提供新思路

1980 年代以来，地理学研究出现了制度、文化、关系、尺度等的多元视角转向，在城市地理的研究中也出现了多元视角的新变化，从单纯关注物质性空间逐渐转向对人文空间、文化空间等多元复合性城市空间的研究。这种多元视角的转变为城市空间增长成因机制的分析提供了多元思路，为分析当前全球化、信息化、生态环境保护背景下的中国城市空间增长特征机制提供了新思路。①制度转向强调在地理空间现象研究中关注各种社会制度的演化，充分地理解空间现象的本质特征[17, 18]；强调制度因素在城市空间演化过程中的影响作用，对改革开放以来中国城市空间增长影响较大的主要社会制度性因素有：城市规划、土地使用制度、住房制度、户籍制度、就业制度、社会保障制度、教育制度、行政区划管理体制、投融资管理体制等[19]。②文化转向是制度主义转向的深化，认为应关注空间现象变化过程中的社会、文化性影响因素，强调从历史和文化的角度去理解世界、国家、区域和城市的时空变化，关注与文化意义和价值相关的如身份、意义、象征等问题的研究[20]；文化转向视角下的城市空间增长研究应加强对地方传统文化、人的观念价值体系以及城市空间的成长历程等因素的关注[21]。③关系转向是随着制度和文化主义转向的深入而出现的；其核心问题包括地方与区域发展的关系、社会行动者的关系网络以及关系的尺度等。④尺度转向是伴随着制度、文化、关系转向而发生的，强调对地方空间尺度的综合判断及地方之间的相互依赖性的研究，反映了全球化与地方化的相互转换关系，通过不同层次地理尺度和对尺度间相互依赖性的研究，为当前全球化下的城市与区域空间演变过程、机制及管治模式提供了新的理论视角。此外，近年来经济学、政治学、社会学、生态学的交叉和融合也为城市空间增长研究提供了更加多元化的分析视角；如新经济地理学、新马克思主义理论、城市社会空间理论、可持续发展理论等[22]。

1.2 研究意义

理论来源于实践，并应用于指导实践工作，本研究以近 20 年来中国大城市空间增长的实践为出发点，分析其主要特征，并进而总结一般性城市空间增长规律和基本模式，最后分析其影响机制。本研究的理论和实践研究意义主要包括：

1.2.1 理论意义

本研究的理论意义主要有：

1. 进一步促进中国城市空间增长理论的发展

目前中国城市空间增长研究已形成了相对完善的理论研究体系，并在不断进步完善之中；已有的研究主要集中在对西方城市空间增长理论的引入、中国古代城市空间增长、计划经济下的城市空间增长模式以及改革开放以来转型期中国城市空间增长的个案分析研究等方面。本研究主要针对近 20 年来中国大城市空间增长中出现的新现象、新问题，以大量城市数据为基础运用定量方法分析研究其增长规律，并总结城市空间增长模式，这将进一步促进中国城市空间增长理论的发展。

2. 进一步丰富和充实转型期中国城市的研究

转型期的中国城市发展是一个复杂的过程，其在经济、社会、环境、交通、形态等方面均表现出新的特征。现阶段中国大城市中出现人口向城市集聚的向心式移动与空间上向外离心式扩散并存的现象，这是转型期中国城市空间增长的特殊背景和演变特征，因此转型期的城市空间增长问题研究已逐渐成为理论研究中的热点与难点问题之一。在这背景下，本研究重点分析的是城市空间增长的要素、结构和形态等方面的内容，这将进一步丰富与充实转型期中国城市的研究。

1.2.2 实践意义

本研究的实践意义主要有：

1. 为现阶段中国大城市空间增长管理政策的制定提供参考

现阶段中国大城市空间增长问题日益突出，如城市过度分散造成的人口就业模式转变、利益驱动下的土地经济和基础设施过度超前、大规模开发建设带来的生态环境质量下降等，这给城市建设管理带来了众多难题。如何制定科学合理的城市空间增长规划管理措施已经成为现阶段中国城市管理中的一个重点。本研究基于近 20 年来中国城市空间增长的客观实际，研究分析其主要特点、动力机制及存在问题，为中国城市空间增长管理、制定分类管理政策等提供参考依据。

2. 对中国城市空间未来的发展提出建议

1960、1970 年代兴起的可持续增长理念对西方城市空间增长问题的研究起到重要作用，并先后促使了城市空间增长边界管理、新城市主义、精明增长等城市建设思想和理念的出现。由于中国城市空间增长有自身的特殊发展环境和形成机制，因此如何借鉴国外城市空间可持续增长的现有经验并结合中国城市发展的特殊背景，形成具有中国特色的城市空间可持续增长理论是一个非常值得研究的问题。本研究通过对近 20 年来中国城市空间增长的系统研究，为未来中国城市空间增长的可持续发展提出一些建议。

1.3 相关概念

1.3.1 城市空间要素

研究城市空间的学科有很多，不同学科对城市空间研究的侧重点不同，对城市空间要素的理解也不同。城市规划的城市空间主要指建筑物和开放区域形态的城市建成区，建筑学的城市空间主要指建筑外部形态及内部围合的开放空间，地理学的城市空间是指城市占有的地域空间的物质形态[4]。

不同的学者从各自研究的角度出发对城市空间要素进行了分类，其中哈米德·雪瓦尼从城市空间组织结构的角度出发将城市空间构成要素分为土地使用、建筑形式与体量、交通与停车、开放空间、人行步道、支持活动、标志、保存与维修等内容[23]；凯文·林奇从城市意象空间角度出发将城市空间构成要素分为道路、边缘、区域、节点和地标 5 类；诺伯格·舒尔茨的存在空间论将城市空间要素分为地理区域或国家、地景或区域、城市、街道、住家 5 个层级范围的 3 个基本元素：领域（特殊意义的地区）、路径（连接各类型中心与地区的路线）、场所（有特殊重要性与意义的各类型中心）；朱文一的符号空间论将城市空间划分为郊野公园、城市大街、城市广场、城市的"院"、城市街道、城市公园 6 个要素；凯叶在城市空间分形研究中将城市空间要素划分为住宅、工商业、开放空间、空闲地[22]；霍尔从城市土地利用形态的角度出发将城市地区归纳为传统商务中心、第二商务中心、第三商务中心、外城边缘城市、外围边缘城市、特殊活动集聚地6种类型[24]。有学者总结城市空间要素包括物质空间和非物质空间两种，其中物质空间有如道路网、街区、节点、天际线、城市用地、城市发展轴等；非物质空间主要包括经济空间和社会空间，经济空间如工业空间、市场空间、交通空间等，社会空间如居住空间、行为空间、感应空间等[25, 26]。

综上所述，城市空间要素的划分主要有3种类型，分别是从几何形态角度出发的以点、线、面特性为基础的分类，从城市空间布局结构角度出发的分类，以及从城市空间功能角度出发的分类。本研究的城市空间要素特指近20年来在中国大城市中出现的新的空间要素及城市空间要素的新形式。

1.3.2　城市空间结构

结构指事物内部各组成部分或要素之间的相互关系，城市空间结构指城市内部空间组成要素之间的相互关系。不同学科对城市空间结构的理解与侧重点有所不同，如建筑学和城市规划学强调实体空间，经济学偏重于城市空间格局形成过程的经济影响机制，地理学强调土地利用结构以及人的行为、经济和社会活动在空间上的表现，社会学者认为城市空间结构是政治和公共政策关系的反映，研究土地利用的学者认为城市空间结构是城市地区物质空间要素与土地使用的秩序与关系等。佛利（Foley）认为城市空间结构有4个层次的含义：①包括文化价值、功能活动和物质环境3种要素，②包括空间（地理空间分布）和非空间（文化、社会等活动）2种属性，③包括形式和过程（城市空间要素的形态格局和空间作用模式），④具有时间特性。

广义的城市空间结构有4个层次的含义（表1-1）：①背景联系，如城市空间的年龄、阶段、功能特征、与外部环境的关系以及在城市体系中的地位等。②城市整体形态，如城市规模、空间形态、具体的位置与所在的交通网络等。③城市内部功能结构，如密度、多样性（同质性）、同心性、扇形、连通性、方向性或倾向性等。④具体的组织与行为，如组织机制、控制机制与发展方向等。

本研究的城市空间结构主要指由城市空间要素不同组合、不同布局形式所形成的空间结构类型，从城市空间增长的方式、方向等角度来研究分析，包括城市功能空间结构和城市拓扑空间结构。

城市空间结构的主要内容　　　　　　　　　表1-1

层次	标准	事例
背景联系	时序	发展的时间和阶段
	功能特征	占优的功能和生产类型（如服务中心、采矿城）
	外部环境	城市所处的社会经济和文化环境
	相对的位置	在更大的城市系统中的位置（如核心—边缘差异）
整体形态	规模	规模：地域、人口、经济基础、收入等
	形态	在地域上的地理形态
	位置和几何基础	城市建立的物质景观
	交通网络	交通系统的类型和结构
内部功能形态	密度	发展的平均密度；密度梯度的形态（如人口）
	同质性	各种活动和社会群体的混合（或分散）程度
	同轴性	各种应用、活动等按环形围绕城市中心组织起来的程度
	扇形结构	各种应用、活动等按扇形围绕城市中心组织起来的程度
	连通性	节点和城市亚区通过交通网络和社会相互作用网相互连通的程度
	方向性	相互作用格局的椭圆定位程度（如居住迁移的椭圆形向外放射）
	相符性	功能和形态的相符程度
	替代性	城市形态的发展既可为一种，也可为另一种功能服务（如建筑物、地域、公共团体）
组织和行为	组织原则	空间类型和一体化的内在机制
	控制论	反馈程度；对变化的敏感性
	控制机制	监控和控制的内部方法（如分区、建筑控制、财政限制）
	目标方向	城市结构发展向优先目标发展的程度

资料来源：周春山，2007

1.3.3　城市空间形态

　　1960 至 1970 年代西方城市形态学研究逐渐兴起并形成了一个相对完善的研究体系[25]。城市形态指城市在一定时期内受自然环境、历史、政治、经济、社会、科技、文化等因素的影响所形成的表现特征；有狭义和广义之分，其中狭义的城市形态指城市空间实体表现出来的物质形态特征，广义的城市形态除了指城市各组成部分之间有形的表现之外，还包括了其中的社会、经济、文化现象和过程[27]。城市空间形态是城市形态概念的延伸，与城市空间结构是密切相关的两个概念，博恩认为城市空间形态是城市范围内单个要素，以及社会团体、经济活动和公共机构的空间格局或安排；城市空间结构则是将城市空间形态、行为和相互作用组合起来的一系列组织规则。城市空间形态包括城市作为个体的内部空间和城市作为整体的外围空间两个层面，其中城市内部空间形态主要指城市空间组成要素分布状态的表征[28, 29]；城市外围空间形态指城市整体表现出来的形态特征，如大小、宽窄、凹凸、分散与紧凑、连贯与破碎等[30]。

本研究的城市空间形态主要指城市空间的外在表现形式，包括其形状、紧凑性、破碎性等特征。本研究认为城市空间要素在增长过程中的表现形式或状态是城市空间增长的结果[31, 32]。

1.3.4 城市空间增长

城市空间增长是与城市空间形态和城市空间结构相互联系的概念，是一个动态概念，指各种城市空间要素按照一定的规律生长并表现为一定形式的结果。城市空间增长有狭义增长和广义增长两种，狭义的城市空间增长主要指城市空间要素的增加和规模的扩大，包括水平方向和垂直方向上的增长，主要涉及城市空间要素增长和城市空间形态变化两个方面的内容。广义的城市空间增长则不仅指城市空间规模上的扩大，还包含了城市空间结构上的演变，主要有3层含义：一是城市空间增长的要素，这是城市空间增长的主体；二是城市空间增长的方式、方法，表现为一定的规则或规律；三是城市空间增长的表现形式，即城市空间形态的具体表现。

关于城市空间增长的研究可以从不同的角度进行具体分析，如从城市的空间增长方向角度出发，有水平空间增长、垂直空间增长2种方式。从城市空间增长位置角度出发有城市内部空间增长、城市外围空间增长以及城市区域性空间增长3个层面的内容，其中城市内部空间增长包括城市内部空间结构、功能分区、人居环境质量提升等；城市外围空间包括城市边缘区的蔓延、城市向郊区的扩散等；城市区域性空间包括城镇群、都市圈、城市带等（图1-1）。

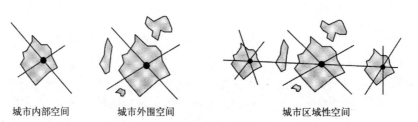

城市内部空间　　　城市外围空间　　　　　城市区域性空间

图1-1　城市空间尺度示意图

资料来源：孙桂平，2006

8

从城市空间增长演变过程的角度出发，段进等人将其划分为生长点的产生与散布，生长轴的形成与伸展，圈域的形成与界定，整体扩展，整体分化，核心产生，新生长点的产生与散布，新圈域、新核心的产生及旧圈域继续分化，多轴、多核心、多圈域的融合 9 个阶段（图 1-2）[33]。而埃里克森从城市空间增长中的集中与分散规律性的角度出发将城市空间的增长划分为外溢—专业化、分散—多样化、填充—多核化和集中—扩散化 4 个阶段（图 1-3）[34]。朱喜钢结合中国城市空间增长的特征将其总结为 4 种类型：①以城市中心区为核心，由中心向外围圈层式伸展集聚呈团块状的向心集聚式集中；②围绕城市中心区的卫星城或组团呈跳跃式的向心分散式集中；③城市的外围或依地形或专业化条件形成的与主城相对独立的离心状城市聚落或工业城、工业区、科技园的离心集聚式集中；④各空间实体相对闭合，自成体系，平行发展并呈离散状分布的离心分散式集中[35]。

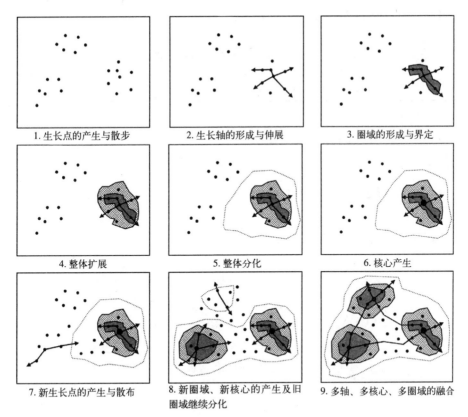

1. 生长点的产生与散步　　2. 生长轴的形成与伸展　　3. 圈域的形成与界定

4. 整体扩展　　5. 整体分化　　6. 核心产生

7. 新生长点的产生与散布　　8. 新圈域、新核心的产生及旧圈域继续分化　　9. 多轴、多核心、多圈域的融合

图 1-2　城市空间标准生长模型示意图

资料来源：段进，2006

9

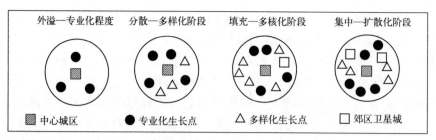

外溢—专业化程度　分散—多样化阶段　填充—多核化阶段　集中—扩散化阶段

▨ 中心城区　● 专业化生长点　△ 多样化生长点　□ 郊区卫星城

图 1-3　埃里克森的城市空间增长过程
资料来源：朱喜钢，2000

　　从城市空间增长方式的角度出发可以分为内填式、外延式、轴沿式、蔓延式和独立式等（表 1-2）[36]。其中内填式指在现有城市空间范围内的空置地段进行的开发建设；外延式指在现有城市边缘进行开发建设，空间上与城市紧密相连；轴沿式指沿区域性主要交通基础设施轴向发展；蔓延式指在新的分散地块内进行开发；独立式指在独立于现有城市建成区范围内具有一定规模的新地块内进行开发建设。

不同土地开发模式下的城市空间形态　　　　　　　　　　表1-2

	内填式	外延式	轴沿式	蔓延式	独立式
内填式	完全内填式	—	—	—	—
外延式	内填式/外延式	完全外延式	—	—	—
轴沿式	—	外延式/轴沿式	完全轴沿式	—	—
蔓延式	内填式/蔓延式	外延式/蔓延式	轴沿式/蔓延式	完全蔓延式	—
独立式	—	—	—	—	完全独立式

资料来源：Michael Batty，Nancy Chin，Elena Besussi，2002.

本研究的城市空间增长指广义的城市空间增长，包含了城市空间要素、空间结构、空间形态三个方面的内容，重点研究城市空间结构和形态的演变特征；在城市空间形态方面主要研究水平方向的城市空间增长，对垂直方向的城市空间增长不做深入探讨（图1-4）。

图 1-4　城市空间增长的主要内涵
资料来源：作者自绘

10

1.4 国外相关研究进展

　　城市的空间增长与特定的社会经济环境紧密相连。国外城市空间增长的研究起源于古代建筑学科，在以农业经济为基础的长期发展过程中，古代城市空间发展因受宗教和王权思想的影响，一般具有被城墙环绕的封闭式增长和以中心广场或王宫为中心的等级制布局模式。由于城市空间增长具有相对孤立的特征，因此古代对城市空间增长的研究主要集中在对城市物质实体空间的研究上，进而产生了一些城市理想空间布局模式，但研究较为零散。

　　18世纪发生的工业革命对西方社会经济发展产生了巨大影响，且促进了城市化的快速发展。城市空间增长也随之发生了巨大变化，并由农业社会分散式的布局形态向工业社会集中式布局转变，向心式的城市空间增长占据主导地位。这一方面促进了社会进步，但另一方面，向心式的城市空间增长也使城市内部一些社会、经济问题日益显现。为此，近代西方城市空间增长的研究内容主要以研究城市功能空间为主，以应对工业社会所带来城市空间增长中的这些社会、经济问题，其研究成果包括城市合理功能布局的理论模式等。同时近代城市空间增长的研究内容已逐渐形成了较为系统的研究体系，并涉及了建筑学、城市规划学、地理学和社会学等学科；建筑学和城市规划学的研究关注城市空间增长的形体化和功能化模式，地理学关注城市整体空间增长演变的成长机制，社会学则侧重城市内部空间布局的差异性。

　　第二次世界大战后，在以小汽车为主的现代交通技术影响下，西方国家许多城市出现了人口向郊区迁移的离心式发展现象，城市离心式的空间增长引起了研究者对城市外围空间增长演变过程的关注，从而出现了大量关于城市空间增长过程、动力机制、增长模式的研究成果。经过布鲁诺·赛维（B. Zevi）、S·吉迪翁（S. Giedion）、W·内奇（W. Netsch）、C·亚历山大（Christopher Alexander）、诺伯格·舒尔茨（Norberg Schulz）、凯文·林奇（K. Lynch）、佛利（L. D. Foley）、韦伯（M. M. Webber）、博恩（L. S. Bourne）、哈维（D. Harvey）等学者的努力，城市空间增长相关研究逐渐形成了一个专门的研究领域，有一个相对完善的研究体系，其中计量化的研究方法得到了较快的发展[37-39]。

　　1990年代后，随着信息化、全球化的发展，逆城市化现象在许多城市中出现，这使城市空间增长进入了一个更大范围内的离散化发展阶段。另外，再城市化、绅士化成为城市空间增长的新现象，由于再城市化使得内城空间得到更新改造，这种城市空间的内外部变化使城市空间增长变得更加复杂。在这种背景下，城市空间增长的研究以控制城市空间的无限制性增长和复兴中心城区为主要目的，并结合社会、经济、交通、规划、建筑等多个角度进行广泛的研究，从而形成了多元化的研究局面；同时，空间分析技术手段的不断提高，进一步促进了城市空间增长多元化的研究[40-43]。

综上所述，西方城市空间增长研究可划分为4个阶段：①工业革命以前，在以农业经济为基础的孤立式城市空间增长背景下以物质性空间研究为主的阶段；②工业革命至1950年代末，在工业化推动下的向心式城市空间增长背景下以功能性空间研究为主的阶段；③1960年代至1980年代末，在工业化后期离心式空间增长背景下以外围空间演变为主的阶段；④1990年代以来，后工业化时期城市空间增长复杂化背景下的多元化研究阶段[44]。

1.4.1 工业革命以前孤立式空间增长下的物质空间研究

工业革命以前是以农业经济为基础的社会，城市主要的作用是承担政治中心、军事壁垒和贸易集市的功能，同时也是阶级统治的工具，是私有制和阶级社会的产物，是防御和安全的需要。芒福德（L.Mumford）认为农业社会中城市形成的最重要因素是王权制度，如古埃及、苏美尔、中国等地城市兴起中王权制度起了重要作用。但在腓尼基、希腊等地城市兴起的因素中，商业起到了更重要的作用[45]。农业经济时代的城市空间具有以下特点：①坐落在有利于农业生产区域的中央；②大都建有城墙环绕，在城市内部各个社区和部门间也都有城墙隔开；③宗教和王权思想在城市布局中占主导地位，在中心广场四周布置宗教和政府设施；④从中心广场放射而出的林荫道，在市中心段两侧是富人居住的地方，向外延伸到城墙的地带是其他人居住的地方。

由此可见，农业经济时代的城市空间增长是处于相对隔离状态下的孤立式增长。在农业经济背景下，西方的古代学者很早就开始了对城市空间布局形态的探索，这些研究主要发源于建筑学科，大多着眼于城市内部的空间布局；研究成果主要集中在对城市表面空间形态和理想城市空间布局模式等物质空间的研究上；最早的城市空间布局模式是古希腊时期的希波丹姆（Hippodamus）模式。

希波丹姆模式出现在公元前5世纪，是古希腊时期城市空间布局模式的集中体现，强调了对数与形之美的追求，城市建设中体现了当时的哲理思想。在城市空间形态上，它强调棋盘式的路网、规整的城市公共中心。探求几何与数的和谐，追求城市的整体秩序和美。古希腊米利都（Miletus）城是按照希波丹姆模式建造而成的典型城市[46]。

此后，古罗马建筑师维特鲁威（Vitruvius）在《建筑十书》中对古罗马时期的城市建设进行了总结，并设计了呈蛛网式的八角形理想城市空间布局模式。该模式呈八角形状，城墙上每个顶点有两个塔楼，塔楼之间为防守各个方向攻城者而设计成不大于箭射的距离；城市中心广场为神庙，城市内部为放射状的道路，考虑到风向的影响不直接通向城门 [47]。

中世纪后期，在文艺复兴运动的影响下产生了大量关于理想城市空间布局的理论模型。其中比较典型的模型有：阿尔伯蒂（Alberti）在 1485 年出版的《建筑论》中提出的理想城市布局模型：城市的中心布置教堂、宫殿城堡，街道由城市中心向外辐射，在外缘构筑多边形的防御城墙，整个城市由各种几何形体的不同组合而形成。费拉锐特（Antonio Filarete）1464 年在《理想的城市》中设计的理想城市方案：城市由中心建筑、广场和八角形外缘组成，从中心向外辐射出 16 条街道，同时还有一条布置了市场、教堂和其他职能机构的环形道路；城市中心是大教堂、宫殿和广场，并设计了星状外形、外凸棱堡式的防御城墙。斯卡莫齐（Scamozzi）设计的理想城市方案：城市中心是建有宫殿的市民广场，在广场两侧是两个正方形的商业广场，城市道路为古罗马方格网的传统。托马斯·莫尔（Sir Thomas More）1516 年在《乌托邦》中提出的理想城市模式：城市形状为正方形，城市划分成 4 个区，每个区的中心是市场，有商店铺子，每户住宅有两个门，一个门通往街道，另一个门通往小花园。康帕内拉（Tommas Campanella）1622 年在《太阳城》中提出的理想城市方案：城市位于赤道上的广阔平原，由七个同心圆组成，城市中心为一座神殿，并且有防护墙、城堡、塔楼和壕沟等设施。凡·安德里亚（Johann Valentin Andreae）1619 年在《基督城》中提出的理想城市方案：城市位于南极的孤岛上，形状为正方形，城市中心作为国家的活动中心，中央是一座环形教堂，城市四角有向外突出的角楼，四边中间各有塔楼 [48, 49]。

1.4.2 工业革命至 1950 年代末向心式空间增长下的内部功能空间研究

1760 年代发生的工业革命瓦解了以农业经济为支撑的传统城市空间布局形态和增长方式，促使了人口、经济活动向城市迅速集中，因而这一时期的城市空间增长形式以向心式为主；这一方面加速了城市化进程，扩大了城市规模，另一方面也使得城市功能过度拥挤，给城市带来了经济、社会、环境等方面的前所未有的如交通拥挤、环境恶化等问题，并促使了城市内部功能空间的分化（图 1-5）。

针对工业化时期向心式城市空间增长带来一系列城市问题，这一时期的研究重点是以改善城市内部结构为主要目的的城市内部功能空间布局。研究的主要内容包括两个方面：一方面是对城市空间布局模式的建构性研究，提出了城市空间布局的理论模型，以建筑学和城市规划学的研究为主；另一方面是对城市空间增长解构性的研究，以探索城市空间增长动力机制为出发点，主要集中在地理学和社会学的研究中，并从不同角度研究分析城市空间增长的成因机制，试图以此作为基础来解决城市空间增长中出现的问题。

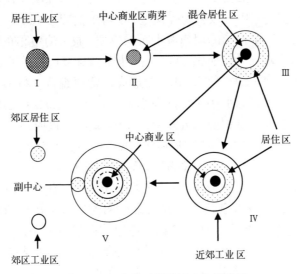

图 1-5 工业化时期的城市空间增长

资料来源：周春山，2007

1. 城市空间布局的建构性模型

城市空间布局的建构性模型研究结合了工业化时期城市空间增长的主要问题，在实践的基础上主要的研究成果有：空想社会主义城市模型、霍华德（E.Howard）的田园城市模型、玛塔（Y.Mata）的带形城市模型、戛涅（T.Garnier）的工业城市模型、赖特的"广亩城"模型、勒·柯布西耶（Le Corbusier）的"光辉城市"模型、伊利尔·沙里宁（E.Saarinen）的"有机疏散"、雅典宪章中的功能分区思想、昂温（R.Unwin）的"卫星城市"模式、佩里（C.Perry）的邻里单位、斯泰因（C.Stein）的雷德朋体系等。

其中，空想社会主义城市模型如欧文 1817 年建立的新协和村：居民人数为 300 ~ 2 000 人，中间为厨房、食堂、幼儿园、小学会场、图书馆等公用设施；周围为住宅，并在住宅附近建有机器生产的工场和手工作坊；村外有耕地、牧场和果林。傅立叶于 1829 年提出的法郎吉：由 1 500 ~ 2 000 人组成，废除家庭小生产，以社会大生产替代；将 400 个家庭（约 1620 人）集中在一座巨大的建筑中，名为"法兰斯泰尔"（Phalanstere）。

霍华德提出的田园城市模型：城市规模增长到一定程度时应受到控制，过量的部分由邻近城市接纳，城市之间用铁路或公路连接起来，由此形成若干田园城市围绕一个中心城市发展的城市空间结构；每个田园城市平面由一系列同心圆组成，分为市中心区、居住区、工业仓库地带以及铁路地带，有 6 条宽 36m 的放射大道从市中心向外放射将城市划分为 6 个部分；市中心区中央为圆形中心花园，四周有市政厅、音乐厅、剧院、图书馆、博物馆、画廊和医院等设施。

西班牙工程师索里亚·伊·玛塔（Arturo Soria Y Mata）于 1882 年提出的带形城市：城市沿一条高速度、高运量的交通运输轴线呈带状延伸并将沿线原有的城镇联系起来，从而组成一个城市网络；并沿道路布置一条或多条电气铁路运输线，可铺设供水、供电等各种地下工程管线。法国建筑师戛涅（Tony Garnier）在 19 世纪末提出的"工业城市"模型：容纳人口为 35 000 人，各种功能要素有明确的功能区划分，如生活居住区、疗养及医疗中心区、工业区等，中央为市中心，有集会厅、博物馆、展览馆、剧院等。

1920 年代，在现代科学技术的影响下出现了两种相互对立的极端主义城市空间增长模型。其中，赖特（Frank Lloyd Wright）的广亩城市是基于交通技术进步的极端分散主义的代表，在其城市模型中，高速公路、少量铁路、飞机场、火车站等形成的现代交通网使得城市呈现"无主中心"的均质形态；同时每家每户附近都有大量的土地用以生产食物，自给自足；由于小汽车是人们主要的交通方式，人们需要购买的物品主要是汽油，因此，加油站是城市建设中最重要的设施。与此相对，法国建筑师勒·柯布西耶（Le Corbusier）的"光辉城市"模型则是基于现代工程技术的极端集中主义的代表，他认为要改造大城市的根本出路在于减少城市建筑用地，在集中人口、提高人口密度的前提下将阳光、空间和绿地等"基本欢乐"元素引入城市，改善城市的环境面貌；在他的"光辉城市"方案中，200多米高的建筑使得城市的人口密度达到每公顷 1 000 人，城市的机动车交通由二层的道路承担，而在建筑和道路之间则是宽广的绿地。

伊利尔·沙里宁（Eliel Saarinen）在 1934 年针对大城市过分膨胀带来的各种"弊病"提出了有机疏散的理念。他认为城市要达到工作与交往活动的要求，同时又不会远离自然，应兼备城市和乡村的居住环境优点；城市应作为一个有机体建设，把城市的人口和工作岗位合理地分散到远离中心的地域；把联系城市主要功能区的快车道设在带状绿地中，使其避免穿越和干扰住宅区。

1933 年《雅典宪章》中提出的功能分区思想将居住、工作、游憩和交通定义为城市的四大基本功能，并实行功能分区的规划思想，对解决工业化带来的城市功能过度集中的问题起到了一定的作用。此后在 1977 年的《马丘比丘宪章》中对功能分区思想做了进一步的修正，认为城市建设应当努力创造一个综合的多功能环境。

此外，工业化时期有代表性的城市空间功能布局模型还有昂温（R.Unwin）在 1920 年代提出的"卫星城市"模式，该模式是为了解决中心城区过度拥挤的功能而设计的，其强调了卫星城与中心城市的依赖关系，虽然卫星城承担了为中心城市疏解拥挤的功能；但在经济、社会、文化上，卫星城是相对独立的城市单元。佩里（Clarence Perry）于 1920 年代提出的"邻里单位"理论，在田园城市规划思想的基础上强调了社区设施布局对邻里之间协作的促进作用，其主要思想理念包括：道路系统建设应保证使用便捷性、过境道路不从住区内穿越、社区中心与学校结合、提供足够的开放空间等 [50]。斯泰因（Clarence Stein）的雷德朋体系主要采用以超级街区和尽端路的方式来解决汽车时代的城市空间问题。

这些城市建设的理论和思想针对的是当时城市社会发展中的矛盾和问题，以解决问题为出发点对城市的功能布局、空间增长等内容进行建构，它们主要采取社会调查的方法了解需求并采取相应措施，这对城市发展中存在的问题起到了一定程度的缓解作用，但由于缺乏对影响城市空间发展深层因素的理解，因而难以从根本上解决问题。

2. 城市空间增长解构性理论

为了从根本上解决工业化时期向心式城市空间增长带来的问题，这一时期还出现了大量对城市空间形成、演变机制的解构性理论研究，它们为解决城市空间增长问题提供了理论依据，主要的研究成果有韦伯（A.Weber）的工业区位论 [51]、德国学者克里斯塔勒（W.Christaller）的中心地模式 [52]、帕克（E.Park）和沃思（L.Writh）的城市社会生态学派、伯吉斯（E.W.Burgess）的同心圆模式、霍伊特（H.Hoyt）的扇形模式、哈里斯和乌尔曼（Harris 和 Ullman）的多核模式、黑格（M.Harg）地租决定论、迪肯森（R.E.Dickenson）的三地带模式、佩鲁（F.Perroiix）的增长极理论、埃里克森（E.G.Ericksen）的折中主义理论模式、田边健一的涡淤模式等 [53, 54]。

韦伯在 1909 年出版的《工业区位论：区位的纯理论》中提出了工业区位论，认为工业布局应寻找劳力费用最低（或较低）、集聚经济最大的区位，因此城市是工业布局的最佳集聚区位；并指出交通成本、劳动成本和集聚经济是工业布局的最重要因素。

德国地理学家克里斯塔勒在 1933 年出版的《德国南部的中心地》中提出了中心地理论，同时德国经济学家奥古斯特·廖士也于 1940 年在《区位经济学》中提出了极为相似的廖士景观（Löschian Landscape）。他们分别从地理学、经济学角度分析了城市的数量、规模和分布问题，并建立了各自的六边形城市空间体系理论模型。

以帕克（R.Park）为首的城市社会生态学派从社会学的角度研究分析了城市空间功能的布局和形成机制，其核心观点包括：一是用生态联系的方法来类比城市内部空间结构，强调各空间功能之间的有机联系；二是认为社会阶层的分化是导致地域空间分化的主要原因。在这一理论指导下先后由伯吉斯于 1923 年提出了同心环模式，霍伊特于 1939 年提出了扇形模式（又称楔形模式），由哈里斯和乌尔曼于 1945 年提出了多核心模式。其后黑格（M.Harg）地租决定论、迪肯森（R.E.Dickenson）的三地带模式、史域奇（E. Shevky）和贝尔（W. Bell）的社会区域分析理论、埃里克森（E.G.Ericksen）的折中主义理论模式、田边健一的涡淤模式等理论模型的提出均以这三大模型为基础。

在伯吉斯提出 CBD 的概念之后，普劳德富特（Proudfoot）、奥尔森（Olsson）、墨菲（Murphy）、万斯（Vance）、戴维斯（Davies）、爱泼斯坦（Epstein）等人对 CBD 的内部布局结构和增长演变模式进行了深入研究，认为 CBD 与城市中心区存在 3 种关系，其增长演变主要有周边增长、爆发增长、分化增长 3 种模式。

这类解构性研究，分别从经济、社会、地理、形态等不同角度去理解城市空间的形成和演变机制，并形成了不同视角的理论，为城市空间增长实践提供了理论指导，同时也奠定了城市空间增长的理论研究基础。这一时期的研究在工业化向心式城市空间增长背景下发展而来，它们重点关注的是城市内部功能空间布局，主要研究城市内部问题并探索合理的城市功能布局。但随着工业化后期的到来，以郊区化为主的离心式城市空间增长逐渐占据主导地位，城市空间增长相关研究也逐渐超出了城市内部范围，并进入以外围空间与过程演变的动态性研究为主的研究时期。

1.4.3 1960 年代至 1980 年代末离心式空间增长下的外围空间演变研究

二战后，在一些发达国家由于小汽车的广泛使用促使了城市中上阶层人口大量向市郊或外围地带迁移现象的出现，这表明了西方国家郊区化时期的到来。到 1960 年代，这种现象在越来越多的城市中出现，这使得这种离心式的城市空间增长方式逐渐成为城市空间的主要增长方式。从郊区化的发展过程来看，首先是住宅，紧接着是商业、工业、办公等设施的郊区化发展。郊区化一方面使城市中心过度拥挤的功能得到疏解，缓解了城市中人口密集、交通拥挤、住房紧张、地价上涨、环境恶化等问题；另一方面也带来了城市的无序蔓延扩张，侵占良田、破坏生态环境等新的问题。因此在郊区化城市空间增长的现实背景和数量革命的理论研究背景下这一时期西方城市空间增长的相关研究主要以研究城市外围空间增长演变为主，主要包括以下 5 个方面的内容：一是对城市内部空间增长中人性化要素的关注；二是对城市外围空间增长演变模式的研究，分析郊区化下城市空间增长的成因机制和演变过程；三是对郊区化城市空间增长的规划和引导，从而促进了郊区化的有序发展；四是城市区域性空间增长的研究，由于郊区化离心式的城市空间增长使城市群、城市连绵带等城市区域性空间的出现，从而成为城市空间增长新的研究内容；五是计量化方法的应用，由于传统以文字描述为主的研究方法暴露出许多弱点，数理计量化方法在这一时期得到了发展。

1. 城市内部空间中的人性化要素

工业化带来的大城市内部人性冷漠、缺少人文关怀等问题在二战后初期表现得更加明显，受 20 世纪 40、50 年代人本主义思潮的影响，这一时期对城市内部空间的研究特别重视对人性化要素的关注。其中主要的研究成果有卡罗琳·安德鲁（Carolyn Andrew）的女权主义城市、简·雅各布斯（Jane Jacobs）的理想城市、阿莫斯·拉波波特（Amos Rapoport）城市空间的人性观点、梅尔文·韦伯（Melvin Webber）的城市结构理论、凯文·林奇（Kevin Lynch）的城市意象空间、约翰·弗里德曼（John Friedmann）的交往式规划等。

卡罗琳·安德鲁（Carolyn Andrew）的女权主义城市主要思想包括如何解决妇女和儿童的居住、生活、安全等问题，提供多样化的社会服务，其重点是推行"与民工作"的女权主义规划程序（feminist planning process）[55]。

简·雅各布斯（Jane Jacobs）1961 年在《美国大城市的死与生》提出了她的理想城市：①内城富有生命力、活泼和安全的生活空间；②强调城市社区的多元化和多样化；③加大土地使用强度；④混合不同的土地使用性质；⑤缩短街道之间的距离；⑥混合不同年龄和状态的建筑物。

阿莫斯·拉波波特（Amos Rapoport）在《城市形状的人性观点》中提出城市空间的人性观点：①运作性，如浅淡的颜色使人松弛，而松弛会带来愉快；②反应性，如人对黑暗街道的直觉反应是危险的；③推理性，如繁忙的道路交叉点可能会增加行人的烦躁。

梅尔文·韦伯（Melvin Webber）在《城市空间与非空间的城市化》中主张把"土地（空间）"与"使用"分开，"使用"包括一切社会经济活动，而"土地"仅仅是人类活动在地球上的空间或地点。他认为城市空间结构包括阔度、结集、核变、密度、局限、集中等 24 个层面。

凯文·林奇（Kevin Lynch）在《城市意象》提出城市设计应使市民有安全、舒适的感觉，这种感觉是建立在市民对城市环境的可识别性之上，因而越有个性、越使人容易理解的城市，就越使人有安全和舒适感。为此他提出了模仿宇宙规律的城市、模仿机器运作的城市和模仿自然生命的城市 3 种典型的城市模型，并指出评价城市安全舒适程度的指标：①活力（Vitality），指城市生活与生产的滋养和养护，城市环境的安全与健康，城市视觉环境的协调；②认知（Sense），包括个性突出、结构清楚、形状与功能一致、条理分明并有鲜明的城市环境；③恰当（Fit），城市环境恰合市民的行为需求；④机会（Access），选择多且机会均等；⑤控制（Control），市民对所在城市环境有充分的控制权和能力。

约翰·弗里德曼（John Friedmann）1973 年在《再寻美国：一个交往式规划的理论》和1987 年在《公家规划：从知识到行动》中提出了交往式规划理论，该规划理论由福雷斯特（Forester）等人进一步发展，其核心观点包括：①规划一个"相互学习"的过程，通过人与人之间的连锁关系，把知识变成行动，它的基础是"对话"，强调学习型社会的构建；②强调规划是一个相互学习的过程，规划师起到了整个过程沟通者的作用；③强调规划中的公众参与，认为公众参与有助于解决规划的疑难问题；④规划的目的是要构建一个学习型的社会，把交往式伦理推向全社会。

关于城市内部空间人性化要素的这些理论和观点来源广泛，包括规划学者、社会学者、女权主义学者等，他们的共同出发点均强调了对城市增长中质量方面的要求。这表明了对城市内部空间的研究已经由工业化时期对物质文明的追求转变为工业化后期对精神文明的追求。这种对人性化要素的关注使得城市内部空间增长以质量提升为目标，也使得生态环境、人居环境、文化环境、历史环境等方面的建设在城市内部空间增长过程中越来越得到重视。

2. 城市外围空间增长演变模式

对于郊区化背景下城市空间离心式增长的主要发生部位外围空间而言，以体现对城市外围空间增长动态演变过程的研究为主要内容，这方面的研究成果主要有哈格斯特朗（T.Hagerstrand）的扩散理论、弗里德曼的核心—边缘模型、哈维（D. Harvey）等人为代表的结构主义学派、彼得·霍尔（Peter Hall）的人口迁移模型等。

瑞典地理学家哈格斯特朗的空间扩散理论主要理论观点包括：①信息从创新源发出，通过由自然障碍和社会结构等决定的社会交流网络扩散传播，并遵循距离衰减规律；②社会交流网络有"区域性"和"地区性"两种空间层次属性；③交流网络的地方化使潜在采用者之间的接触在一定时期内处于相对稳定状态，因此在一定程度上能够预测出创新活动的空间扩散趋势；④潜在采用者对于创新的阻力来源于社会阻力和经济阻力，只有当扩散信息的积累效果大于潜在采用者对创新的阻力水平时扩散才会发生；⑤创新采用者数量在时间轴上的积累变化符合 S 形的逻辑斯蒂曲线；⑥空间扩散包括传染扩散、等级扩散和重新区位扩散 3 种基本类型；⑦创新扩散包括初始阶段、正常扩散过程、巩固阶段、饱和阶段 4 个阶段。

哈格斯特朗还进一步运用其空间扩散理论,把人口统计学的生命线(life line)应用于人口移动的研究中,为时间地理学的提出奠定了基础。他认为城市空间的扩散增长是一个城市地域空间增长的时间—空间过程,表现为增长—衰减—新增长的波动性特点,主要有3种不同的形态与空间动力学过程:①作为城市系统发生发展源的中心城市或核心城市的衰落与退化;②与核心城市相互竞争使城市空间系统的边缘区迅速发展;③城市边缘地区的快速郊区化。

弗里德曼于1966年提出了"核心—边缘"模型:认为核心和边缘是地域组织的两种基本要素,核心区是创新变化的中心,其周围地域为边缘区。边缘区与核心区相互依赖,创新从核心区传播到边缘区,促进边缘区及整个地域空间系统的发展;同时在扩散作用的影响下边缘区进一步发展可能形成次级的核心。

结构学派运用结构主义分析方法来研究城市社会的空间问题,认为城市空间的增长演变是一个社会过程,主要的理论成果有哈维(D. Harvey)的资本积累空间生产理论、卡斯泰尔(M. Castells)的都市变迁理论、斯科特(A.Scott)的城市土地联结关系、M.Gottdiener 的城市空间社会生产理论等[56]。其中哈维的资本积累空间生产理论认为城市空间增长由资本运动三级环程的周期性运动推动,其中初级环程为资本向产业和消费资料的生产投入,次级环程为向城市基础设施和物质结构的投入,第三级环程为资本向劳动力再生产的投入。卡斯泰尔的都市变迁理论认为城市体系包括政治、意识形态和经济3个层次的内容构成,并随社会整体的变迁而变迁;他强调信息技术的作用,认为城市空间系统是由"流的空间"来组织的,城市空间增长很大程度上受远程通信和计算机等基础设施分布的影响。

彼得·霍尔(Peter Hall)的人口迁移模型将国家分为都市区和非都市区,其中都市区又分为中心城市和郊区;城市人口迁移过程包括流失中的集中、绝对集中、相对集中、相对分散、绝对分散和流失中的分散6个阶段,前3个阶段以向心集聚为主,后3个阶段以离心分散为主。

这些对城市外围空间增长演变模式的理论模型从空间扩散机制、功能结构、人口迁移等角度对城市外围空间增长演变过程进行了解释,为郊区化背景下的城市空间增长分析提供了理论依据,同时促使了城市空间增长研究由传统静态研究逐步走向动态研究。

3.城市外围空间增长的规划与引导

郊区化导致了城市建设的低密度无序蔓延,并产生了环境、交通组织、城市空间布局等方面的新问题,在城市建设实践领域主要通过对城市空间增长的规划和引导来应对这些问题,主要的规划和引导措施包括绿带控制、新城建设、轴线引导等[57]。

其中绿带控制是在伦敦实践的，其绿带圈为宽约 8km 的绿化地带，是农业区和休憩区，用来阻止城市的过度蔓延；其他对绿带控制进行了规划并实践的城市有巴黎、莫斯科、东京等。新城建设对大城市的空间扩张起到了一定的"截流"作用，为城市离心式的外围空间增长提供了一种合理的方法。西方国家的新城建设运动大体经历了依附、半依附、半独立、独立发展 4 个阶段，在这个过程中先后发展了"反磁力吸引中心"、"平衡法则"等规划思想。轴线引导的城市空间增长理念在这一时期得到了发展并被应用于西方一些城市的空间增长规划中，如丹麦的哥本哈根、瑞典的斯德哥尔摩以及美国的华盛顿等。

实践领域的这种对城市空间增长的对策和措施为郊区化时期城市空间增长管理提供了重要的经验，也丰富了城市空间增长的理论研究内涵。

4. 城市群空间的研究

城市地域范围的扩张使得一些学者认识到城市作为群体的空间意义，并开展了对美国城市群的空间研究，其中主要有法国地理学家戈特曼（J. Gottmann）于 1961 年在对美国新罕布什尔州南部到弗吉尼亚州北部城市化地区研究的基础上提出的大都市带（megalopolis）概念，他认为大都市带是空间形态上表现为整个地区多核心的星云状结构和核心地区构成要素的高度密集性，并且其内部构成要素各具特色。此后，经过道萨迪亚斯（Doxiadis）等人的进一步发展，形成了世界连绵城市（ecumnopolis）结构理论，该理论认为世界上的大都市带最终都将连接起来，形成全球性的巨型城市空间系统。

其他对城市群的研究成果还有戴维斯（Davies）的形态—功能关系研究、阿隆索（W.Alonso）的土地循环结构以及霍尔、麦吉、弗里德曼等人的研究。其中弗里德曼结合罗斯托的发展阶段理论将区域城市群空间演化分为 4 个阶段[58, 59]：①第 1 阶段，在沿海地区出现零星的聚落和小型港口，以自给自足的农业生活方式为主；内陆城市处于孤立状态，很少与外地发生社会、经济联系。②第 2 阶段，处于工业化初始阶段，出现了点状分散的城镇，但由于国家经济实力有限，唯有选择 1～2 个有区位优势的城市进行开发，从而产生集聚效应。③第 3 阶段，由中心—边缘的简单结构逐渐变为多核心结构。④第 4 阶段，城市之间的边缘地区迅速发展，区域性基础设施以及工业卫星城的发展使城市发生相互吸引和反馈作用，并形成城市群的空间形态。

城市群的研究拓展了城市空间的研究范围，并由此走向了区域—城市一体化的研究，将城市置于区域整体社会经济发展环境中，是对城市空间增长理论研究的重要发展。

5. 计量方法的使用

受 1950 年代末兴起的数量革命影响，这一时期的研究对计量化方法手段的应用越来越广泛。这方面的研究成果主要有：阿隆索的土地竞标地租模型、R.A.Murdie 提出的城市社会空间模型、登德里诺斯和马拉利（S.Dendrinos and Mullal1y）提出的关于空间结构动态变化的随机模型、惠顿（Wheaton）的单中心城市比较静态模型、穆斯（Muth）的居住区位模型、米伦（Miron）的居住用地基本模型、齐门（C.Zeeman）的形态发生学数学模型以及福里斯特（J. Forrester）的城市演变生命周期理论等[60, 61]。

阿隆索于 1964 年建立了土地竞标地租理论，认为每一种土地利用类型遵循一定的竞标地租曲线，用来反映他们预备为距中心商务区距离不同的地点支付的价格。其后，米尔斯于 1967 年在阿隆索城市土地竞标地租理论的基础上提出了城市结构模型，他以美国 18 个不同土地利用模式的城市作为研究对象，利用负指数模型对其密度梯度进行比较分析，结果表明零售业的密度梯度是最陡峭的，而与人口相关的密度梯度是最平缓的[57]。

R.A.Murdie 运用空间叠置方法提出的城市社会空间模型[62]，认为种族地位因素影响下产生的居住形态是分散布局的隔离状态，家庭地位因素影响下产生的居住形态是围绕城市 CBD 的同心圆布局，经济地位因素影响下产生的居住形态是围绕 CBD 的扇形布局，在这三种因素影响下的城市空间形态由城市道路、土地利用等信息的叠加之后就形成了城市居住分异的空间形态。

在居住区位模式上也出现了一些计量化的模型，如穆斯（Muth）于 1969 年提出的居住区位模式指出在收入确定的前提下，住房成本与居民收入水平比交通成本与居民收入水平之间的相关性更强。此外还有惠顿（Wheaton）的单中心城市比较静态模型、米伦（Miron）的居住用地基本模式、布鲁克纳（Brueckner，1987）的城市经济理论模型等。

城市内部功能结构模型的研究有引力模型、重力模型等计量化模型，其中劳瑞模型简单而具有代表性，把从事基本经济活动的人口按单限制引力模式分配于各生活居住区，然后按每基本人口所需的服务人口比例来估计各区服务人口的总数。

总的来说，1960 年代～1980 年代是西方城市空间增长相关研究的成熟阶段，佛利（L. D. Foley）、韦伯（M. M. Webber）、博恩（L. S. Bourne）、哈维（D. Harvey）等人从不同角度对城市空间结构、城市空间形态、城市空间要素等概念的建构[63-69]，使城市空间相关研究逐渐形成了一个专门的研究领域，其研究内容进一步丰富并逐渐形成体系[70-73]。到 1970 年代至 1980 年代，随着郊区化的深入发展，一些城市逐渐出现了逆城市化现象，人口迁移方向由向大城市区域迁移变为向非大城市区域迁移；到了 1990 年代，信息化、全球化加剧了逆城市化的城市空间离散化发展，带来了城市低密度蔓延、内城衰退等日益突出的问题；同时以复兴中心城区吸引力为目的的旧城更新取得了一定成效，带来了再城市化、绅士化的发展，使城市空间增长向更加复杂的方向发展。在这种背景下，城市空间增长的相关研究出现了新的转变。

1.4.4　1990 年代以来城市空间增长的复杂化和相关研究的多元化发展

1990 年代，在信息化、全球化的推动下城市空间增长呈现出更大范围的离散化发展趋势，逆城市化在越来越多的城市中出现，同时还伴随着再城市化的过程，城市空间增长问题日益复杂化，使城市空间增长进入了多元化的研究时期（图 1-6）。这一时期的主要研究成果包括以下五个方面：一是针对城市空间蔓延带来的社会、环境问题而发起的以城市空间可持续发展为主题的实践和研究，主要包括城市增长边界（Urban growth boundary）、新城市主义（New Urbanism）[74]、精明增长（Smart growth）、紧凑城市（Compact city）、低碳城市（Low-carbon city）等[75-78]；二是关于内城问题的研究，如旧城更新、绅士化等方面的研究；三是关于大都市连绵带、全球城市等更大范围的城市区域性空间研究；四是关于后工业时代城市空间增长模式和形态的研究；五是遥感、地理信息系统、模糊数学、复杂性科学等新城市空间分析方法的发展和应用。

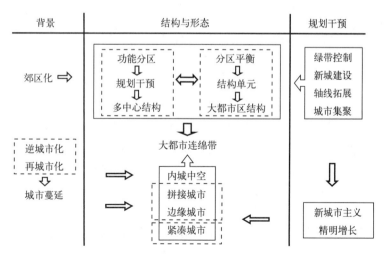

图 1-6　1950 年代以来城市发展过程

资料来源：周春山，2007

1. 可持续城市空间增长模式的研究

城市过度离散化导致了城市空间的无序蔓延，对社会、经济、环境造成了许多负面影响，主要包括：①破坏自然生态环境，蚕食农田、牧场、森林，破坏湿地，导致空气、水质量下降。②降低公用服务水平，一方面是中心城区原有服务设施空置，另一方面是郊区大量公共服务设施布局分散导致使用率低下。③激发社会阶层分化，收入的差距导致了阶层的隔离，并减少了人们相互交往的机会。④加剧中心区的衰落。⑤影响用地结构与城市空间形态，破坏了城市空间的联结性和整体性。为了应对城市空间增长中的上述问题，受 1970 年代可持续发展思想的影响，1990 年代左右相继出现了一些以可持续发展为主题的城市空间增长理念，其中主要有生态城市、城市增长管理、精明增长、新城市主义、紧缩城市、低碳城市等（图 1-7）[79, 80]。

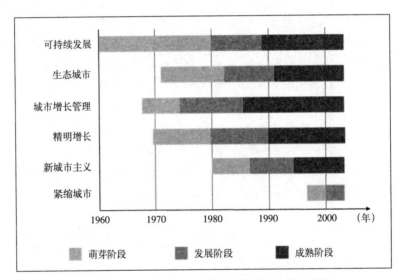

图 1-7 可持续城市空间增长的主要理论模式发展
资料来源：陈戴臻，2008

城市增长边界是为应对城市空间发展带来的侵占农地、城市建设低密度、破碎化、跳跃式发展等问题而人为划定的阶段性的控制边界，是政府运用各种技术、工具、计划及活动等方式对城市土地使用模式进行有目的的引导。首先实行城市增长边界的是美国肯塔基州的列克星敦，之后在英国、法国、荷兰、德国、日本、沙特等国家的城市中被推广。

新城市主义是在 1980 年代末期出现的城市设计理念，"新城市主义委员会"于 1993 年成立，他们针对当时由城市蔓延所出现的低密度居住郊区化、超宽的道路、建筑红线和大型地块、依赖小汽车交通等现象所造成的社会的单一、经济的隔离、环境的不持续等问题而提出了相应措施，主要的内容包括：在大区域尺度上发展大运量的公共交通，以交通节点来组织社区，减少人们对小汽车的依赖，控制城市蔓延；在居住区尺度上构建适合步行的邻里社区，形成生活氛围浓厚的邻里关系；提出了公共交通导向发展（Transit-Oriented Development）和传统邻里单元开发（Tranditional Neighborhood Development）两种规划思想[81]。

"精明增长"理念是在对1990年代美国城市发展问题进行了全面反思的基础上提出的，主要内容包括城市社会与经济、空间与环境、城市规划设计与管理、法制与实施等；核心思想是"区域生态公平"和"科学与公平"；主要途径包括有效利用自然资源和基础设施、保护城市生态环境、提升社区生活环境质量和提高对住宅的支付能力等；城市空间增长应从蔓延式的外延扩张转向填充式开发（infill）和紧凑式发展（compact development）[82-84]。其城市空间发展包括10项基本原则：①增加住房选择样式；②创造适于步行的小区；③鼓励公众参与；④创造富有个性和吸引力的"场所感"；⑤坚持政府开发决定的公平、预知和效应；⑥混合型的土地使用；⑦保留空地、农地、风景区和生态敏感地；⑧增加交通选择；⑨加强建成区内未开发土地的利用；⑩鼓励紧密性的建筑设计。

紧凑城市是20世纪末为应对大城市无序蔓延发展所带来的问题而提出的，认为通过对公共设施的集中设置，将会有效减少交通距离和小汽车的使用，促进城市可持续发展，促进旧城更新，复兴旧的城市中心，实现土地资源的再利用[85, 86]。

低碳城市是2003年为了应对全球气候变化所带来的威胁而提出的概念，其目的是为了降低城市碳排放量，其主要手段包括改善城市设计、构建低碳型生活社区、改变城市生活理念等，其中也涉及对城市空间可持续发展问题的探讨[87, 88]。

以上可持续发展城市空间增长模式是在结合各国城市实际发展情况下提出的，并在信息化、全球化、生态环境保护要求下得到进一步发展，对于指导和处理1990年代以来城市空间发展问题有积极的作用，但处于不同发展阶段与水平以及所处不同社会、经济、文化环境的城市应结合各自的需要制定相应的城市空间增长策略和措施。

2. 旧城更新、再城市化的研究

郊区化和逆城市化带来了内城的衰退问题，为了复兴中心区的吸引力，许多城市开展了旧城更新运动，并促使了再城市化、绅士化现象的产生；关于绅士化、再城市化发展成为这一时期城市内部空间研究的重要内容。这方面的研究主要涉及中心区的就业、贫困、社区重建、绅士化等问题。英国伦敦道克兰区在1981年被改造后成为新的商务中心，为伦敦中心城区城市发展注入了新的活力，并使城市空间结构发生了根本性的变化。随后，这种对旧城进行局部性的再开发性改造发展成为城市中心区的全面改造与复兴。1987年英国政府《内城法》的颁布标志着旧城更新运动的成熟，其中的核心思想是由政府主导为开发和恢复旧城活力创造条件，增加就业机会。

在旧城更新运动的影响下使得一些富裕的中产阶级逐渐迁回市区中心居住，而城市贫民迁往郊区，这种现象被称为中产阶级化或绅士化（gentrification）。绅士化现象使城市中心区的人口再度呈现较快增长，提高了内城居住区的税收水平，并为中心区带来了新的投资，改善了内城社区的居住环境，使市区、郊区城市交通取得了一定的平衡；这也促使了西方发达国家的一些城市出现了再城市化（Reurbanization）现象。

3. 全球化下的城市区域性空间研究

1990年代后经济全球化发展趋势日益明显，全球化背景下的城市空间增长模式成为这一时期研究的一个重要方向，其中较有代表性的研究有戈特曼、约翰·弗里德曼（John Friedmann）、彼得·霍尔（Peter Hall）、萨斯基娅·萨森（Saskia Sassen）、曼纽尔·卡斯泰尔（M. Castells）等人的研究[89-99]。戈特曼在1989年的《大都市带》中将城市群的概念进一步扩展，认为世界上有6个大都市带：①美国东北部大西洋沿岸大都市带；②日本东海道太平洋沿岸大都市带；③欧洲西北部大都市带；④美国五大湖沿岸大都市带；⑤英格兰大都市带；⑥中国长江三角洲大都市带。约翰·弗里德曼指出世界城市（World City）的五个特征[100]：①是用以组织全球性经济系统的"结"（nodes），是地域、国家或国际经济的具体表达；②是世界资金积累的地方；③是高度城市化和高度经济与社会活动集聚的地方；④可以按经济力量划分等级，其中吸引世界资金的能力是最重要的因素；⑤控制世界城市的是"跨国资产阶级"。曼纽尔·卡斯泰尔则强调世界城市体系的空间结构是建立在"流"、连接、网络和节点的基础之上，区域空间关系将以各种"流"的连接方式及强度来判断，这些"流"的要素主要包括人口、技术、财经、媒体、产品和思想6种[101]。此外，针对全球化下大都市区的城市空间组织、交通联系等方面也有相关的研究（图1-8）。

4. 后工业时代的城市空间增长

1970年代后，西方国家逐渐进入了后工业时代，后工业时代的城市经济结构由以工业为主转向以服务业为主，促进了城市空间增长的发展，到1980、1990年代后，后工业时代的城市空间增长问题逐渐成为一个重要的研究内容。主要的研究成果有郊区城市、边缘城市、网络城市（Network City）、连线城市（Wired City）、电子时代城市（City in the Electronic Age）、信息城市（Information City）、知识城市（Knowledge-based City）、智能城市（Intelligent City）、虚拟城市（Invisible City）、远程城市（Tele-city）、比特之城（City Of Bits）、后福特城市（Flexible City）、学习城市（Learning City）等[102-106]。

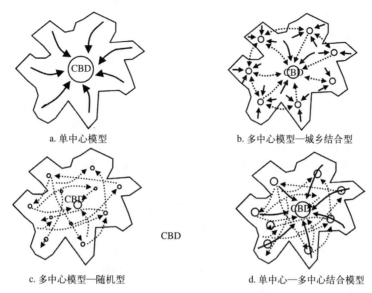

a. 单中心模型   b. 多中心模型—城乡结合型

CBD

c. 多中心模型—随机型   d. 单中心—多中心结合模型

图1-8 全球化下大都市区的通勤模式

资料来源：Alain Bertaud，2004

其中Robert Fishman在《中产阶级乌托邦》、《科技型新城》、《全球型郊区》中对郊区化下的城市空间分散演变历程进行了研究，认为传统意义上的郊区化已走向结束，同时诞生的是一种分散化的新城市[107-109]。他将在郊区化过程中发展起来的这些新的城市中心分为科技型郊区（technoburb）、科技型城市（techno-city）和全球型郊区（Global Suburbs）3种。其中科技型郊区(technoburb)是位于城市外围、大小与一个县城相当、可自我维持的社会经济单元。科技型城市（techno-city）是当科技型郊区失去对原来城市中心区的依赖时，并存在于一个由高速公路组织所形成的多中心区域中的城市。全球型郊区（Global Suburbs）是指在全球经济一体化经济联系与文化控制下产生的郊区，如发展中国家大都市边缘的"特权型郊区"等。

边缘城市的概念由Joel Garreau于1991年在《边缘城市》一书中提出，是美国城市发展的新形式，是在原中心城市周围郊区发展起来的新的商业、就业与居住中心，其具备了居住、就业、交通及游憩等典型的城市功能，同时建筑密度又比中心城市低。边缘城市的主要特点包括：①不存在高密度的高层建筑群；②停车设施完备的现代化办公楼在绿色自然环境中分散分布；③飞机和小汽车为主要对外交通工具，并配备有机场、高速公路等设施；④边缘城市中心地带设有企业总部、大型商场、健身中心等设施；⑤中心地带建有大型标志性的建筑物；⑥多数居民居住在由绿色草坪环绕的别墅型住宅中；⑦没有形成一般城市的行政区划。

5. 新的城市空间分析方法的发展和应用

1990 年代后，在信息科学的带动下，大量新的空间分析技术方法被应用于城市空间增长相关研究中，这些方法主要包括 3 个方面的内容：一是信息科学技术的使用，如遥感、地理信息系统、模糊数学、元胞自动机（CA）、分形理论等[110-114]；二是新的城市规划设计手法在城市空间增长分析中应用，如空间句法、心智地图等；三是系统科学方法论影响下产生的新的研究方法，如自组织理论、复杂性科学分析方法等。

在信息科学技术应用方面，1990 年代 Batty 等将 CA 方法与 GIS 技术结合用于空间复杂性的起源和演化研究，带来了应用信息科学技术手段对城市空间的研究热潮，其中主要的研究者包括 Batty、Clarke、White、Wu、Li 等，主要的研究内容为利用遥感影像数据对城市空间增长过程进行模拟等方面，如 Batty 和 Xie 对美国纽约州 Baffalo 地区 Amherst 镇郊区扩张的研究，White 和 Engelen 对辛辛那提土地利用变化的研究，Clarke 等对美国旧金山地区城市发展的模拟等。

在城市规划设计领域比尔·希列尔（B.Hillier）于 1983 年提出了"空间句法（Space syntax）"的概念，这对城市物质空间形态的量化研究作出了重要贡献。空间句法以构形关系分析空间要素的几何特征，不仅可以用于道路网络与城市形态关系的分析中，还可以将社会可变因素与空间形态结合起来，通过计算机手段对具有社会意义的空间进行量化研究。该方法的主要特点是考虑了城市空间中物质性城市空间和人主观感知下的城市空间两个方面[115, 116]。

复杂性科学研究方法起源于 1960 年代物理学的自组织理论，在 1990 年代被应用到城市空间研究中。城市被认为是一个具有开放性、非平衡态和内部功能演进的自组织系统。城市空间增长的动力来源于区位差的非平衡性，竞争性和协同性是推动空间自组织演化的根本动力；城市空间形成和发展过程有集中、核心化、分散化、分离、侵入和演替等[117]。

此外，C. 亚历山大在《城市并非树形》中提出的城市空间半网络结构模式也是复杂性科学方法的应用[118]，他认为城市是一个庞大而复杂的系统，树形结构的简单化无法表达城市生活的复杂性，而城市是半网络结构，存在元素之间的相互交叠，是比树形结构更复杂、更微妙的结构。

1.4.5 国外相关研究演进脉络

城市空间增长的相关研究是建筑学、城市规划学、地理学、社会学、经济学、生态学、政治学等学科的交叉领域（图 1-9）。从以上国外相关研究的历程中可以看出，城市空间增长与每个时期的社会经济发展背景紧密联系，其发展演进主要包括了 3 条线索或脉络：一是空间尺度上经历了由城市内部向外部，再到城市群、全球城市网络的不断上升的过程；二是研究内容上经历了由物质性形体空间向功能性空间，再到社会、经济、政治等文化属性空间的逐步深入，由表及里的过程；三是研究方法上经历了由描述性分析方法到纯数理计量方法，再到现代科学技术辅助（如计算机、遥感等）下的复杂性分析方法，分析方法不断进步和完善的过程。

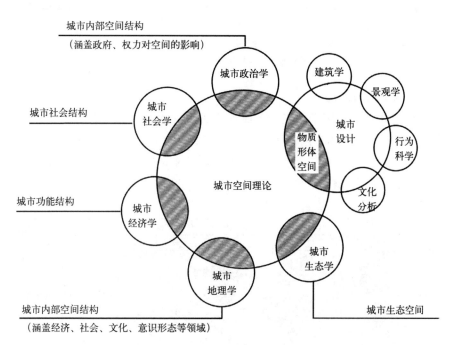

图 1-9　城市空间理论来源

资料来源：黄亚平，2002

1. 研究尺度的扩大

在古代，人们对城市空间的认识局限在城市内部。工业革命之后带来了社会、经济活动向城市地区的集聚，城市成为国家社会、经济运行的中心，承载了越来越多的功能，因此这一时期的研究重点在探索城市内部功能的合理布局问题上。到了 20 世纪中期，城市功能的过度集聚带来的许多问题，导致了城市空间分散化的变化，相关研究逐渐突破城市内部空间，对外围空间增长、城市区域性空间增长的研究日益增多。而在 20 世纪末以来，在全球化、信息化的影响下，城市空间研究的尺度进一步扩大到关于全球城市的研究。Fred Moavenzadeh 等人的研究认为人类对城市空间模式的认识经历了孤立式发展、区域性经济中心、交通引导的线性城市和开放的城市网络系统 4 个阶段，说明了城市空间增长相关研究在空间尺度上的演进过程（图 1-10）[119]。

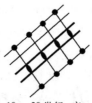

a. 古代：亚里士多   b. 19 世纪前：区域   c.19 ~ 20 世纪：交   d. 20 ~ 21 世纪：开
德的城市空间   的经济中心   通导向下的线性城   放的城市网络系统
                                      市空间

图 1-10   人类对城市空间模式的认识演进

资料来源：Fred Moavenzadeh 等，2002

2. 研究内容的深化

研究内容上经历了由工业革命前物质形体空间为主研究阶段到工业革命至 1950 年代末功能空间为主研究阶段的转变，再到之后生态学、社会学、人本主义、环境科学、政治学等相关学科介入的阶段；使城市空间研究内容日益丰富，研究视角向多元化方向发展（图 1-11）。

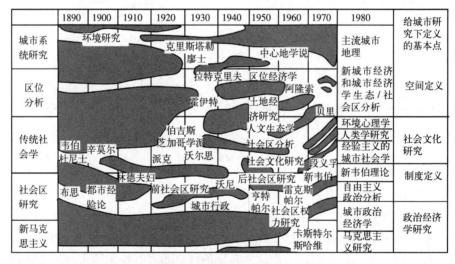

图 1-11   西方城市空间研究发展历程（1890 ~ 1980）

资料来源：A.Blowers，1981

3. 研究方法的进步

研究方法在 1940、1950 年代以前主要以描述性的分析为主，此后在数量革命的影响下，城市空间相关研究的计量方法不断增多，但这些计量方法主要以普通的数理运算为主，适应性有限，且没能对城市空间增长相关问题进行准确而有实际意义的分析。1980、1990 年代后，由于信息技术被广泛应用到城市空间增长相关的研究领域中，所以发展出了一系列先进的研究方法和技术手段，如自组织理论、CA 技术、分形理论、空间句法等。

1.5　国内相关研究进展

国内城市空间增长相关研究由于长期受政治运动的影响而相对滞后，直到 1980 年代后才有较为系统的研究，此前仅有零星的一些研究成果。同时，由于中国城市空间发展整体上仍处于以向心式增长为主的阶段，仅有少数城市开始出现了郊区化的迹象，而且城市在社会制度、经济发展水平等方面均与西方国家城市有较大差异，因此中国城市空间增长的相关研究主要是在引入西方理论的基础上探讨国内城市空间增长问题，并对中国城市空间增长模式进行总结；研究的内容主要侧重城市内部空间。

一些学者将国内城市空间增长相关研究进行了阶段划分，冯健等人将其划分为 1980 年代初到 1980 年代末的介绍阶段、1980 年代末到 1995 年的起步阶段和 1996 年以来的加速阶段等 3 个阶段 [120]；周春山等人将其划分为 1980 年代以前零星研究时期、1980 年代到 1990 年代中期研究的开拓期和 1990 年代中期以来的蓬勃发展期等 3 个阶段 [43]。虽然所划分的时段有所不同，但基本观点都是认为中国城市空间增长系统性的研究开始于 1980 年代，而 1990 年代中期是一个转折点。研究收集了 1980 年代以来中国城市空间增长相关的主要研究成果，包括来源于国内外 35 个重点期刊的文章 5 201 篇、博硕学位论文 257 篇、书籍 236 部；从所收集文献数量的时间分布来看，同样表明 1990 年代中期是中国城市空间增长研究的一个转折点，并且在 2000 年代初期出现了新的变化（图 1-12）。

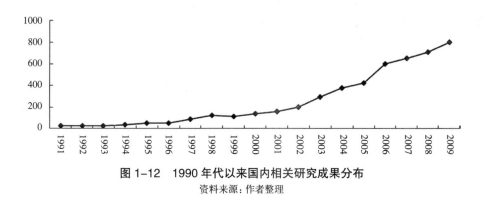

图 1-12　1990 年代以来国内相关研究成果分布

资料来源：作者整理

综上所述，中国城市空间增长相关系统性的研究始于 1980 年代，1980 年代以来中国城市空间增长相关研究可分为 3 个阶段：1980 年代～1990 年代中期西方城市空间结构理论引入期及国内实证研究的起步期，其中邹德慈、许学强、吴良镛等人的研究较有代表性[121-124]；1990 年代中期～ 2000 年代初期为中国城市空间增长相关的研究的积累期，其中武进、胡俊等人的研究比较具有代表性[125]；2000 年代后为中国城市空间增长相关模式的总结及新城市空间现象研究的多元化时期[126-128]。

各个时期的研究重点有所不同，整体上表现出以下特征：第一引入西方城市空间结构基本理论研究国内实际问题，在相关理论、方法上与国际研究接轨日益紧密[129]。第二是注重中国城市空间结构一般理论和模型的总结及机制分析，如转型期中国城市内部空间结构、郊区化理论、城市群理论、人口变化模型、社会区模型、住房结构模型等[130, 131]。第三是注重新的研究技术和方法的应用，如 GIS 和 RS 技术在城市空间结构研究中的应用不断增多，分形理论、复杂性科学研究方法等也有广泛应用[132, 133]。

1.5.1 1980 年代～ 1990 年代中期西方理论引入期及国内实证研究的起步期

1980 年代以前中国城市研究基本停滞，改革开放初期是中国城市研究的重建时期。1960 年代逐渐繁荣起来的城市空间增长研究在西方是一个较为崭新的城市研究领域，因此这个时期中国城市空间结构研究重点是基本理论的引入[120]；综述性、评述性研究多，实证性、原创性的研究相对较少，发表的成果中综述性的研究占 60% 以上。

城市空间结构的基本理论主要包括城市物质空间结构、城市经济空间结构、城市社会空间结构三个方面；相关理论的系统介绍则多见于城市地理学的教材中，如《人口地理学》、《人文地理学》等。城市物质空间结构方面引入的主要理论有国外城市建设、城市空间布局等。如虞蔚最早对欧美城市社会空间规律进行了介绍：城市社会空间的三个主因子是社会经济地位、家庭寿命周期和少数民族隔离；社会经济地位的空间作用模式呈扇面状，家庭寿命周期的空间作用模式呈同心圆状，少数民族隔离的空间作用模式呈多核状。邹德慈通过对美国城市的考察总结了汽车时代的城市空间结构，表现在交通服务设施、土地利用、道路系统和空间形态四个方面，汽车时代下的城市空间布局不仅要考虑"常规路网"，还应超前考虑快速道路系统的建设[48, 122]。城市经济空间结构方面引入的主要理论有中心地理论、城市土地利用模式等。城市社会空间结构方面引入的主要理论有社会经济地位、家庭寿命周期和少数民族隔离三个主因子影响下的城市社会空间结构模式等[121, 123]。

在实证性研究方面，中国城市空间结构的研究处于起步阶段，主要研究成果有四个方面：第一是对中国古代城市的发育机制、结构形态及其政治、经济作用关系的研究[134-136]，如董鉴泓 1982 年出版的《中国城市建设史》、傅崇兰 1985 年出版的《中国运河城市史》、杨宽 1985 年出版的《中国古代都城制度史》、叶晓军1987年出版的《中国都城发展史》、俞伟超1985年出版的《中国古代都城的发展阶段性》等；第二是对计划经济时期中国城市土地利用空间模式的总结，如罗楚鹏、朱锡金、梁志强等人提出的中国城市空间布局模式[137, 138]；第三是运用调查、普查数据对城市内部空间结构开展的研究，如许学强等运用因子分析法对广州社会空间结构的研究等[139]；第四是对城市空间结构中城市边缘区、城市交通、历史文化等特定问题的研究，如崔功豪等人以南京等城市为例对中国城市边缘区扩展的研究等[140]。

1.5.2 1990年代中期～2000年代初期国内实证研究的积累期

1990年代后中国的改革开放逐渐转向城市，城市空间增长迅速，中国逐步进入快速城市化阶段。此时城市空间增长的研究得到了较快的发展，这为快速城市化背景下的中国城市建设提供了理论指导，同时也积累了大量的实证素材。此外，改革开放后逐步建立起来的各项住房、土地、人口统计登记制度为大范围开展城市空间增长研究提供了基础。这一时期是中国城市空间增长研究的素材积累时期，其研究重点逐渐转向运用西方基本理论框架分析中国城市空间增长的实际问题[141]。这一时期研究的主要特点是实证性的研究迅速增加，在发表的成果中实证性研究占60%左右；其中武进、胡俊等人的研究比较具有代表性，他们分别从纵、横两个角度较为系统地研究了中国城市空间结构的形态、特征及其演化机制问题[142, 143]。

这一时期的研究成果主要有五个方面的内容：

第一是城市内部人口分布变动与郊区化的研究。大部分的研究利用等三、四次人口普查统计资料作为数据支撑，重点研究了北京、广州、南京、杭州等大城市的人口迁移特征及其对城市空间结构的影响，并探讨了其形成机制和内在机理，如周春山对广州人口分布与迁居的研究[144-147]。

第二是社会区、住房、城市贫困等城市社会空间的研究。以北京、广州、南京等城市案例研究为基础，一些学者认为中国城市社会极化和空间极化加剧，人口迁移呈现相对向心特征；受社会经济变革、城市职能的重新定位、跨国资本的增加、高科技产业的发展和大量流动人口等因素的影响，政府的影响作用在弱化，市场的影响作用则在增强[145, 148]。此外，城市贫困、住房空间结构、住宅区位和居住选址、居住空间分异和居住郊区化等也是城市社会空间研究关注的主要问题[149-152]。

第三是商业和高新技术产业等城市产业空间的研究。对城市商业空间的研究认为中国城市商业空间具有明显的等级性，空间上表现为圈层结构，CBD圈层正在逐步形成[153, 154]；对城市高新技术产业空间的研究认为中国城市整体上处于工业化中后期阶段，产业结构调整和升级是中国城市经济空间结构调整的趋势，并将对城市用地结构、布局形态、功能分区、城市等级体系产生重要影响[155-157]。

第四是城中村、开发区、城市群等城市空间形态的研究。有学者从理论层面对中国城市空间形态的组合关系和分形特征进行了研究[158]；有关于城中村的研究认为中国城中村是城市迅速扩张的产物，城中村的形成是城乡二元体制和政策形成的城乡二元发展格局[159]；开发区的研究认为开发区影响下的城市空间结构有双核结构、连片带状结构、多极触角结构三种类型，是跨国公司为主导的外部作用力、城市与乡村的扩散力和开发区的集聚力共同作用的结果[160]；城市群的研究认为中国已经形成了长三角、珠三角、京津唐三大城市群，中国城市群有高度集中型、双核心型、适当分散发展型和交通走廊轴线发展型四种[161]。

第五是对中国城市空间发展的理论性探索，如吴良镛的人居环境学、陆大道的点—轴理论、周一星等对中国城市郊区化的研究、姚士谋等对中国城市群的研究等。其中，人居环境科学将城市划分为居住、支持、人类、社会和自然五大系统，每个大系统再划分为若干小系统，这些系统之间相互作用共同促进城市人居环境的构建[162]。"点—轴系统"理论认为社会经济客体在区域或空间内同时存在集聚和扩散的相互作用，在区域发展过程中社会经济要素在"点"（即各级居民点和中心城市）上集聚，并由轴（基础设施）联系起来；由于"轴"具有很强的经济吸引力和凝聚力，集中了产品、信息、技术、人员、金融等各种社会经济生产要素，并通过扩散作用于附近区域推动社会经济的发展；而在发展轴线的进一步延伸过程中，又将形成新的规模相对较小的集聚点和发展轴。周一星等人对中国的郊区化进行了研究，认为中国的郊区化主要是工业的郊区化[163, 164]，人口郊区化从1980年代起在一些大城市里逐渐显现，目前我国主要城市的商业仍以向市中心区集中为主，近年来也开始呈现一些分散化趋势；中国郊区化的动力机制主要有[165-168]：①城市土地使用制度改革；②住房制度改革；③城市交通、通信条件的改善；④产业结构与布局的调整等。姚士谋等人对中国城市群的发展演变进行了系统分析，总结了城市群的发展演变阶段以及城市人口与用地规模的关系等模式。

1.5.3　2000 年代初期后一般化模式的总结及新城市空间现象的研究时期

经过前一时期大量实证性研究的积累，中国城市空间增长研究逐渐趋于成熟，随着研究成果的日益丰富，国内的研究开始进入对中国城市空间增长模式进行总结的时期。这一时期研究的主要特点是总结性研究不断增加，在发表的成果中，总结性研究比前一时期增加了 10% 左右。与此同时，这一时期还有大量针对全球化、信息化、生态化、网络化所带来的新城市空间现象的研究成果。

对中国城市空间增长模式的总结主要成果包括以下三个方面：第一是对转型期中国城市空间形态结构模式的总结。如周春山等人认为转型期中国城市空间结构异质性特征突出，带有多中心结构特点，主要有五种城市空间结构模式：圈层结构、带状结构、放射结构、多核网络结构和主城—卫星城结构（图1-13）[169, 170]。

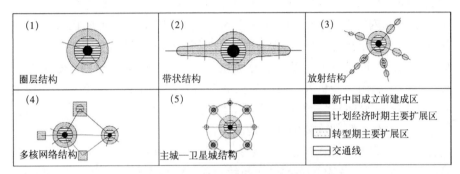

图1-13　中国城市空间增长的5种模式
资料来源：周春山，2007

第二是对转型期中国城市社会空间结构模式的总结。在对广州、北京等大城市的社会空间研究基础上，有学者认为中国城市社会阶层分化所带来的社会极化问题日益突出，城市社会空间分异现象主要是通过住房消费和居住空间体现出来的；中国大城市社会区的演变主要有三种模式：基于老城区发展的社会区演变模式、基于"飞地"发展的社会区演变模式、基于农村社会区发展的社会区演变模式[171-174]。

第三是对中国城市经济空间增长模式的总结。这些成果认为开发区、大学科技城、中央商务区、新商业空间等新产业空间在城市经济空间结构重构中发挥重要作用；其中，开发区影响下的城市经济空间结构演变过程有对母城的依赖和索取的成型期、对周边区域扩散辐射的成长期、对母城反哺的成熟期3个时期和连片式、跳跃式两种扩展方式[175-177]。

在新城市空间现象的研究上表现为多元化的趋势，主要的研究课题有：在全球化与地方化的相互作用下的城市产业结构重组、社会结构变革以及实体空间重构、新城市空间形成、城市社会空间极化、郊区化与多中心、再中心化与绅士化等。研究成果可分为三类：第一是对全球化下中国城市社会空间结构分异特征的研究，认为中国全球城市的重构与西方全球城市的发展规律的整合取决于中国全球城市在世界城市体系中的地位与职能特征[178, 179]。第二是对网络、信息时代下城市空间关系的研究，认为信息社会的城市空间是地理空间与网络空间相互依存、交织的复合式空间[180-182]。第三是生态保护背景下的城市空间发展问题研究，主要研究内容包括生态可持续城市空间发展理论、城市生态空间、低碳城市下的土地利用模式等[183-186]。

1.5.4 国内研究小结

对中国城市空间结构相关研究的回顾可以看出主要研究内容围绕物质空间、经济空间、社会空间和生态空间四个方面展开，不同年代有不同的研究主题和内容[187]（图 1-14）：① 1980 年代～1990 年代中期物质空间关注的主要有城市边缘区、计划经济的土地利用模式、城市交通和城市发展史等，经济空间关注的主要是制造业空间，社会空间关注的主要是城市历史文化、生态因子分析等，对生态空间的研究这一时期相对较少。② 1990 年代中期～2000 年代初期物质空间关注的主要是 CBD、开发区、卫星城、城中村等，经济空间主要关注的是高新技术产业、商业、服务业空间，社会空间关注的主要是人口迁居、社会区分析、住房结构、公共设施、城市贫困等，生态空间关注的主要是可持续发展、绿地系统等；同时还对郊区化、城市群等综合性的城市空间现象进行了深入研究。③ 2000 年代初期特别是 2010 年以来开始从不同研究领域出发对城市空间结构一般模式进行了总结，物质空间结构的一般模式如网络城市、数字城市等，经济空间结构的一般模式如全球城市、节约型城市等，社会空间结构的一般模式如智能城市、智慧城市、宜居城市等，生态空间结构的一般模式如生态城市、低碳城市等；同时重视对城市新区、同城化、一体化等新的城市空间现象的研究。

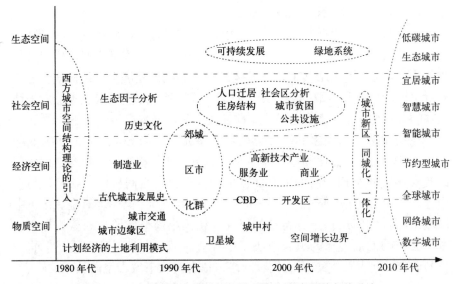

图 1-14　中国城市空间结构相关研究主题出现的年代分布

经过近 30 多年来系统的发展，国内城市空间增长相关研究与国外相关研究的差距在不断缩小，与国外研究相比国内研究有以下特点：第一是不断引入国外前沿研究理念，并结合国内实际探讨西方相关理论研究成果在中国的应用，如城市空间增长边界管理、精明增长、低碳城市、公众参与等规划管理理念的应用，中国与西方城市郊区化、城市群等城市空间发展问题的比较研究，新马克思主义、新制度主义、后现代主义等前沿理论视角的转变等。第二是通过国内城市空间增长的实证分析总结中国城市空间的自身增长规律和模式，如转型期中国社会区的空间分异模式、转型期中国城市内部空间结构模式、开发区研究、城中村问题研究以及转型期中国城市空间增长一般模式等。第三是在一些前沿研究领域加入到国际研究行列中，探索城市空间增长的一般性问题，对国际城市空间理论研究施加影响、发挥积极作用，如 CA 模型、城市空间增长模拟技术、城市空间规划管理决策体系、人居环境理论、点—轴开发理论等方面的研究。

但目前国内相关研究与国外的相关研究仍有一定差距，主要表现在：第一是相关研究体系还不够完善，主要的研究成果之间相对独立，对现有研究成果的整合有所欠缺，对全球化、信息化、生态保护新背景下中国城市空间增长的一般性理论模式的探讨还有待加强。第二从研究内容深度上来说，对政治体制、意识、价值观等深层影响因素的研究不足；新制度主义、新自由主义、后现代主义、后结构主义的理论视角下对转型期中国城市空间结构深层机制的分析仍相对欠缺。第三从研究内容广度上来说，对于城市片区、社区、街区等中、微观尺度的城市空间结构分析与国际研究有一定差距；对城市制度空间、文化空间、"流"的空间等内容研究不足。第四从研究方法上来说，对国际上最新的研究方法如新经济地理学理论模型、社会网络分析、人工智能模拟等的应用还有较大的差距；在实践领域，城市增长边界管理、精明增长、新城市主义、城市管理决策系统等方法的应用仍不够。

随着全球化、信息化社会的到来，中国城市空间增长将面临一些新的问题：一是计划经济向市场经济转型的特定背景下有中国特色的城市空间增长理论与模式的构建；二是在快速城市化背景下的城市空间增长机理与支撑体系的研究；三是在全球化、信息化下产业升级和重组、产业空间转移和跨国集团公司布局对城市空间合理布局的影响；四是城市空间可持续增长原则、方法、模式的探索；五是新技术、新方法的进一步应用。为此，在未来一段时期中国城市空间增长相关的研究领域主要有以下 6 个方面的内容：

1. 转型期中城市空间增长理论模式的总结

目前已有相当数量总结性的研究对中国城市空间增长模式进行了探

讨；然而，在面对全球化、信息化、生态保护背景所带来的冲击，这些模式有的已经不再适合中国城市发展的实际情况，因此有必要对全球化、信息化、生态保护背景下的中国城市空间结构模式进行更加深入的探讨与研究。

2. 新城市空间现象的深入探讨

近年来，中国一些大城市已经出现的郊区化现象与西方国家郊区化在形成机制、表现特征上存在巨大的差别，这是未来中国城市郊区化的重要研究课题之一。此外，CBD、开发区、城中村、城市新区、城市群、同城化、一体化等现象也是未来中国城市空间结构研究中的重要内容。

3. 节约型城市空间增长的研究

随着中国城市空间的快速扩张，土地资源更加紧缺，人多地少的基本国情显得更加突出，为此，大力开展以"节约"为主题的城市空间增长模式的研究符合了中国国情的需要。在借鉴国际已有理论的基础上，结合中国城市空间增长的特殊情况，构建具有中国特色的城市空间增长模式是研究的一个重点方向。

4. 城市空间增长深层机制的分析

当前对现阶段中国城市空间增长的政治体制、价值观等深层机制的研究分析仍有所欠缺，是未来的重点研究方向之一。

5. 中、微观尺度研究领域的开拓

遥感、航拍以及相关普查统计数据的日益完善，为开展中、微观尺度的中国城市空间研究提供了基础，未来应加强中、微观尺度下的中国城市空间研究。

6. 新研究方法的应用

自组织理论、新经济地理学模型、GIS方法、社会网络分析等研究方法的广泛应用，为开展范围更加广泛、内容更加多元的城市空间结构提供了方便，如何合理运用这些研究方法来探讨中国城市空间结构的实际问题是研究的主要内容之一。

1.6 研究述评

通过以上研究背景和国内外研究的比较分析，可以看出城市空间增长相关研究正在向空间范围的扩展化、研究视角的多元化、研究方法的空间计量化发展，有关中国城市空间增长的研究尽管起步较晚，但近年来已形成了大量的实证研究基础和部分理论研究成果，为研究转型期中国特大城市空间增长打下了坚实的基础。然而，已有的研究对转型期中国特大城市这一特定的研究对象的系统性、定量化研究成果仍不多见，同时针对这一内容的理论模式总结深度尚不够。为此本研究拟重点解决以下问题：

1. 转型期中国特大城市空间增长特征

具体来说包括转型期近 20 年来中国特大城市空间增长中出现的新型空间要素及空间要素的新形式，城市空间结构的发展演变过程，城市空间形态演变特征 3 个方面的问题。转型期中国特大城市空间增长发生了巨大变化，面临着全球化、信息化、可持续发展等新的发展环境影响；对此做全面认识有助于丰富我国城市地理、城市规划学科的研究内涵，有助于更好地理解转型期中国特大城市的空间演变规律，有助于制定更加合理的城市空间发展对策。

2. 总结转型期中国特大城市空间增长的基本模式

城市空间增长的相关研究在我国起步较晚，尽管目前已产生了一些有价值的研究成果，但这些研究大多为个案性研究或基于定性方法得出的结论，且有的对转型期中国特大城市空间增长的复杂问题概括力度不够。因此，本研究将在通过全面深刻理解前一问题的基础上，运用定量化的手段对转型期中国特大城市空间增长模式进行总结。这是对我国城市空间增长相关理论研究的进一步深化，是对新时期中国特大城市空间增长问题的重新认识。

3. 解释转型期中国特大城市空间增长的动力机制

在对转型期中国特大城市空间增长特征的全面理解和归纳总结的基础上，进一步探讨其成因机制。这是对前两个问题的深化分析，有助于理解转型期中国特大城市空间增长形成和演变的影响因素和作用机制。

第 2 章　研究设计

2.1　研究对象

本研究以人口规模 100 万人以上的特大城市为研究对象，2008 年全国特大城市 131 个，由于数量较多，因此本研究选取其中的直辖市、《中华人民共和国地方各级人民代表大会和地方各级人民政府组织法》确定的"较大的市"及城市综合竞争力报告中排名前 30 位的城市共 52 个作为重点研究对象（表 2-1）。

论文重点研究的52个特大城市　　　　　　　　　　表2-1

城市名称
北京、上海、天津、重庆、石家庄、太原、呼和浩特、沈阳、长春、哈尔滨、南京、杭州、合肥、福州、南昌、济南、郑州、武汉、长沙、广州、南宁、海口、成都、贵阳、昆明、西安、兰州、西宁、乌鲁木齐、深圳、汕头、厦门、大连、青岛、宁波、唐山、大同、包头、鞍山、抚顺、吉林、齐齐哈尔、无锡、淮南、洛阳、淄博、邯郸、徐州、苏州、东莞、烟台、佛山

资料来源：作者整理

空间范围主要指城市建成区，同时涉及城市规划区范围。

研究内容为转型期中国特大城市的空间增长，由于中国的市场经济体制改革在城市中全面铺开是 1980 年代末至 1990 年代初的时期，因此，本研究重点关注近 20 年来中国特大城市的空间增长情况。

2.1.1　研究城市的分布

研究对象的 52 个城市在地域上分布于全国各省（区），是转型期中国城市发展的重要组成部分，2008 年 52 个城市的人口占全国地级以上市总人口的 27.42%，地区生产总值占全国地级以上市的 67.32%，城市建成区面积占全国地级以上市总量的 54.30%；其城市空间增长具有一定的覆盖面，从城市发展所处的地理环境来看涵盖了平原城市、沿江城市、滨海城市、山区城市等基本城市类型[188]。

2.1.2 研究城市的职能特征

从城市职能上看，52个城市包括了综合型城市、工矿城市、商业城市、农业城市等不同类型的城市，根据周一星等人对1990年的465个城市[189]、2000年的649个城市[190]进行的职能类型研究以及各城市总体规划的性质定位等相关内容，该52个城市的职能类型有一定的覆盖面，同时也可以看出这些城市地位在全国城市体系中地位的重要性（表2-2）。

52个城市1990、2000年的城市职能及其规划城市性质　　　表2-2

城市	1990年类别①	2000年类别②	规划城市性质
北京	全国超大型综合性城市	全国特大型综合性城市	首都，全国的政治、文化中心，世界著名古都和现代国际城市。（2004年）
西安	大区级特大型综合性城市	大区级特大型综合性城市	陕西省省会，国家重要的科研、教育和工业基地，我国西部地区重要的中心城市，国家历史文化名城。（2008年）
成都	大区级特大型综合性城市	大区级特大型综合性城市	四川省省会，我国西部重要中心城市之一，西南地区科技、金融、商贸中心和交通、通信枢纽，国家历史文化名城和旅游中心城市。（2003年）
苏州	其他第三产业职能明显的高度专业化工业城市	高度专业化旅游城市	国家历史文化名城和重要的风景旅游城市，是长江三角洲重要的中心城市之一。（2007年）
太原	大区级特大型综合性城市	省区级特大型综合性城市	山西省省会，中西部地区重要的中心城市，全国重要的新材料和先进制造业基地，历史悠久的文化古都（城）。（2008年）
大同	交通运输职能明显的采掘业城市	特大型、大型专业化矿业城市	国家历史文化名城，是重要的能源城市，是山西省北部的中心城市。（2005年）
鞍山	大型特大型工业城市	省区级特大型专业化工业城市	我国重要的钢铁工业基地，是辽宁省中南部地区重要的中心城市。（2001年）
长春	大区级特大型综合性城市	省区级特大型综合性城市	吉林省省会，东北地区中心城市之一，是全国重要的先进制造业基地、汽车工业基地、农产品加工业基地和科教文贸城市。（2010年）
洛阳	以工业为主的综合性城市	省区级特大型专业化工业城市	国家历史文化名城，河南省副中心城市，著名旅游城市，先进制造业基地。（2008年）

城市	1990年类别①	2000年类别②	规划城市性质
邯郸	大型特大型工业城市	省区级特大型工矿业城市	国家历史文化名城，冀晋鲁豫接壤地区中心城市。（2008年）
沈阳	大区级重要的特大型综合性城市	大区级特大型综合性城市	辽宁省省会，东北地区的中心城市，全国重要的工业基地。（2005年）
齐齐哈尔	以工业为主的省区级大型、特大型综合性城市	省区级特大型专业化工业城市	我国东北地区重要工业基地和绿色食品生产基地，黑、吉、内蒙古省（区）交界区域的经贸中心，黑龙江省西部区域性中心城市，黑龙江省历史文化名城。（2002年）
南宁	以其他三产和建筑业为主的省区级大型、特大型综合性城市	商业、其他第三产业职能明显的大型综合性城市	广西壮族自治区首府，面向中国与东盟合作的区域性国际城市，西南出海大通道的综合交通枢纽。（2008年）
合肥	以其他第三产业为主的省区级大型、特大型综合性城市	省区级特大型综合性城市	安徽省省会，全国重要的科研教育基地、现代制造业基地和区域性交通枢纽，长江中下游重要的中心城市之一。（2006年）
昆明	以其他三产和建筑业为主的省区级大型、特大型综合性城市	省区级特大型综合性城市	中国面向东南亚、南亚开放的门户城市，国家历史文化名城，我国重要的旅游、商贸城市，西部地区重要的中心城市之一，云南省省会。（2008年）
乌鲁木齐	以其他三产和建筑业为主的省区级大型、特大型综合性城市	省区级特大型综合性城市	新疆维吾尔自治区首府，我国西北地区重要的中心城市。（2011年）
大连	大区级特大型综合性城市	省区级特大型综合性城市	中国北方沿海重要的中心城市和国际性风景旅游城市，建设成为文化、体育和现代产业协调发展的国际名城。（2009年）
青岛	大区级特大型综合性城市	省区级特大型综合性城市	中国东部沿海重要的中心城市，国家历史文化名城，国际港口城市、滨海旅游度假城市。（2006年）
海口	其他第三产业职能明显的高度专业化的商业城市	商业、其他第三产业职能明显的大型综合性城市	海南省省会，热带海岛旅游度假胜地和宜居城市，南海海洋生态产业基地，国家历史文化名城。（2006年）
烟台	以工业、交通运输为主的大中型综合性城市	省区级特大型专业化工业城市	沿海开放城市，以高新技术产业、商业、旅游为主导的现代化、国际性港口城市。（2006年）
深圳	工商业城市	全国性特大型综合性城市	创新型综合经济特区，华南地区重要的中心城市，与香港共同发展的国际性城市。（2007年）

城市	1990年类别①	2000年类别②	规划城市性质
宁波	以工业、交通运输为主的大中型综合性城市	省区级特大型专业化工业城市	我国东南沿海重要的港口城市、长江三角洲南翼经济中心和国家历史文化名城。（2006年）
兰州	以工业为主的省区级大型、特大型综合性城市	省区级特大型综合性城市	甘肃省省会，是西北地区重要的工业城市和商贸、科技区域中心；是西部地区重要的交通、通信枢纽。（2001年）
包头	大型特大型工业城市	省区级特大型专业化工业城市	我国重要的工业基地，京津呼包银经济带重要的中心城市，内蒙古自治区的经济中心。（2008年）
抚顺	大型特大型工业城市	省区级特大型专业化工业城市	辽宁中部城市群的副中心城市，全国重要的石化工业和现代制造业基地，融工业遗产展示、生态旅游为一体的北方山水宜居城市。（2008年）
淮南	采掘业占重要地位的城市	特大型、大型专业化矿业城市	安徽省北部的重要中心城市，国家重要能源基地。（2010年）
西宁	地方中心性建筑业占重要地位的城市	商业、其他第三产业职能明显的大型综合性城市	青海省省会、西北地区的中心城市之一。（2001年）
贵阳	以其他三产和建筑业为主的省区级大型、特大型综合性城市	省区级特大型综合性城市	贵州省省会；西南地区重要交通枢纽；西部地区重要中心城市之一；具有国际影响力的生态休闲度假旅游城市。（2007年）
呼和浩特	以其他三产和建筑业为主的省区级大型、特大型综合性城市	商业、其他第三产业职能明显的大型综合性城市	内蒙古自治区首府和政治、经济、文化中心，国家历史文化名城，我国北方沿边重要的开放型中心城市。（2009年）
郑州	以其他第三产业为主的省区级大型、特大型综合性城市	省区级特大型综合性城市	河南省省会，国家历史文化名城，我国中部地区重要的中心城市，国家重要的综合交通枢纽。（2006年）
哈尔滨	大区级特大型综合性城市	大区级特大型综合性城市	黑龙江省省会、我国东北北部中心城市、国家重要的制造业基地、历史文化名城和国际冰雪文化名城。（2004年）
石家庄	以工业为主的省区级大型、特大型综合性城市	省区级特大型综合性城市	河北省省会，华北地区重要中心城市，全国医药工业基地之一。（2006年）
济南	大区级特大型综合性城市	省区级特大型综合性城市	山东省省会，著名的泉城和国家历史文化名城，环渤海地区南翼和黄河中下游地区的中心城市。（2005年）
淄博	大型特大型工业城市	省区级特大型专业化工业城市	全国重要的石油化工基地，山东省的中心城市之一。（2006年）

城市	1990年类别①	2000年类别②	规划城市性质
徐州	以工业、交通运输为主的大中型综合性城市	省区级特大型工矿业城市	全国重要的综合性交通枢纽、区域中心城市、国家历史文化名城及生态旅游城市。（2007年）
无锡	其他第三产业职能明显的高度专业化工业城市	省区级特大型专业化工业城市	长江三角洲的中心城市之一，国家历史文化名城，重要的风景旅游城市。（2001年）
武汉	大区级最重要的特大型综合性城市	全国性特大型综合性城市	国家历史文化名城，我国中部地区的中心城市，全国重要的工业基地、科教基地和综合交通枢纽。（2006年）
广州	大区级最重要的特大型综合性城市	全国性特大型综合性城市	国际城市（国家级中心城市）、中国南方经济中心、文化中心、国际航运中心和对外交往中心，国家历史文化名城，广东省省会。（2010年）
杭州	以其他第三产业为主的省区级大型、特大型综合性城市	省区级特大型综合性城市	浙江省省会和经济、文化、科教中心，长江三角洲中心城市之一，国家历史文化名城和重要的风景旅游城市。（2001年）
福州	以其他第三产业为主的省区级大型、特大型综合性城市	省区级特大型综合性城市	福建省省会、海峡西岸经济区的中心城市、国家历史文化名城。（2009年）
南京	大区级特大型综合性城市	大区级特大型综合性城市	长江下游现代化的中心城市，国际影响较大的历史文化名城，人与自然和谐共生的江滨城市。（2007年）
重庆	大区级特大型综合性城市	全国性特大型综合性城市	我国重要的中心城市，国家历史文化名城，长江上游地区的经济中心，国家重要的现代制造业基地，西南地区综合交通枢纽。（2007年）
吉林	以工业为主的省区级大型、特大型综合性城市	省区级特大型专业化工业城市	吉林省重要的中心城市，东北地区以化工为主的工业基地，具有我国北方特色的旅游城市。（2009年）
上海	全国超大型综合性城市	全国特大型综合性城市	全国重要经济中心和航运中心，国家历史文化名城，逐步建成社会主义现代化国际大都市，国际经济、金融、贸易、航运中心之一。（1999年）
长沙	以其他第三产业为主的省区级大型、特大型综合性城市	省区级特大型综合性城市	湖南省省会，国家历史文化名城，长江中游地区重要的中心城市。（2003年）
南昌	以工业为主的省区级大型、特大型综合性城市	省区级特大型综合性城市	江西省省会，全省政治经济文化科技和信息中心，国家历史文化名城，长江中游地区重要中心城市。（2003年）

城市	1990年类别[①]	2000年类别[②]	规划城市性质
厦门	工商业城市	省区级特大型专业化工业城市	我国经济特区，东南沿海重要的中心城市，港口及风景旅游城市。（2005年）
汕头	工商业城市	省区级特大型专业化工业城市	东南沿海重要港口城市，粤东中心城市。（2002年）
天津	全国超大型综合性城市	全国特大型综合性城市	环渤海地区经济中心，建设成为国际港口城市、北方经济中心和生态城市。（2005年）
唐山	大型特大型工业城市	省区级特大型工矿业城市	以能源原材料和基础工业为主的国家级新型工业基地；环渤海地区重要的经济中心城市和京津冀国际港口城市；新型生态宜居城市。（2008年）
佛山	专业化的工业城市	大区级最重要的特大型工业城市	全国重要的现代制造业基地，具有岭南水乡风貌特色的国家历史文化名城。（2005年）
东莞	以工业、交通运输为主的大中型综合性城市	大区级最重要的特大型工业城市	珠江三角洲地区性中心城市，全国重要的信息技术研发和产业化基地，环境优美的现代化城市。（2000年）

资料来源：①周一星.孙则昕，1997；②许峰.周一星，2010；各城市总体规划资料整理

2.1.3 研究城市的规模特征

从城市人口规模来看，52个城市中200万人口以上的城市居多，2008年市辖区总人口规模数据，超过800万的城市有3个，400～800万的城市有10个，200～400万的城市有22个，100～200万的城市有17个(表2-3)。

2008年52个城市市辖区总人口　　　　表2-3

人口规模	城市（万人）
>800万	重庆（1534.5），上海（1321.7），北京（1158.75）
400~800万	天津（793.85），广州（645.83），西安（554.73），南京（541.24），武汉（512.42），成都（510.15），沈阳（509.02），汕头（499.3），哈尔滨（475.13），杭州（424.3）
200~400万	佛山（364.34），济南（350.23），长春（330.22），唐山（305.53），大连（298.31），太原（281.29），淄博（278.17），郑州（276.75），青岛（276.25），南宁（263.89），昆明（241.41），石家庄（240.72），长沙（238.32），苏州（238.21），无锡（237.42），深圳（228.07），乌鲁木齐（226.94），南昌（223.09），宁波（220.12），贵阳（216.65），兰州（209.99），合肥（203.48）

人口规模	城市（万人）
100～200万	福州（186.68），吉林（184.93），徐州（184.4），烟台（179.4），东莞（179.1），厦门（173.67），淮南（166.71），洛阳（158.36），海口（155.82），大同（153.37），鞍山（147.34），邯郸（146.67），齐齐哈尔（142.49），包头（140.46），抚顺（139.6），呼和浩特（116.7），西宁（112.21）

数据来源：2009年中国城市统计年鉴

2.2 研究方法

2.2.1 GIS 空间分析方法

在本研究中主要应用于对城市空间增长特征的分析，主要包括城市空间的形态演变特征、分形变化特征、空间结构特征等，主要运用的 GIS 空间分析方法有：

1. 分形分析

根据分形理论，应用 GIS 栅格数据处理工具获取 52 个城市 1990 年和 2007 年的城市边界分形维数数据组。

2. 中心点分析

分为几何中心点和加权中心点两种，其中几何中心点为空间中 n 个离散点 (X_1, Y_1)，(X_2, Y_2)，…，(X_n, Y_n) 的几何分布中心，计算公式为：$(\sum\limits_{i=1}^{n} X_i/n, \sum\limits_{i=1}^{n} Y_i/n)$；加权中心点为考虑不同点在具体空间问题时的不同重要程度而计算的中心点，其计算公式为：$(\frac{\sum\limits_i W_i X_i}{\sum\limits_i W_i}, \frac{\sum\limits_i W_i X_i}{\sum\limits_i W_i})$，其中 W_i 为权重值。该方法主要用于研究城市空间形态特征，加权中心点的分析方法主要用于研究城市中人口、经济重心等的分布。

3. 网格分析

以适当密度的网格切割城市土地利用现状空间数据，进而分析其用地结构的空间差异性，主要用于研究城市用地结构空间差异特征。

4. 缓冲区分析

根据分析城市空间中点、线、面等实体要素，自动建立其周围一定距离的带状区，识别其对邻近对象的辐射范围或者影响程度；主要应用于分析城市空间增长过程中对交通线路、河流、海岸线等线状要素的依赖程度。

5. 空间聚类分析

对不同的城市空间要素的不同属性进行分类研究，主要应用于城市空间增长中点状要素变化的分析中。

6. 等值线分析

运用空间插值法对影响城市空间增长的社会经济属性进行的空间分析，如地价等值线、房价等值线、人口密度等值线等；主要用于研究城市空间增长机制。

2.2.2　空间形态计量方法

主要的空间形态计量方法有：

1. 形状率，其计算公式为：形状率 =A/L^2，其中 A 为区域面积，L 为区域最长轴长度；正方形区域形状率为 1/2，圆形区域为 $\pi/4$；带状区域小于 $\pi/4$，形状率越小，带状特征越明显。

2. 圆形率，其计算公式为：圆形率 =$4A/P^2$，其中 A 为区域面积，P 为区域周长；圆形区域为 $1/\pi$，正方形区域为 1/4；数值越小，离散程度越高，带状区域小于 1/4。

3. 紧凑度 1，其计算公式为：紧凑度 =$2\sqrt{\pi A}/P$，其中 A 为区域面积，P 为区域周长；圆形区域为 1，正方形区域为 $\sqrt{\pi}/2$，数值越小，离散程度越高。

4. 紧凑度 2，其计算公式为：紧凑度 =$1.273A/L^2$，其中 A 为区域面积，L 为最长轴长度，其数值越小，离散程度越高。

5. 椭圆率指数，其计算公式为：椭圆率指数 =$L/2\{A/[\pi(L/2)]\}$，其中 A 为区域面积，L 为区域最长轴长度；圆形区域为 1。

6. 放射状指数，其计算公式为：放射状指数 =$\sum_{i=1}^{n}\left|\left(100d_i/\sum_{i=1}^{n}d_i\right)-(100/n)\right|$，其中 d_i 为城市中心点到第 i 地段或小区中心的距离，n 为地段或小区数量；数值越大，放射状特征越明显。

7. 伸延率，其计算公式为：伸延率 =L/L'，其中 L 为最长轴长度，L′ 为最短轴长度，圆形区域为 1，正方形区域为 $\sqrt{2}$，数值越大，离散程度越高，带状特征越明显。

8. 城市分散系数，计算公式为：城市分散系数 = 建成区范围面积 / 建成区用地面积。

9. 城市紧凑度，计算公式为：城市紧凑度 = 市区连片部分用地面积 / 建成区用地面积。

2.2.3　分形理论

分形理论用于表征图形的局部与整体形态特征某种方式上的自相似性，通常以分形维数来表征自相似性程度，常用的分形维有 Hausdorff 维数、几何维数、相似维数、信息维数和关联维数等。在地理学空间研究中应用最多的是几何维数，在城市空间形态中常用的有边界维数、半径维数和格网维数等。本研究主要采用边界分维值，边界分维数的计算有两种：基于面积—周长关系定义的分形维数和基于周长—尺度关系定义的分形维数。

边界分形维数可以采用格网法进行分析。用不同大小的正方形格网覆盖城市平面图形，正方形格网不同长度 r 对应覆盖有城市轮廓边界线的不同格网数目 N（r）和覆盖图形区域的不同格网数目 M（r）。根据分形理论有如下关系：

$$\frac{1}{D} N(r) \propto \frac{1}{2} M(r) \tag{2-1}$$

$$N(r) \propto r - D \tag{2-2}$$

对两式两边分别取对数可得

$$\ln N(r) = C + \frac{D}{2} \ln M(r) \tag{2-3}$$

$$\ln N(r) = -D\ln r + C \ (2)' \tag{2-4}$$

式中：C 为待定常数；D 为城市平面轮廓图形的维数，其中式（2-3）中 D 为基于面积—周长关系定义的分形维数，式（2-4）中 D 为基于周长—尺度关系定义的分形维数。

将正方形格网尺寸大小 r，覆盖有城市轮廓边界线的不同格网数目 N（r）和覆盖图形区域的不同格网数目 M（r）分别组成两对数据组（lnN（r），$\frac{1}{2}$ lnM(r)）、（lnr，lnN（r））；分别通过回归分析法拟合这些点对求得两种关系下的边界分形维数。

城市空间形态的分形维反映了城市平面轮廓边界线的复杂程度，线状要素的分形维宜采用基于周长—尺度关系的分形维进行分析；面状要素的分形维宜采用基于面积—周长关系的分形维进行分析，不仅可以反映城市用地线的复杂程度，还可以反映用地破碎程度以及城市内部的空隙。分形维越高，城市边界线的复杂程度越大、内部空隙越多，分形维越小，城市边界线的复杂程度越小、内部空隙越少。

2.2.4 空间拓扑分析

空间拓扑分析是将城市内部空间组成要素的构成关系用拓扑关系简图表示出来，从而可以清晰地反映城市内部空间结构和功能组成关系。空间拓扑分析主要应用于城市空间结构的研究，主要内容包括：中心点（区）、城市空间增长点、城市空间增长轴、城市空间增长方向、城市主要功能分区、城市重点增长区域等。

2.2.5 案例分析方法

主要将案例分析方法运用于对城市空间增长要素的分析与城市空间增长模式的总结中，选取具有代表意义的城市对具体问题进行说明。

2.2.6 多元视角分析方法

城市空间增长是一个复杂的过程，受多种要素的影响。研究采用多元化视角的分析方法对近 20 年来中国大城市空间增长机制进行总结，其中主要的视角有：城市地理、城市规划、城市经济学、城市社会、城市制度、城市文化、城市政策等。

2.3 资料与数据评估

本研究的资料和数据来源包括以下 5 个方面：

2.3.1 图形图像数据

国家、城市层次的多个图像数据信息来源，主要有：

1. 1 : 400 万国家基础信息数据库，国家测绘局于 1994 年完成，依据国家标准 GB/T 13923-92，数据采用十进制单位的地理坐标，采用 1954 年北京坐标系和克拉索夫斯基椭球体；其主要内容包括县和县级以上境界、县和县以上人民政府驻地、5 级以上河流、主要公路和铁路等；分境界层、铁路层、公路层、水系层和经纬网 5 个数据层（图 2-1）。

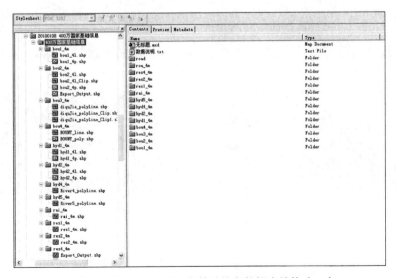

图 2-1　1 : 400 万国家基础信息数据库结构（一）

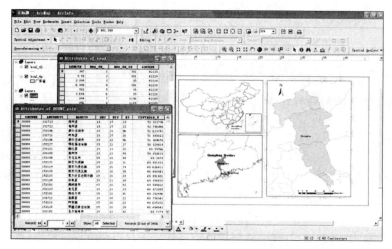

图2-1　1∶400万国家基础信息数据库结构（二）

资料来源：1∶400万国家基础信息数据库

2. 由NASA World Wind和Google earth软件中提取的1990年代、2000年代、2008年城市卫片图，通过对卫片图的判读大体确定不同时期的城市空间增长范围，由于图片精度有限，该数据仅作为本研究的参考资料（图2-2）。

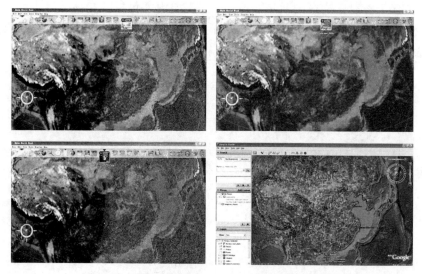

图2-2　NASA World Wind、Google earth卫片图

资料来源：NASA World Wind、Google earth

3. 部分城市土地利用空间数据库，如2009年第二次全国土地调查数据库、土地利用更新调查数据库、土地利用总体规划数据库等（图2-3、

图 2-4、图 2-5、图 2-6、图 2-7)。

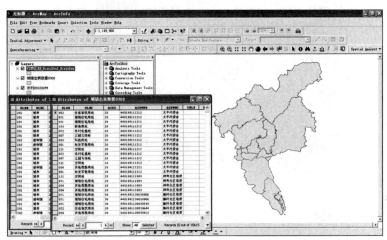

图 2-3　广州市 2009 年第二次全国土地调查数据库

资料来源：广州市 2009 年第二次全国土地调查数据库

图 2-4　广州市 2009 年第二次全国土地调查数据库（一）

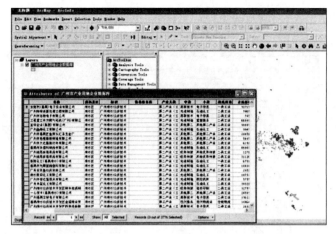

图2-4　广州市2009年产业用地数据库（二）

资料来源：广州市2009年产业用地数据库

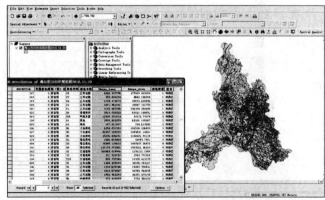

图2-5　2005年佛山市土地利用数据库

资料来源：2005年佛山市土地利用数据库

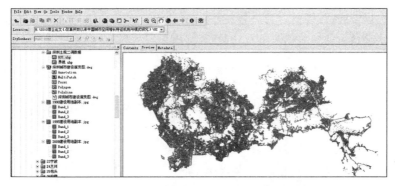

图 2-6　2009 年深圳市第二次全国土地调查数据库

资料来源：2009 年深圳市第二次全国土地调查数据库

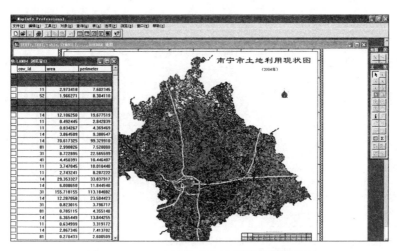

图 2-7　2006 年南宁市土地利用现状数据库

资料来源：2006 年南宁市土地利用现状数据库

2.3.2 现场调研数据

通过多种途径在不同的时间对论文涉及的相关城市进行了现场调研，调研的内容主要涉及城市整体空间布局、重要的产业空间、大型基础设施、商业街区、历史街区、生态空间等（表 2-4）。

现场调研主要情况　　　　　　　　　　　　　　表2-4

时间	城市	提供帮助的单位	考察对象
2006.10.30～2006.12.01	郑州	郑州市规划局 郑东新区管委会	郑东新区、郑州高新区、郑州市物流枢纽、郑州市大学城、郑州宇通汽车等

时间	城市	提供帮助的单位	考察对象
2007.10.15～2007.11.01	南宁	南宁市国土资源局	收集相关材料，琅东新区、高教区等
2008.07.13～2008.07.17	长春	东北师范大学	收集相关材料，听取报告，会展中心、汽车产业基地、净月潭国家森林公园等
2009.06.17～2009.06.21	上海	华东师范大学	收集相关材料，听取报告，陆家嘴、上海南站、世博园等
2009.12.05～2009.12.12	佛山	佛山市发展和改革局	收集相关材料，进行实地考察
2010.06.24～2006.06.30	长沙	湖南师范大学	收集相关材料，听取报告，进行实地考察
2010.08.10～2008.08.24	深圳	深圳市城市规划发展研究中心	收集相关材料，进行实地考察
2010.10.13～2010.10.17	重庆	重庆市规划设计研究院	收集相关材料，听取报告，进行实地考察
2010.10.22～2010.10.25	南京	南京大学；南京地理与湖泊研究所	收集相关材料，听取报告，进行实地考察
2010.11.03～2010.12.22	广州	广州市城市规划编制研究中心；广州市土地利用规划编制中心	收集相关材料，进行实地考察
2010.12.25～2011.01.05	汕头	汕头市经济和信息化局	收集相关资料，进行实地考察
2011.06.13～2011.06.18	北京	国土资源部；中国土地勘测规划院	收集相关资料，听取报告，进行实地考察

资料来源：作者整理

2.3.3 统计数据

统计数据包括国家和城市两个层面的数据，其中国家层面的统计数据主要有：2010年国际统计年鉴，2009年中国城市统计年鉴，1991～2008年中国统计年鉴，2009年中国城市建设统计年鉴等。

城市层面的统计数据主要包括：城市的统计年鉴、2004年第一次全国经济普查、2008年第二次全国经济普查、1990年第四次人口普查、2000年第五次人口普查、2005年1%人口抽样调查、城市建设年鉴、城市房地产年鉴、城市基准地价等。

2.3.4 规划资料

主要包括：城市的发展战略规划、城市总体规划、土地利用总体规划、国民经济和社会发展规划、旧城更新规划、"三旧"改造规划等相关规划资料（表2-5）。

主要城市规划资料清单 表2-5

城市	规划资料
北京	北京城市总体规划（2004—2020）
西安	西安市总体规划（1950—1980）；西安市总体规划（1980—2000）；西安市总体规划（1995—2010）；西安市总体规划（2008—2020）；大西安总体规划空间发展战略规划（2010版）
成都	成都市城市总体规划（2003年—2020年）、成都市服务业发展规划（2008—2012）、成都土地与城镇空间发展研究；成都市现代农业发展规划（2010—2020）
苏州	苏州城市总体规划（1996—2010）；苏州城市总体规划（2007—2020）
太原	太原经济圈规划（2007—2020）、太原市城市总体规划（2008—2020）
大同	大同市城市总体规划（2006年—2020年）
鞍山	鞍山市城市总体规划（2001年—2010年）；鞍山市土地利用总体规划（1997年—2010年）
长春	长春市城市总体规划（2010—2020年）
洛阳	洛阳市城市总体规划（1997—2010）；洛阳市城市总体规划（2008—2020）；洛阳市土地利用总体规划（2006—2020年）
邯郸	邯郸市城市总体规划（2008—2020）
沈阳	沈阳城市发展战略规划（2002版）；沈阳市城市总体规划（2005—2020年）
齐齐哈尔	齐齐哈尔市城市总体规划（2002—2020）
南宁	南宁市城市总体规划（2008—2020）；南宁市"城中村"改造规划研究（2009）；南宁市城市近期建设规划（2006—2010）；南宁市土地利用总体规划（1997—2010年）
合肥	合肥城市总体规划（1995—2010）；合肥市城市总体规划（2006—2020）
昆明	昆明城市总体规划（2008—2020）
乌鲁木齐	乌鲁木齐市城市总体规划（2000—2020年）；乌鲁木齐市城市总体规划（2011—2020年）
大连	大连市城市总体规划（2009—2020）

城市	规划资料
青岛	青岛近期建设规划（2003年）；青岛城市总体规划（2006—2020）
海口	海口市城市总体规划（2006年—2020年）
烟台	烟台市城市总体规划（2006—2020年）；烟台市住房建设规划（2008—2012年）
深圳	深圳市城市总体规划（2007—2020）；深圳城市发展策略（深圳2030）；深圳市土地利用总体规划大纲（2006—2020年）
宁波	宁波市城市总体规划（2006年—2020年）
兰州	兰州市城市总体规划（1954年）；兰州市城市总体规划（1978年）；兰州市城市总体规划（2001—2020年）
包头	包头市城市总体规划（2008—2020）；包头市住房建设规划（2008—2012）
抚顺	抚顺市城市总体规划（1996—2010）；抚顺市城市总体规划（2008—2020年）
淮南	淮南市城市总体规划（2010—2020年）
西宁	西宁市城市总体规划（2001—2020年）
贵阳	贵阳市城市总体规划（2007—2020年）
呼和浩特	呼和浩特市城市总体规划（1996—2010）；呼和浩特市总体规划纲要（2009年—2020年）
郑州	郑州市城市总体规划（2006—2020）；郑东新区远景总体概念规划（2001年）；郑东新区产业发展规划（2008—2020年）
哈尔滨	哈尔滨城市总体规划（2004—2020）
石家庄	石家庄城市总体规划（2006—2020）；石家庄城市空间发展战略规划（2010—2030）
济南	济南市城市总体规划（2005—2020年）
淄博	淄博市城市总体规划（2006—2020）
徐州	徐州市城市总体规划（2007—2020）
无锡	无锡市城市总体规划（2001—2020）
武汉	武汉市城市总体规划（2006—2020年）；武汉市生态框架控制规划研究（2008年）
广州	广州城市总体发展战略规划（2009年）；广州城市总体规划纲要（2010—2020）；广州市工业布局调整规划（2001—2010）；广州市土地利用总体规划（2010—2020）
杭州	杭州市城市总体规划（2001年—2020年）

城市	规划资料
福州	福州市城市总体规划（2009—2020）
南京	南京市城市总体规划（2007—2020）；南京高新开发区战略规划
重庆	重庆市城乡总体规划（2007—2020年）
吉林	吉林市城市总体规划（2009—2020）
上海	上海城市总体规划（1999—2020）；上海市土地利用总体规划（2006—2020年）
长沙	长沙市城市总体规划（2003—2020）
南昌	南昌市城市总体规划（2003—2020年）
厦门	厦门市城市总体规划（1995—2010）；厦门市城市总体规划（2005—2020）
汕头	汕头市城市总体规划（2002—2020）；汕头市中心城区近期建设规划（2006—2010）
天津	天津市城市总体规划（2005年—2020年）
唐山	唐山市城市总体规划（2008—2020）
佛山	佛山市概念规划（2004）；佛山市城镇体系规划（2005—2020）；佛山市城市总体规划（2005—2020）；佛山市综合交通规划（2009）；佛山市干线公路网规划（2009）；佛山市"三旧"改造专项规划（2009—2020）
东莞	东莞市城市总体规划（2000—2015）；东莞市主城区近期建设规划（2006—2010）

资料来源：作者整理

2.4 研究内容与研究框架

2.4.1 研究内容

研究共分 9 章，其中第 1、2 章为全文理论研究基础和设计部分；第 3 至第 8 章为主体部分，包括近 20 年来中国城市空间增长的背景条件分析，空间增长要素、空间结构和空间形态的特征分析，以及对近 20 年来中国城市空间增长模式的总结和机制分析；第 9 章为总结部分。

第 1 章为研究综述，重点分析选题背景和研究意义、相关概念界定以及国内外相关研究进展，对已有的研究进行评述；目的在于把握城市空间增长相关研究方向，并在前人研究基础上构建对整个研究具有指导意义的理论分析框架。

第 2 章为研究设计，重点分析研究对象、研究方法、资料和数据评估及研究思路和框架；对研究对象的空间范围和时间范围进行界定，并对研究对象的基本情况进行分析；分析已有研究方法体系，及本研究采用的主要研究方法及其在本研究中的适用性；通过对研究资料和数据的评估，确定论文开展的事实基础，评估研究的可行性和可靠性；最后对研究思路和框架进行整体的设计。

第 3 章为近 20 年来中国城市空间增长背景条件，重点分析了计划经济时期中国城市空间增长基本特征，近 20 年来中国城市空间增长的社会经济背景以及城市空间增长的总体特征。

第 4 章为近 20 年来中国大城市空间增长要素，重点研究分析了近 20 年来在中国大城市空间增长中出现的各种新的城市空间要素和城市空间要素的新形式。

第 5 章为近 20 年来中国大城市空间结构演变特征，在对 1990 年与 2008 年中国大城市空间结构的比较研究基础上，分析近 20 年来中国大城市空间结构的演变规律，并研究城市空间结构演变与城市规模等级、产业结构的关系。

第 6 章为近 20 年来中国大城市空间形态演变特征，从形状、紧凑度、破碎度 3 个角度研究了近 20 年来中国大城市的空间形态变化，通过对照研究城市空间结构，得出各种结构类型的城市在空间形态上的演变特征。

第 7 章为近 20 年来中国大城市空间增长基本模式，将城市空间分为旧城空间、城市边缘区、城市外围空间和区域性空间 4 个部分，分别从功能开发、增长形式和行动主体 3 个角度进行研究，进而总结近 20 年来城市空间增长的基本模式。

第 8 章为近 20 年来中国大城市空间增长动力机制分析，从影响因素入手，根据其对近 20 年来中国大城市空间增长的要素、结构、形态特征的作用总结其影响作用机制。

第 9 章为总结部分，对当前中国城市空间增长中存在的问题和应对措施进行了探讨分析，并总结主要研究结论，最后对研究的创新点和不足进行分析。

2.4.2　研究框架

按照由理论到实证的思路，第 1 章研究综述为理论基础，第 2 章研究设计为章节安排的统筹，第 3 章为背景条件分析，第 4 至第 6 章研究分析转型期中国特大城市空间增长的主要特征，第 7 章总结转型期中国特大城市空间增长的基本模式，第 8 章研究转型期中国特大城市空间增长的动力机制，第 9 章为研究结论。研究框架为（图 2-8）：

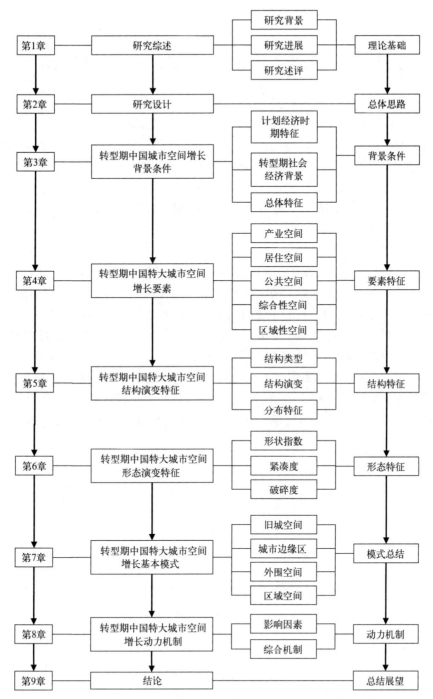

图 2-8　研究框架

资料来源：作者自绘

第3章 转型期中国城市空间增长背景条件

中国城市建设历史悠久，中国古代城市主要以农耕文化为基础，受儒家礼制思想影响深远，主要具有防御、商品交易、政治统治、手工业场所等功能，曾经历了古代、近代、计划经济时期和市场经济时期的发展历程；本研究主要针对 1990 年代以来的中国城市空间增长，这一时期是中国城市经历了市场经济起步、建立和成熟的时期，因此，本研究的内容是市场经济时期的城市空间增长。

从各个时期城市空间增长的特征来看，中国古代城市空间增长的主要特征有：①相对孤立发展；②外部增长受城墙等人工要素的限制；③内部空间具有方正规整的特征；④主要受政治、君权等级等观念和思想的影响。中国近代城市空间增长的主要特征有：①整体上处于波动发展状态；②在城市建设上引入国外城市规划思想；③处于工业化的起步期，因此具有工业化早期的城市空间增长特征；④同时由于处于半殖民半封建的社会状态，城市空间具有拼贴性的特征。计划经济时期的城市空间增长主要表现为连续外延式的增长，而市场经济时期的城市空间增长具有跳跃性的特征；由此可以看出城市空间增长与社会经济发展背景具有密切的联系（图 3-1）。

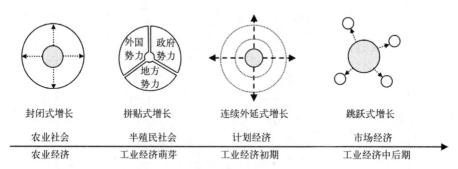

图 3-1 中国城市空间增长历程分析图
资料来源：作者自绘

中国城市发展的历史轨迹主要有以下几种类型（图 3-2）：①古代兴起并发展起来，且至今保存较完整的城市，如北京、苏州、成都、西安等。②古代兴起并发展起来，但已经衰落下去的城市，如洛阳是古代重要的都城，但在历史上曾被多次毁坏，古代城市空间的痕迹基本没有保留下来。③古代兴起但直到近代或更晚的时期才发展起来的城市，如兰州、银川、西宁等西部边塞城市。④近代兴起的城市，包括近代通商口岸城市、近代工矿城市和近代交通枢纽城市，如上海、大连、青岛、济南、淄博等。⑤计划经济时期兴起并发展起来的城市，如"三线建设"时期西部地区发展起来的城市。⑥改革开放之后才发展起来的城市，如深圳等。

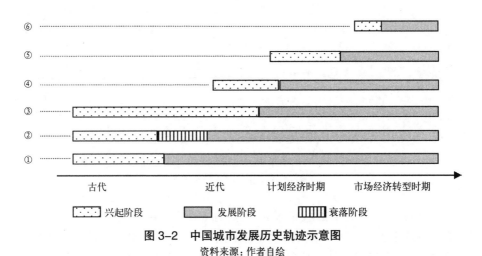

图 3-2　中国城市发展历史轨迹示意图
资料来源：作者自绘

3.1　计划经济时期的中国城市空间增长特征

　　1949 年新中国成立初期，社会仍处于以农业经济为基础的状态，为了迅速实现工业化，摆脱农业社会的落后面貌，应对严峻的国内外发展形势；中国政府施行的计划经济体制在当时国内外环境下是较为有效的选择。1949 ~ 1952 年 3 年国民经济恢复期间确立了计划经济体制的雏形；1953 ~ 1956 年，经过对个体农业、个体手工业和资本主义工商业的三大社会主义改造，最终确立了计划经济体制；此后直至 1978 年改革开放前，中国社会一直处于单一计划经济体制时期，政府对资源进行配置，对生产、流通、分配等环节进行精心计划和安排。由于计划经济体制具有随意性和多变性，因此整个中国社会处于条块分割的行政体系和城乡分离的状态下。这一时期的中国城市建设具有工业先导、城乡分离、层级性分明、单位大院制布局形态等特征，而城市空间增长以连续性外延式的增长为主[139]。

3.1.1　城市化滞后于工业化的发展

　　新中国成立之后为城市发展提供了一个相对稳定的发展环境，这一时期是中国城市发展的稳步增长阶段。1952 年全国工业增加值占 GDP 比例为 17.64%，到 1978 年改革开放前已达到 44.09%，工业化水平大为提高，而同期的城镇人口占总人口比例却仅由 1952 年的 12.46% 提高到 1978 年的 17.92%，相比工业化水平的大幅提高，城市化水平远远滞后于工业化的进程（图 3-3）。

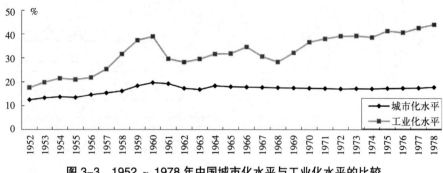

图 3-3　1952 ~ 1978 年中国城市化水平与工业化水平的比较

资料来源：中国统计年鉴 2010 年

计划经济时期中国城市发展主要有 3 个时期：① 1949 ~ 1957 年国民经济恢复及"一五"计划时期是中国现代城市稳定有序的发展时期。1949 ~ 1952 年国民经济恢复时期，原先受战争影响逃往农村的人口陆续返城，为城市发展增添了活力。1953 年后的第一个五年计划时期，在"优先发展工业"的思想指导下，出现了工业城市的建设热潮，在城市内部出现了大量为配合大型工厂而新开发的城区，如洛阳的涧西区、兰州的西固区、包头的昆都仑区等；在一些城市的边缘建设了较为集中的工业聚集区和工人新村。② 1958 ~ 1964 年"大跃进"及国民经济调整时期，中国城市建设出现大起大落的波动。1958 年开始的三年"大跃进"违背了客观经济规律和中国国情，出现城市人口急剧增长的"过量城市化"，大量农村人口在政策安排下进入城市，对城市发展造成了一定的压力。1961 年开始为缓解"大跃进"时期带来的一些问题，开始了三年调整时期，期间被动员回乡的城镇人口达 2 600 万人，这使城市化水平有所下降。③ 1965 ~ 1977 年"三线"建设和"文化大革命"时期，从 1965 到 1975 年国家建设重点转向内地，实施大规模的"三线"建设，一方面促进了西南、西北地区国防、冶金、机械、能源工业的发展，推动了重庆、西安、成都、兰州等西部地区城市的发展，但另一方面"山、散、洞"的工业布局造成了巨大的社会损失。1966 ~ 1976 年的"文化大革命"运动更进一步使城市建设受到严重破坏，造成了城市建设资金缺乏、城市居民住房紧张、市政公用设施严重不足、城市用地扩展缓慢、项目布局"见缝插针"、单位所有制"独立大院"星罗棋布等一系列问题。

总的来说，这一时期中国的城市处于一个相对稳定的增长阶段，但由于计划经济体制的僵化及政治运动的频繁致使城市化进程缓慢，城市建设没有实现应有的发展速度。

3.1.2 城乡分离的空间增长结构

计划经济体制下实施严格的城乡二元户籍管理制度，对城乡人口流动实行严格的管制和约束，因而产生了相互分离、城乡对立、城乡分割、城乡劳动力流动隔绝的二元城乡结构。城乡二元结构使城乡之间在景观、文化、观念上存在巨大的差异，从而限制了城市空间增长扩展受到乡村空间，只能采取渐进式的向邻近的农村集体土地推进。在城乡分离的二元结构下，城市空间增长一般由最初的团块状布局逐步向外蔓延式或连片、分片式扩展，典型的圈层结构为：旧城（1949 年前形成的老城区）→新区（老城蔓延发展而成）→边缘区（城乡接合部）（图 3-4）。

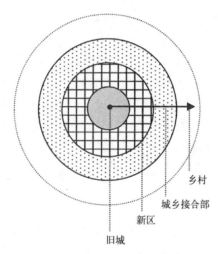

图 3-4　城乡二元分离体制下城市空间的连续外延式扩展
资料来源：作者自绘

1949 年后的计划经济时期中国整体上仍处于工业化初期，城市以向心式的聚集型发展为主导，城市空间表现出由不同发展时期先后形成的连续的地域圈层式外延增长模式。1955 ～ 1965 年这期间是城市发展的一个高潮，大量矿业城市或交通结点城市得到迅速发展，引起了城市空间快速扩展，典型的特点是沿交通线大面积、低密度、粗放式伸展。

3.1.3 "单位大院"制下相对混杂的功能布局

单位独立大院是计划经济时期社会经济的主要组织形式，在中国城市中广泛存在，主要是由公有制单位（如国家机关、大中型企业、部队驻军用地、高校、科研院所等）独立使用的地块，以围墙围合形成半封闭式的独立大院，内部一般有生产、生活等较为齐全的设施；是进行企业经营活动、职工生活活动、生活服务活动、行政管理、政治生活的综合性活动单元；是工业用地、公共建筑用地、居住用地等各种城市用地混杂的综合体。这种"大而全"、"小而全"的单位制独立地块是计划经济下"企业办社会"模式的产物。计划经济体制在农村的具体实施组织方式是农村人民公社，在城市的具体实施组织方式是国营企业，而国营企业在城市空间中的也大多以单位独立大院的形式存在。

"单位大院"制所形成的城市社区主要有 5 种 [191]：①生产 - 生活型，如洛阳的百货大楼商业中心、西安的土门、长春的东风大街、深圳的华强路等；②机关办公—生活型，如北京的甘家口、太原的迎泽大街、郑州的花园路、武汉的中南路等；③科教—生活型，如北京的海淀、郑州的农业路等；④部队—居住型，如北京的公主坟等；⑤复合型，如郑州的碧沙岗地区是生产—机关办公—生活复合型的单位大院，北京的北太平庄、西安的小寨是科教—部队—生活复合型的单位大院。

"单位大院制"地块单元的存在使得城市空间结构混乱、破碎，城市各功能用地实行计划布局，生活居住区和工业区就近配套形成均衡分散、自成体系的生产—生活综合单元，并在其中组织相应的行政管理和公共服务设施。城市的中心区或旧城区功能组合也十分复杂，相互干扰严重。如这一时期的上海中心城区有 8 个工业区、70 多个工业街坊和上千个工业点，在中心城区工业与仓储用地占 25% 左右，市中心 280.45km^2 的土地面积上集中了 709.03 万人口，但商业与公共设施用地仅占 11% 左右。

在计划经济"单位大院"形式下形成的城区中心大多位于旧城外围，在城市主次干道的两侧以线性分布为主，空间形态上表现为沿街"一层皮"式的线性用地布局，其中"皮"指沿街腹地的大型单位的居住区、工厂区、办公区等，如北京长安街地段。这种用地布局模式一方面受功能主义建筑尺度和用地规模变大的影响；另一方面则是由于计划体制下土地市场缺失导致用地不受市场价格规律控制，因此建筑可以占有大片用地从容后退沿街道水平延展，而不必沿道路紧密排列 [191]。

3.1.4　计划经济体制影响下的层级性

1949 ～ 1978 年，中国沿用了苏联高度集权的计划经济体制，是由政府进行资源配置，对生产、流通、分配等环节进行精心计划和安排的中央集权式经济，它的特点包括：①中国的计划管理具有高权力低水平的特点，政府权力和威望非常高，但各级政府管理人员的水平却很低，致使计划与实际相差较远，且具有多变性和随意性。②城乡二元分离体系，国家的农业计划基本上是估计性、随意性的计划，缺乏有效的指导；而对城市经济的计划，特别是国营企事业单位计划和建设则受到严格控制和监督。③"条块分割"的权力结构使中央与地方表现为"一放就乱，一乱就收，一收就死，一死又放"这种周期性循环。④中国计划经济发展是以落后的农业为经济基础的。⑤实行土地无偿划拨政策，土地使用不按市场经济规律运行。⑥在制订计划上沿用苏联以主要产品平衡的方法来制订五年计划和年度计划，但由于当时中国农业技术落后，不确定因素较大导致计划无法正常实施。⑦分配制度上不仅自主权利很小，企业和个人能力很难充分发挥，而且其工作绩效也很难与其收益挂钩。

计划经济对中国城市发展产生了深远的影响，主要有：①计划经济体制以快速实现工业化为目标，从而使这一时期的城市空间增长工业空间导向性明显，建立了大量的工业区，如武汉 1950 年代～1980 年代的城市建设主要集中在工业区，在郊区新建了青山工业区、石牌岭工业区、中北路工业区、关山工业区、武东工业区、堤角工业区、白沙洲工业区、葛店工业区、余家头工业区、易家墩工业区、唐家墩工业区、鹦鹉洲工业区及七里庙工业区等 13 个工业区。②土地无偿使用导致城市用地布局不按经济规律，工业用地往往占用城市中区位优越的土地，与住宅、办公、商业服务业用地混杂交错。③层级式的商业服务中心，城市中的大部分的公共服务设施、居民点布置、城市商业网点布置均带有明显的"自上而下"的层级性特征[192]，如大部分城市商业网点的布局呈现出分级定向的树枝状布局形态，形成了区级中心、居住区级中心、小区级中心等不同层级的商业中心结构（图 3-5）。

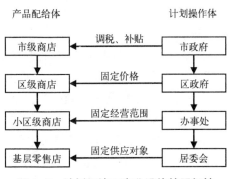

图 3-5　计划经济下商业设施的层级性

资料来源：周安伟，1994

3.2 转型期中国城市空间增长的社会经济背景

3.2.1 社会经济体制转型

1978 年后中国进入改革开放时期，由计划经济体制逐步向市场经济体制转型，改革开放以来的社会经济体制转型可划分为 4 个阶段。

① 1978 ~ 1984 年以农村社会经济转型为主的起步阶段。这一时期的社会主义市场经济改革转型的重点在农村，通过发展农村乡镇企业来吸引农村剩余劳力，是一种"离土不离乡、进厂不进城"的乡镇工业化模式，典型的有如"珠三角模式"、"苏南模式"、"温州模式"等。而此时的中国城市发展政策是"控制大城市，发展中小城市"，因此城市化以自发性"自下而上"的发展模式为主，缺乏科学的引导和管理，且滞后于工业化的进程。因此这是阶段的改革对中国城市发展影响较小；但由于农村生产力得到较大的提高，为城市化的快速发展积蓄了重要力量。

② 1985 ~ 1991 年逐步转入城市的展开阶段。以国企改革为中心环节，开展物资、外汇和金融等各个领域的价格改革。其中，1987 年城市土地使用中引入市场机制，变无偿使用为有偿使用，对促进城市用地功能调整有重要意义，使中国城市空间增长中市场调节机制加强，城市空间资源的利用开始受市场价格规律的调节。

③ 1992 ~ 1998 年社会主义市场经济体制初步建立阶段。以邓小平"南行讲话"和党的十四大明确提出建立社会主义市场经济体制的改革目标为标志，改革的重点转向制度创新，自 1994 年开始先后进行了包括财税及收入分配体制、外贸体制、金融体制、外汇体制、国有企业管理体制、流通体制、社会保障体制等多方面领域的机制体制改革。其中 1997 年开始的户籍迁移政策调整和 1998 年进行的中国城镇住房制度改革对中国城市发展具有深远影响，促进了旧城改造、新区建设、开发区、中心商务区等新型城市空间要素的出现。

④ 1999 年以来社会主义市场经济不断完善阶段。随着 2001 年中国加入世界贸易组织（WTO）、北京申奥成功等一系列重大国际事件的发生，表明中国城市融入世界经济体系的程度在不断提高。这一时期在现代服务业快速发展，带动了各种生产要素向大城市集聚，促进了大城市空间的迅速拓展，出现了卫星城市、城市带、城市群等城市空间发展模式。

随着转型的不断深入，由开始侧重经济领域的转型发展到现在包括经济、社会、行政体制上的全面转型，中国的体制转型主要特征是分权化、市场化和全球化[127]。其中，分权化表现在财税、金融、投资、企业管理等的管理权限从中央政府到地方政府的下放，使得地方政府在城市发展中的自主性得到扩大，对中国城市空间增长起到了巨大的促进作用。市场化表现在市场价格体系、分配制度等的建立，使得企业和市民的力量上升，从而改变中国城市空间增长的形态和方式。全球化表现在经济全球化背景下中国主动融入世界体系的转型，全球化转型使得中国城市空间增长中出现了一些新的现象，如保税区、边境贸易区等。

3.2.2 快速工业化与城市化

转型期近 20 年来是中国城市化快速发展的时期，1998 年中国城市化水平首次达到 30%，进入快速城市化阶段。到 2008 年底中国城市化率达到 45.68%，比 1991 年提高了 19 个百分点，全国城市总数达到 655 个，比 1991 年增加了 176 个，年均增加 11 个；城镇人口比 1991 年增加 90.3%，年均增长 5.6%（图 3-6）。然而，中国城市化率仍低于世界平均水平 50%，更低于发达国家水平 80%；可见中国仍处在并将在一段时间内继续处在快速城市化的阶段[193]。

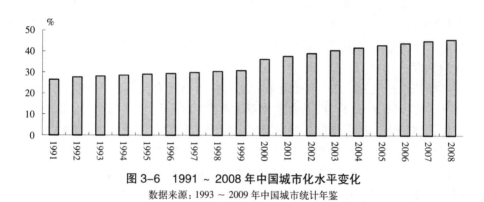

图 3-6 1991 ~ 2008 年中国城市化水平变化
数据来源：1993 ~ 2009 年中国城市统计年鉴

快速城市化一方面拉开了城市框架，改善了城市环境，使城乡结构发生了变化，改变城市用地布局与结构；另一方面也带来了城市空间增长的无边界性、城市建设的盲目性和土地资源的浪费等不良影响，如近年来在中国城市中超大型广场、花园式工业园、房地产开发热、开发区建设热、广场热、高尔夫球场热、大学城热等频频出现，致使城市空间盲目扩张，重复性建设大量存在。研究表明我国城市扩展系数（城市用地增长率 / 人口增长率）达到了 2.27 : 1，大大超出了国际上比较合理的 1.12 : 1 的比例，城市空间增长中存在大量浪费现象。而我国的土地资源十分紧缺，尽管土地总面积居世界第 3 位，但人均不足 1hm^2，不到世界的 1/3。

中国城市化的快速发展是由工业化推动的。工业化是推动转型期中国城市化快速发展的根本动力，也是中国城市空间增长的重要推动因素。期间大量的开发建设活动围绕工业开发进行，开发区、工业园区、高新区、知识城等成为转型期中国城市重要的空间增长要素。这些空间要素在作为工业化的空间载体的同时也推动了中国城市空间的增长。

由此可见，快速工业化和城市化背景下的中国城市空间增长有其特殊的特征和模式，因此有必要探讨构建切合中国快速城市化背景下可持续发展的城市空间增长模式。

3.2.3 经济全球化

经济全球化是在1990年代初期出现的现象，阿波德拉认为全球化是人口（包括外来劳工、游客、移民和难民）、技术、财经、媒体、产品和思想在内的6种要素在全球范围内的快速流动。曼纽尔·卡斯特则认为全球经济是一种信息化经济，生产力增长不再仅仅依赖生产要素（资本、劳动和自然资源）量的增加，而是在管理、生产和分配的过程及产品中运用知识和信息[194]。全球经济的重要特征是同时具有吸纳与排除的特质，它吸纳了世界上任何地方任何可以创造价值以及有价值的东西，排除了任何贬值的或低价值的东西[195]。随着全球化的发展，其影响已经不再局限于技术和经济领域，还将影响到相互依赖的社会关系系统中的文化、交流和政治制度。

经济全球化对1990年代以来的城市空间增长有重要的影响作用，彼得·霍尔（Peter Hall）指出全球化下城市发展的4个主要趋势是：第三产业化，信息化，产生指挥、控制功能与生产功能的空间分离，形成由少数全球城市主宰的新城市等级体系[196]。1990年代以来中国城市经济的快速发展与经济全球化密切相关，国际资本成为城市迅速发展的动力之一，中国城市逐步融入世界城市体系。泰勒等人的研究表明中国城市在世界城市体系中的地位有明显提升，香港、台北、北京、上海等城市进入世界城市的行列[197-200]。

1990年代以来中国逐渐成为制造业全球转移的主要目的地之一，跨国公司总部在中国一些特大城市中心区的集聚，促使这些城市的中心商务区日益成型。开发区、出口加工区、高新区、保税区等新型产业空间的兴起引起了中国城市空间形态和结构的变化，对中国城市空间增长产生了重要影响。全球化对中国城市空间增长的影响主要体现在：①城市生产组织由标准化生产方式向柔性生产方式转变，空间上产业链和产业群的垂直产业分工加强，新型产业空间出现；②城市土地利用结构由圈层式向组团式、网络式结构转变，全球化经济生产的分散化、生产组织规模小型专业化的转变改变了城市功能布局，从而影响了城市土地利用结构；③高新技术产业、信息产业、现代服务业日益成为城市经济的主导产业，并对城市产业空间增长模式带来影响；④促使后工业化社会形态下的城市空间重构，郊区化、边缘城市等现象在某些中国特大城市中初步显现。

3.2.4 信息化与知识经济

1990年代之后信息技术发展迅速，信息高速公路等信息基础设施的建设极大地推动了社会的发展，互联网已经渗透到世界的每一个角落，将整个世界紧密联系在一起。中国在以信息化带动工业化的新型工业化道路发展上取得了巨大成就，在信息基础设施上，于2000年建成了覆盖所有省会城市和70%以上县级以上市的光缆干线网；至2000年中国内地上网用户突破2000万户，仅次于美、日成为第三大互联网用户国。同时，知识成为经济发展最重要的因素之一，知识经济在世界各国范围受到重视。

信息化和知识经济渗透到城市发展的方方面面，对城市空间增长的影响主要有：①信息科技园、软件园等信息产业空间出现。1995年开始中国陆续创办了一批软件科技园，如北京软件园、上海浦东软件园、沈阳东大软件园、深圳数码城、成都西部软件园等。②高新区的建设。1991年起国家在一些技术、人才基础较好的城市陆续设立了53家国家级高新技术产业开发区，68个省市级高新区。高新区已经逐步成为中国城市中高新技术商品化、产业化、国际化的重要载体；高新区发展对大中城市有重要的依赖性，主要包括4类城市：智力密集的特大城市，如北京、上海、沈阳、武汉、南京、西安、成都等；省会城市，如广州、哈尔滨、长沙、合肥、兰州等；沿海开放城市，如中山、厦门、海南、青岛等；工业基础好的城市，如重庆、大庆、贵阳、株洲等[201, 202]。③大学园区的建设。至2010年全国各地已陆续出现94余座大学城，其中较为成功的有广州大学城、上海松江大学城、珠海大学园区、深圳大学园等。大学城特殊功能的城市空间要素具有自身的特点和要求，其主要的布局模式有：城市边缘模式，如深圳大学城、无锡大学城、南京仙林大学城、杭州下沙大学城、杭州滨江大学城等；卫星城模式，如广州大学城、上海松江大学城、福州大学城等；城内城模式，如北京中关村大学城、上海杨浦大学城、广州市五山石牌大学城等[203, 204]。④城市功能分散化。信息成为重要的发展资源，传统集聚效益、规模效益和区位效益在经济发展中的影响作用日益下降，企业逐渐朝小型化、轻型化、清洁化发展；工业社会的大工厂生产方式在信息网络的支持下逐渐向小企业的分散化发展，同时产业区位的空间集聚效应也有所下降。城市功能的分散化在城市空间增长中表现为生产组织形式的小型化、灵活性，成片工业区被分散化的工业空间所取代，城市人口向近郊区、远郊区流动，分布在郊区、乡村地域的居住社区逐渐受到青睐。⑤城市边界模糊化。生产和生活、居住和办公的边界模糊化，城市用地的兼容性日益提高；"SOHO" 族的出现表明人们居住、办公和其他商务活动的功能兼容性在不断提高。城市功能边界模糊化对城市空间增长的影响体现在工业与商业用地兼容发展、生产与居住用地的兼容化、居住与办公生活相融合等方面。⑥部分城市功能虚拟化。主要有虚拟商业金融、虚拟社会化服务、虚拟电子商务、虚拟交通、虚拟教育等；如 1999 年深圳虚拟大学园成立，接纳了包括清华大学、北京大学、复旦大学、香港大学、香港科技大学等30 多所学校入园；城市某些功能虚拟化倾向将带来城市用地空间的变化，如虚拟商业金融的出现使城市 CBD 功能受到削弱，虚拟社会化服务使原先的实体服务机构受到影响等。

3.2.5　生态化

1971 年，联合国教科文组织"人与生物圈计划"的研究计划指出城市是一个生态系统，要从生态学的角度研究城市问题和城市生态系统，推动生态城市、生态社区、生态村落的规划建设与研究。此后，生态化城市理念在全世界得到了广泛认同。1984 年，MAB 报告提出了生态城市规划的5 项原则：①生态保护策略，②生态基础设施，③居民的生活标准，④文化历史的保护，⑤将自然融入城市。

生态城市的内涵包括：①生态城市不是尽善尽美的理想境界，而是一种可持续发展过程，通过生态城市的建设可以发挥现有的资源潜力，达到资源利用的高效、和谐、健康和殷实。②生态城市是依据生态学原理对城市生态系统中人与"住所"关系的安排，通过社会工程、生态工程、环境工程、系统工程等技术手段协调现代城市经济系统与生态系统，使人、自然、环境互惠共生。③生态城市是基于生态选择和组织作用的人与自然和谐相处的地表层人居形态。

生态化理念下的城市空间增长更加注重对自然环境资源的合理开发利用，避免造成环境破坏，对由森林、绿地、农地、水面等构成的生态基质、生态斑块、生态廊道更加重视。对城市空间增长的影响主要体现在：①生态城市注重社会、经济、自然复合系统上的生态协调，城市成为复合生态系统的承载体；城市复合生态系统的建设与完善要求具有体现生态思想与效能的城市空间结构与之相适应，具有"生态文化"的内涵。②生态城市的空间增长是相互融合的过程，城市功能空间由相互隔绝的、内部同质而区域异质的特征向各种功能空间相互融合、紧密关联的方向转变；包含自然空间与人工空间的融合以及城市功能空间的融合。③生态城市空间增长还将促进城市内部功能空间的改造和重组。

近年来，中国城市建设对生态越来越重视，在生活空间上体现对公园、绿地景观的加强，在生产空间上体现广泛开展生态工业及循环经济建设。

1999 年国家环保总局从企业、区域、社会三个层面上积极推进循环经济的理论研究和实践探索，2001 年批准成立了第一个生态工业园区——贵港国家生态工业（制糖）建设示范园区，截至 2009 年已有 12 个生态工业园区，如广西贵港、山东鲁北、广东南海、浙江衢州、湖南长沙、内蒙古包头、新疆石河子、贵州贵阳和四川沱牌集团等。

3.3 转型期中国城市空间增长的总体特征

3.3.1 空间增长快于人口增长

1990 年代以来中国城市化发展迅速，城市数量由 1989 年的 193 个增加到 2008 年的 655 个；其中百万人口以上的大城市达 122 个，比 1978 年增加 93 个；城市化率由 1978 年的 17.92% 上升到 2008 年的 45.68%。城市规模迅速扩大，2008 年城市市辖区非农人口为 22 566.2 万人，比 1993 年的 17 709.46 万人增加了 4 856.74 万人；而同期城市建成区面积由 16 588.3km² 增加到 2008 年的 36 295.3km²，年均增长量达 1 313.8km²；人均建成区面积由 1993 年的 106m²/ 人上升到 2008 年的 130m²/ 人，可见建成区面积的增长速度远快于人口的增长速度（图 3-7）。

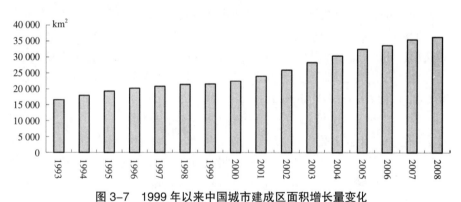

图 3-7　1999 年以来中国城市建成区面积增长量变化

数据来源：1993～2009 年中国城市统计年鉴，中国城市建设统计年鉴（2009 年）

此外，从城市化进程来看，改革开放以来中国人口城市化水平由 1978 年的 18.6% 上升到 2009 年的 46.6%，年均上升 1.2 个百分点。与此同时，土地的城镇化水平上升更快，2001～2007 年地级以上的大中城市建成区面积增长 70.1%，而人口城市化仅增长 30% 左右。1995～2003 年全国每年流失的土地约 1 000 万亩，尤其是工业开发区、经济技术开发区占用、浪费的土地。至 2008 年全国开发区总面积已达到 2.8 万 km²，相当于全国 656 个城市建成区面积 3.68 万 km² 的 2/3 以上 [205]。

3.3.2 大城市空间规模增长快于中小城市

城市空间以大城市的增长为主，建成区面积增加值随规模等级的降低而大幅减少。2008 年人口规模 400 万以上的城市 13 个，建成区面积增加 4 799km²，平均每个城市建成区面积增加 369.15km²，是所有不同等级规模城市中最高的（表 3-1）。

2008年不同规模等级城市1990～2008年建成区面积变化　　表3-1

2008年人口规模等级	城市个数	1990～2008年建成区面积增加值（km²）	1990～2008年平均每个城市建成区面积增加值（km²/个）
>400万	13	4 799	369.15
200～400万	14	4 434	316.71
100～200万	38	3 761	98.97
<100万	221	3 198	14.47

数据来源：1993～2009年中国城市统计年鉴

1990 年代各地城市建成区面积等级差距较小，面积最大的北京城市建成区为 454km²。2000 ～ 2008 年大城市建成区面积迅速增加，远超过其他等级的城市，其中面积最大的仍为北京达 1 311km²，是 1993 年的 3 倍左右，其余如广州、上海、深圳、重庆、天津等城市建成区面积均超过 600km²。

位序—规模法则可以反映城市在不同规模等级城市的集中和分散程度，其计算公式是：$\lg P_i = \lg P_1 - q \lg R_i$

其中 P_i 是第 i 位城市的人口，P_1 是规模最大的城市人口，R_i 是第 i 位城市的位序，q 是常数。$|q|$ 等于或接近 1 时，该城市体系位序—规模分布接近捷夫的理想分布状；$|q|$ 大于 1 表明城市规模分布趋于集中，城市首位度较高，中小城市发育不够；$|q|$ 小于 1 表明城市规模分布区域分散，中小城市比较发育。

从 1992、2000、2008 年中国城市体系的位序—规模分布情况来看，1992 年 $|q|$ 为 0.89，2000 年为 0.82，2008 年为 0.92；可见中国城市总的来说是分散型结构，1992 ～ 2000 年趋于分散化；2000 以来则趋向集中变化，如 2008 年人口在 200 万以上的城市主要集中分布在长三角、珠三角、环渤海、山东半岛等区域。

3.3.3 2000 年以来城市空间增长快于 1990 年代

将 1990 年以来分为 1990 年代和 2000 年以来两个时间段，可以发现

2000 年以来的城市空间增长较 1990 年代剧烈。1993 ～ 2000 年城市建成区面积增加 4 271km^2，2000 ～ 2008 年则增加了 13 160km^2，是 1993 ～ 2000 年的 3 倍左右。

从单个城市建设用地的增长情况来看，同样反映了 2000 年以来快于 1990 年代的时间变化规律。如北京城市建设用地从 1993 年的 454km^2 增加到 2008 年的 1 311km^2；广州建设用地从 1993 年的 207km^2，到 2008 年增加到 895km^2；上海建设用地从 1993 年的 300km^2，到 2008 年增加到 886km^2；深圳建设用地从 1993 年的 81km^2，到 2008 年增加到 788km^2；重庆建设用地从 1993 年的 106km^2，到 2008 年增加到 708km^2；天津建设用地从 1993 年的 339km^2，到 2008 年增加到 641km^2；南京建设用地从 1993 年的 148km^2，到 2008 年增加到 592km^2（图 3-8）。

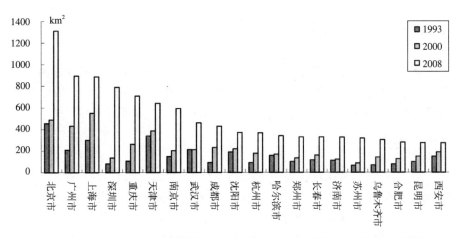

图 3-8 2008 年建设用地规模前 20 位中国城市 1990 年代以来建设用地增长
资料来源：1993 ～ 2009 年中国城市统计年鉴

3.4 小结

通过对近 20 年来中国城市空间增长的背景条件分析得出以下结论：①近 20 年来的中国城市空间增长是在计划经济时期城市的基础之上发展演变的，计划经济时期的城市空间增长特征主要有城市化滞后于工业化发展、城市外围空间以连续外延式增长为主、城市内部功能布局较为混杂、城市空间增长具有等级性较强的特征；②近 20 年来中国的社会经济特征主要包括社会经济的体制转型、快速城市、经济全球化、信息化、知识经济以及生态化等；③近 20 年来中国城市空间增长的总体特征包括空间增长快于人口增长、大城市的空间增长快于中小城市、2000 年以来的城市空间增长快于 1990 年代等。

第4章　转型期中国特大城市空间增长要素

近20年来，中国城市处于社会经济转型背景下，出现了许多新的城市空间增长要素或城市空间要素的新形式，如各类经济开发区、中央商务区、会展中心、物流中心、科技工业园区、大学城、城中村、新型商业街区、历史保护街区、生态敏感保护区等；按各种城市空间要素的功能不同可以将其分为新型产业空间、新型居住空间、新型城市公共空间、新型综合性城市空间以及城市区域性空间要素5种类型。

4.1　新型产业空间

新型产业空间包括开发区、工业园区、中央商务区、商业步行街、会展中心、物流中心、金融中心等，其中开发区和中央商务区的开发建设对近20年来中国大城市空间结构与形态的增长演变产生了较为重要的影响。

4.1.1　开发区

开发区是以工业开发为主导的新型产业空间，是近20年来中国城市空间最重要的增长形式之一，中国开发区网将国家级开发区分为经济技术开发区、高新技术产业开发区、保税区、边境经济合作、出口加工区，截至2011年10月公布的数据显示，除边境经济合作区与本研究的特大城市相关性不大之外，其余4种类型的开发区均主要分布在本研究的城市范围内，其中经济技术开发区在52个城市中有44个，占总数129个的34.11%；高新技术产业开发区占总数的52.50%，保税区占92.31%，出口加工区占52.38%（表4-1）。

截至2011年10月各类国家级开发区在中国大城市中的分布情况　　　　表4-1

城市	经开区	高新区	保税区	出口加工区	城市	经开区	高新区	保税区	出口加工区
鞍山		1			南宁	1	1		
包头		1			宁波	3	1	1	1
北京	1	1			齐齐哈尔				
长春	2	1			青岛	1	1	1	1

城市	经开区	高新区	保税区	出口加工区	城市	经开区	高新区	保税区	出口加工区
长沙	1	1			汕头			1	
成都	1	1		1	上海	4	1	1	5
大连	2	1	1	1	深圳		1	1	1
大同	1				沈阳	1	1		2
东莞					石家庄		1		
佛山		1			苏州	1	1		2
福州	1	1	1	1	太原	1	1		
抚顺					唐山		1		
广州	3	1	1	2	南京	1	1		1
贵阳	1	1			天津	1	1	1	1
哈尔滨	1	1			乌鲁木齐	1	1		1
海口		1	1		无锡		1		1
邯郸					武汉	1	1		1
杭州	2	1		1	西安	1	1		1
合肥	1	1		1	西宁	1			
呼和浩特	1			1	厦门	1	1	1	1
淮南					徐州	1			
吉林		1			烟台	1	1		1
济南		1		1	郑州	1	1		1
昆明	1	1		1	重庆	1	1		1
兰州	1	1			淄博		1		
洛阳		1			南昌	1	1		1
合计	44	42	11	33	全国总数	129	80	13	63
占全国总数的比重（%）	34.11	52.50	92.31	52.38					

数据来源：中国开发区网（http：//www.cadz.org.cn）2011年10月15日

国家对经济技术开发区的功能定位是：形成以工业项目为主的工业结构；对高新技术产业开发区的定位是：形成以智力密集为主的高新技术产业集中区；对保税区的定位是：发展保税仓储、加工出口等；对出口加工区的定位是：货物从境内区外进出口加工

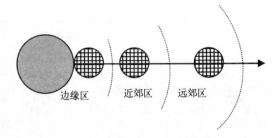

图4-1 开发区在大城市空间布局中的区位选择
资料来源：作者自绘

区视同进出口。由此可见，开发区主要以工业生产和仓储功能为主导，因此，开发区在区位选择上一般以靠近大城市的郊区为主，一般有边缘区、近郊区和远郊区3种主要的布局模式：与中心城区距离5km以内为边缘区布局模式，如昆山经济开发区、苏州工业园、郑东新区、长春汽车产业开发区等；与中心城区距离5～20km为近郊区布局模式，如无锡新区、常州新区等；与城市距离大于20km为远郊区布局模式，如广州南沙经济技术开发区、天津开发区等。在全国2005年以前设立的54个国家级经济技术开发区中有19个距离中心城区小于5km，21个距离中心城区5～20km，14个距离中心城区大于20km（图4-1）。

综上所述，由于开发区在近20年来中国大城市空间增长中具有重要的作用，其布局模式的选择对城市空间增长的结构与形态可以带来重要的影响，如边缘区布局的开发区可以促进城市空间的蔓延式增长，引起城市空间重心的转移等；近郊区布局的开发区可以使城市空间向开发区的方向伸展而形成增长轴线，从而促进城市空间的带状结构特征；远郊区布局的开发区以卫星城的形式发展，可以促进城市空间向外部的跳跃式增长，使主城+卫星城的空间结构特征增强。

4.1.2 中央商务区（CBD）

在计划经济时期，中国城市中商业、服务业等第三产业没有得到很好的发展，不存在现代意义上的商务功能，也没有中央商务区的概念[206]；在1990年以后，随着城市中商业、金融、保险、房地产业等体制的完善，商业、现代服务业的迅速发展促使中央商务功能在大城市发展中具有越来越重要的作用，从而促使了中央商务区（CBD）在中国大城市中的大量出现和发展。在本研究的52个中国大城市中，几乎所有的城市均有提出过CBD建设的设想，这对近20年来中国大城市的空间增长演变起着重要的影响作用。

相关研究认为CBD的主要功能包括金融、办公、管理等商务功能，商业功能以及其他辅助和配套功能，具有高可达性、高地价、高密度、提

供集中的高层次商务活动的特征。因此,其建设门槛相对较高,尽管许多城市都有提出 CBD 的建设设想,但目前中国城市建设的中央商务区主要以商业功能为主,商务功能的集聚性仍不强。

中国大城市 CBD 建设布局主要有城市中心区、城市增长轴线两种布局模式,其中城市中心区布局是将 CBD 布局在城市中心位置,利用原有发达的商业街区进行重新组织,这种布局模式在城市 CBD 建设中占大部分,如上海、重庆、南京、成都、福州、宁波、大连、青岛、厦门、杭州、武汉等;城市增长轴线布局是将 CBD 建设在城市的主要增长轴线上靠近中心区的城市边缘区,如天津、北京、广州、深圳等(表 4-2)。

中国主要大城市CBD空间布局模式　　　　　　　　表4-2

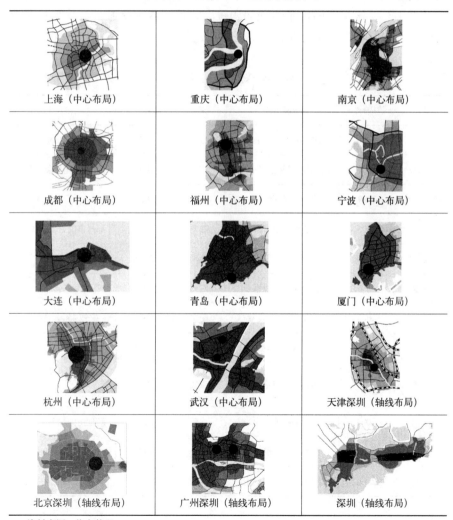

上海(中心布局)	重庆(中心布局)	南京(中心布局)
成都(中心布局)	福州(中心布局)	宁波(中心布局)
大连(中心布局)	青岛(中心布局)	厦门(中心布局)
杭州(中心布局)	武汉(中心布局)	天津深圳(轴线布局)
北京深圳(轴线布局)	广州深圳(轴线布局)	深圳(轴线布局)

资料来源:作者整理

CBD 的功能和布局模式对城市空间结构和形态增长带来了重要的影响，在近 20 年来中国大城市的城市空间增长过程中，CBD 的建设和发展对城市空间的影响主要体现在：一方面是带动城市空间扩张，如轴线布局的 CBD 加强城市空间增长轴线；另一方面是对城市空间功能的演进起到推动作用，如促使商务、办公等功能向城市中心区集聚，使城市用地按照地价规律进行布局。

4.1.3 其他新型产业空间

其他新型产业空间还包括会展中心、物流中心等。如近年来会展业的迅速发展促使许多城市规划建设了大型的会展中心，这些会展中心大部分规划建设于 2000 年后，从而使得会展中心成为城市产业空间的一种新形式（表 4-3）。这类空间由于占地面积较大，且对城市交通、市政等配套设施有一定的要求，因此大部分布局在城市近郊区。

1990年以来建成的主要会展中心　　　　　　　　表4-3

城市	建成时间	会展中心	城市	建成时间	会展中心
天津	2006	天津滨海国际会展中心	烟台	2006	烟台国际博览中心
石家庄	2010	石家庄国际会展中心	济南	2002	济南舜耕国际会展中心
呼和浩特	2007	内蒙古国际会展中心	青岛	2000	青岛国际会展中心
大连	2005	大连世界博览广场	郑州	2005	郑州市国际会展中心
沈阳	2010	沈阳国际展览中心	深圳	2005	深圳会展中心
长春	1996	长春国际会展中心	广州	2003	琶洲国际会展中心
哈尔滨	2003	哈尔滨国际会展中心	南宁	2003	南宁国际会展中心
上海	2001	上海新国际博览中心	海口	2002	海口会展中心
南京	2008	南京国际博览中心	重庆	2010	重庆西部国际会展中心
苏州	2004	苏州国际博览中心	成都	2004	新世纪国际会展中心
宁波	2006	宁波国际会展中心	西安	2000	曲江国际会展中心
厦门	2000	厦门国际会议展览中心	兰州	2006	甘肃国际会展中心

资料来源：作者整理

4.2 新型居住空间

新型居住空间是在 1998 年住房制度改革后迅速繁荣起来的，计划经济下实物福利分配、单位制独立大院的居住模式逐渐被市场化的居住模式所代替。近 20 年来对中国大城市空间增长影响较大的新型居住空间主要包括商品房开发、保障性住房建设以及以"城中村"形式存在的居住空间。

4.2.1 商品房住区

随着 1998 年住房制度改革的深入推进，中国房地产业迅速发展，由于其对城市整体经济的带动作用明显，能够带动 50 多个相关行业发展，往往成为城市发展的主导产业类型。因此，作为房地产业物质载体的商品房成为了城市空间增长的重要构成要素，对中国城市空间增长有重要的影响。2009 年全国商品房投资额达 25 613.7 亿元，占当年全部固定资产投资额的 11.39%，商品房销售面积 93 713 万 m²，销售额达 43995 亿元。

商品房居住空间的开发建设一般有 3 个阶段（图 4-2）：①以住宅楼房建设为起点，通过住宅建设和销售带来人口的集聚；②完善基础配套设施，改善居住环境；③环境、社区文化的建设，逐渐向综合性生活居空间转变。

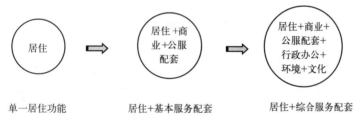

图 4-2 商品房住区的主要开发时序

资料来源：作者自绘

商品房建设在空间布局上广泛地分布在城市各个空间部位，但以中心区和城市边缘地区的商品房开发较为集中，如广州市区范围内 2010 年住宅小区共 5 404 个，主要集中在越秀、天河等中心城区，两区住宅小区分别为 1 027 和 1 091 个，占总数的 40% 以上。不同价位的住宅小区空间分布具有明显的圈层结构，由中心向外围小区房价逐渐下降：①小于 4 000 元 / m² 的小区在花都区最多，占 50% 以上；② 4 000 ~ 6 000 元 / m² 的小区仍主要集中在花都区，占 33% 左右，而这个价位的小区在番禺区的比重也较大，占 19.7%；③ 6 000 ~ 8 000 元 /m² 的小区在白云、番禺、天河、黄埔、海珠、越秀、荔湾 7 各区均匀分布，其中白云、番禺最多，分别为 146 和 92 个，占总数的 45% 左右；④ 8 000 ～ 10 000 元 / m² 的小区主要集中在海珠、天河两个区，分别为 147 和 106 个，占总数的 39%，其次为白云、番禺，分别为 102 和 91 个，占总数的 30%；⑤ 10 000 ～ 120 000 元 / m² 的小区主要集中在天河、越秀、海珠、荔湾四个中心城区，共 358 个，占总数的 61% 左右；⑥ 12 000 ～ 15 000 元 / m² 的小区在四个中心城区的集中程度更高，共 528 个，占总数的 74% 左右，其中越秀、天河、海珠三个区密度更高，三者合计小区数量 478 个，占 67%；⑦ 15 000 ～ 20 000 元 / m² 的小区与 12 000 ～ 15 000 元 / m² 价位的小区空间分布上具有相似性，四个中心城区分布的小区数共 406 个，占总数的 71%，其中以越秀、天河、海珠三个最高，共 356 个小区，占 62%；⑧ 20 000 元 / m² 的小区则主要集中在越秀、天河两区，小区数为 128 个，占总数的 52%（图 4-3）。

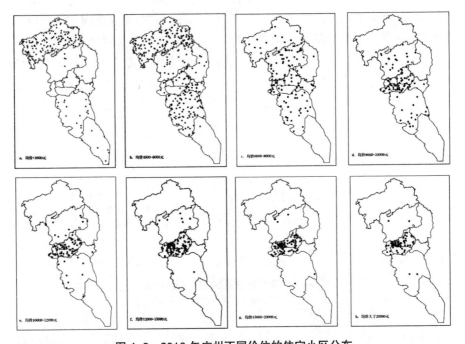

图 4-3　2010 年广州不同价位的住宅小区分布
资料来源：根据广州市房地产信息网整理，http://guangzhou.aifang.com，2010 年 12 月 20 日

4.2.2　保障性住房

保障性住房是与商品房相对的、主要由政府投资的为保障社会中低收入阶层的住房问题而进行的居住空间建设。中国的保障性住房建设由 1995 年的"安居工程"开始起步，但直至 2007 年的十余年间发展缓慢，没有

取得实质性的进展，对中国城市空间增长的影响也不大（表4-4）。随着城市住房问题的日益突出，2007年国务院出台了《国务院关于解决城市低收入家庭住房困难的若干意见》重新确立了保障性住房体系，并相继开展了经济适用房、廉租房、限价房、"三旧改造"、"棚户区改造"等项目的建设，这使保障性住房在城市空间增长中占有一定的地位，并且随着国家对房地产市场的调控，保障性住房将发挥越来越重要的作用。

中国保障性住房制度发展历程　　　　　　　　　　　表4-4

时间	发展阶段	基本模式
1995~1997年	起步阶段	"安居工程"
1998~2001年	初步形成体系	面向最低收入家庭的廉租住房；面向中低收入家庭的经济适用住房
2002~2006年	全面萎缩	投资大幅下降，至2005年达到最低点，全国投资额仅为519亿，而同期房地产开发投资15 909亿元；一些城市停止建设经济适用住房
2007年至今	重新确立并逐步完善	经济适用房；廉租住房；两限房（限价、限套型）；公共租赁房

数据来源：中国指数研究院数据信息中心搜集整理

保障性住房具有政府投资为主、针对中低收入阶层、小户型为主等特点，因此在区位上一般布置在城市边缘地区，如广州市"十二五"期间计划建设的保障性住房7.7km²，主要分布于白云湖、白云新城、奥体新城、白鹅潭和广州南站等城市边缘地区。

4.2.3　城中村

在大城市向郊区乡村的扩展过程中包围了许多城乡接合部的村庄，由于具有土地承租和农村土地集体所有的土地使用制度，导致了城市中大量"城中村"的产生，成为中国大城市独特的居住空间形式。城中村是城市化进程中出现的一种特有的现象，是城市扩张过程中滞后于城市发展、游离于现代城市管理之外、生活水平低下的居民区。

"城中村"主要分布在城市新建成区范围内，一般位于城市边缘地区。"城中村"承担了大量流动人口的居住功能，如广州1990年代初期约有250万流动人口居住在城中村，城中村改造成为1990年代以来中国城市空间增长的主要内容之一。随着城市经济社会发展水平的提高，"城中村"逐渐成为了城市景观的负面要素，为此各地城市纷纷展开了"城中村"改造、"三旧"改造等工作，如2006年以来广州规划改造了中心城区内的 138 条"城中村"，涉及 500 个自然村，80.6km² 的建设用地面积，占城市规划区面积的 20.9%。南宁市在 2009 年制订计划对 35 条"城中村"进行改造（图 4-4）。

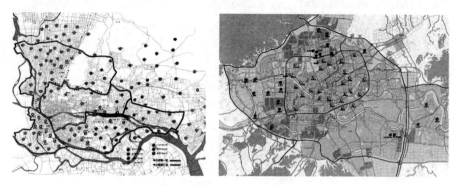

图 4-4 广州和南宁的"城中村"分布
资料来源：广州城市总体规划纲要（2010—2020），南宁市"城中村"改造规划研究（2009）

4.3 新型城市公共空间

随着市场化的发展，近年来中国城市中的许多公共活动空间逐渐被独立出来，从而形成新型的城市公共空间要素，主要可以分为基础设施性公共空间、大学城、行政中心、主题公园、重大事件性公共空间及生态性公共空间等类型。

4.3.1 基础设施性公共空间

依托机场、火车站场、港口码头等基础设施带来的区位优势条件，大力发展物流、运输、仓储等，进而形成产业集聚区的做法。近年来，这种做法在各地城市中被大力推广，并对城市空间增长产生影响。

基础设施性的公共空间对城市空间增长的作用主要表现在：①改变所在区域的区位优势，使其成为城市空间增长的促进因素，从而影响其他城市空间要素布局的区位选择，对产业空间布局、居住空间布局产生影响；②作为城市空间构成的骨干性要素对拉开城市框架有重要作用，在一定程度上对城市空间结构产生影响；③围绕基础设施的建设形成相关产业的集聚区，从而改变城市空间形态。

基础设施性公共空间在建设布局中需要考虑区域整体空间布局以及与相邻城市的关系，同时服务城市经济建设，因此其空间布局一般位于城市外围空间，并采取跳跃式的城市空间增长方式。

4.3.2　大学城

　　1998 年全国高校扩招及 1990 年代以来，知识经济、技术密集型产业发展的影响下产生了大学城的空间增长要素，并在全国大城市中蔓延。大学园区促进了城市向郊区的扩展，在大学园区内设有各种服务、娱乐、医疗、金融设施，从而形成了具有综合服务功能的城市社区。其中"产学研一体"的大学园区促进了高新技术的研究及科技成果的转化，推动高新技术产业的发展。截至 2010 年全国共有 94 座大学城，主要分布在江苏、山东、上海、河南、广东、浙江、福建等省（市），在本研究的 52 个城市中有建设大学城的城市达 37 个，占总数的 67.27%（表 4-5）。

2010年中国主要大学城分布　　　　　　　　　　表4-5

省（市）	大学城名称	数量
江苏	仙林大学城，江宁大学城，浦口大学城，常州大学城，苏州大学城 无锡大学城，扬州大学城，淮安大学城，泰州大学城，南通大学城	10
浙江	下沙高教园，滨江高教园，小和山高教园区，宁波高教园区 温州高教园区	5
上海	松江大学园区，杨浦大学园区，南汇大学园区，临港大学园区 金桥大学园区，奉贤大学园区，闵行大学园区	7
北京	沙河高教园区，良乡高教园区，吉利大学城、东方大学城	3
天津	西青大学城，大港大学城，泰达大学城，宝坻大学城	4
重庆	沙坪坝大学城	1
山东	济南章丘大学城，济南长清大学城，济南彩石大学城，日照大学城 青岛大学城，蓬莱大学城，临沂大学城，菏泽大学城	8
河北	廊坊东方大学城	1
河南	郑州北大学城，郑东新区大学城，新郑龙湖大学城，高新区大学城 洛阳大学城，新乡大学城	6
湖北	武汉大花岭大学城，黄家湖大学城，荆州大学城，鄂州大学城	4
湖南	长沙岳麓山大学城，株洲职教大学城，湘潭大学园区	3
广东	广州大学城，深圳大学城，珠海大学园区，东莞大学城 佛山南海大学城	5
福建	福州大学城，泉州高教园区，厦门集美大学城，厦门翔安大学城 漳州高教园区	5
广西	平果大学城，五合大学城，桂林雁山大学城，北海大学园区	4
云南	昆明呈贡大学城	1

省（市）	大学城名称	数量
贵州	贵阳花溪大学城	1
四川	成都温江大学城，绵阳大学城	2
江西	南昌前湖高教园区，南昌瑶湖高教园区，南昌昌北高教园区 赣州大学城	4
陕西	长安大学城，白鹿原大学城，未央大学城，杨凌大学城	4
安徽	合肥大学城，芜湖大学城，蚌埠大学城	3
甘肃	兰州榆中大学城	1
新疆	乌鲁木齐大学城，巴音苑大学城	2
内蒙古	呼和浩特大学城	1
山西	太原大学城，晋中太谷滨河大学城	2
黑龙江	哈尔滨江北大学城，佳木斯大学城，大庆大学城	3
吉林	长春净月大学城	1
辽宁	沈北大学城，浑南大学城，大连旅顺大学城	3
合计		94

资料来源：中国大学城（园区）建设研究报告（2010年）

大学城主要有城内城、城边城、城外城 3 种布局模式：①城内城有如上海东方大学城、长沙岳麓山大学城、广州五山高教区等，这类大学城由于历史的原因集中分布于城市区域，随着城市的扩张逐渐将其融入城市范围；②城边城如广州大学城、南京仙林大学城等，这类布局既可以依托城市的基础和公共服务设施，又可以通过大学城建设带动周边地区发展，促进城市空间扩展。③城外城如上海松江大学城，北京的东方大学城等，以"卫星城"的形式存在，与城市中心通过快速交通通道联系，学校的规模一般较大[207]。

4.3.3 行政中心

1990 年代以来，在城市内外部发展环境影响下一些大城市提出建设行政中心的要求，如青岛、中山、厦门、杭州、苏州、成都、南昌、深圳、长沙、哈尔滨、西安、泰州、东莞、芜湖、海宁等城市行政中心纷纷迁出城市中心区，建设新的行政中心。行政中心的搬迁对城市空间结构具有较强的带动作用，表现在通过行政机构的先行，带动所在地区的综合开发，如广州市南沙区和萝岗区的开发前期，行政中心的带动起到了关键作用。

近20年来一些大城市行政中心建设带来的城市空间增长主要有：①杭州市政府由西湖畔搬到钱江新城，使杭州由"西湖时代"走向"钱塘江时代"。②成都城南新区为成都新的行政办公中心，在其建设过程中政府斥资近100亿元建设起步区，起步区以行政商务办公、商贸金融、生活居住、会议展览等功能为主。③南昌红谷滩新区行政中心由市委、市政府、市纪委、市人大、市政协等主要行政机构组成，占地455亩，并配建了会展中心、接待中心、新闻中心、购物中心等公共设施。④哈尔滨行政中心北移使松北新区聚集了大量的人流、物流、信息流、资金流，成为城市经济的新增长极。⑤深圳市政府由罗湖区搬到福田区、长沙市政府从五一路搬到河西、苏州市政府从人民路搬到三香路、西安行政中心于2010年搬迁到城北张家堡地区等均对促进城市空间增长有积极的意义。

4.3.4 重大事件性公共空间

随着近年来我国城市的国际联系不断增强，在我国城市举办的大型体育赛事、博览会、展览会等的机会和频率越来越高，而与此同时国内相关的大型事件也日益增多，由此带来的城市空间增长成为一种新的形式。近年来主要的重大事件性公共空间有北京奥林匹克公园、广州亚运村、上海世博园等。其中北京奥林匹克公园是2008年北京奥运会举办的主要场地，占地12.15km^2；2001年北京申奥成功后开始建设，建有会展博览设施、文化设施、商业服务设施、运动员村、广场、体育设施等。广州亚运村是为2010年广州亚运会的官员、运动员提供住宿、生活和训练场所的地区，占地1.2km^2，亚运会后将转变为广州新城的组成部分。上海世博园位于南浦大桥和卢浦大桥之间沿黄浦江两岸区域，占地面积5.28km^2，分为独立馆群、联合馆群、企业馆群、主题馆群、中国馆群5大场馆群。

大型体育赛事的举办对广州城市空间增长起到了重要作用，如分别于1987年、2001年、2010年举办的六运会、九运会和亚运会均对城市空间扩展起到了极大的促进作用。其中"六运会"推动城市的第一次"东进"，推动了天河新城的开发建设；"九运会"推动了城市的第二次"东进"，推动了奥体新城的开发建设；亚运会则促进了城市"南拓"空间发展战略的实施，促进了广州新城的建设（表4-6）。

2008年北京奥运会的举办对北京城市空间增长也有重要影响作用，主要表现在：①机场、地铁、高速交通基础设施建设水平得到加强；②与国际交流和合作得到强化，发展环境得到改善；③城市产业结构加速优化；

④城市国际地位和城市形象得到提升，鸟巢和水立方成为城市新地标；⑤奥林匹克公园中心区的建设，将由原来的城市边缘区转换定位为城市新中心区。

广州举办3次大型运动会对城市空间拓展的影响　　　　　表4-6

重大事件	对城市发展作用	重点建设区域
1987年"六运会"	带动了城市的第一次"东进"，对城市空间的影响主要包括：天河新区的建设；体育中心建设对周边的居住区开发带来了重要契机，促进了珠江新城的建设；天河城购物中心及天河北商务圈等的建设等。	天河新城
2001年"九运会"	促进了广州城市的第二次"东移"，对城市空间的影响主要包括：奥体新城的建设；东圃商业楼盘的带动；对城市基础设施的建设；提升了广州城市环境和综合服务功能。	奥体新城
2010年"亚运会"	进一步促进了广州城市"南拓"的空间发展战略，对城市空间的影响主要包括：建设了番禺亚运城，南沙体育中心等；建成开通城市轨道交通线路229.6km。	广州新城（番禺）

资料来源：作者整理

其他如南京河西新城的开发利用了举办十运会的契机，建设了地铁等大批基础设施。1999年昆明世博会和2010年上海世博会的举办也对推动两地城市基础设施建设、促进城市空间增长起到了重要作用。2010年上海世博园占地面积5.28km^2，上海世博会的举办为城市向南跨越黄浦江的空间增长找到了突破口，世博会之后黄浦江沿岸的第二产业大量迁出，形成新兴的高档居住、文化、娱乐、旅游区域。此外，世博会带来了大规模基础设施建设的需求，特别是交通基础设施的建设使得城市人口和产业转向沿主要交通轴线集聚，"摊大饼"式的城市空间增长模式有所改变[208, 209]。

4.3.5　其他新型公共空间

其他新型公共空间的表现形式还有主题公园、生态性公共空间、历史文化性公共空间等。其中生态性公共空间在近年来尤其受到重视，如城市外围绿带、公园、大型绿地等生态保护性空间在城市空间具有重要地位，生态性功能开发成为城市空间增长的重要内容。生态性功能空间一方面为改善城市环境，提高城市质量等方面具有重要作用；另一方面学习西方国家城市绿带控制的城市空间增长边界管理技术，中国城市在利用生态用地作为控制城市空间增长手段应用也越来越广泛，因而使得生态性功能在中国城市空间增长发挥着越来越重要的作用。

4.4 综合性城市空间

综合性城市空间在近年来逐渐成为中国大城市空间增长的重要形式，其中包括按照城市规划建设的以居住功能为主的新城、由于开发区发展转型而形成的综合性城市空间以及以综合性功能开发为目标的城市新区3种主要的形式。

4.4.1 新城

1990年代以来，在中国一些大城市中出现了郊区化的发展趋势，由于中心城区面临着就业压力、交通拥挤、环境质量下降等问题；因此规划建设了一些新城用以疏导中心城区的功能压力，这些规划建设的新城一般主要以居住功能为主导，并配套部分就业功能。如上海1990年代以来在浦东新区开发的带动下，新城（区）建设取得了较快的发展，规划建设了11个新城区；北京2004年在城市总体规划中，规划了顺义、通州、亦庄、密云、怀柔、门头沟、大兴、房山、昌平、延庆、平谷等11个新城，其中顺义、通州、亦庄3个为重点建设的新城（图4-5）。

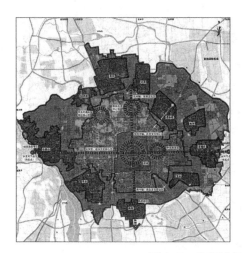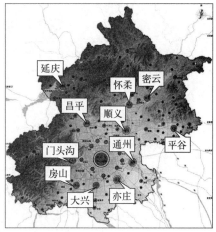

图4-5　北京城市空间结构规划图
资料来源：北京城市总体规划（2004年—2020年）

广州在1990年代以来陆续开发建设了多个新城，主要包括了珠江新城、大学城、新客站、广州新城、白云新城、南沙新城、萝岗新城等（图4-6、表4-7）。深圳市先后提出建设光明新城、龙华新城、体育新城、东部新城等四座新城的设想（图4-7）。武汉于1990年代后期规划建设了阳逻、北湖、常福、纸坊、蔡甸、金口和宋家岗7座新城（表4-8）。南京2001年的城市总体规划在大厂、新尧、板桥、龙潭、雄洲、永阳、淳溪规划建设了7个新城。

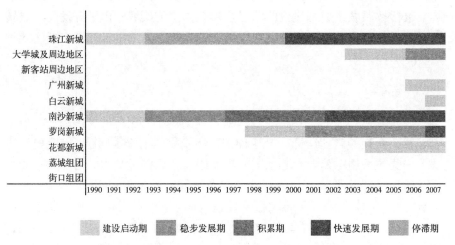

图4-6　广州1990年代以来主要新城开发建设时序
资料来源：广州市城市规划编制研究中心

广州市历次规划中提出建设的新城（区）　　　　　　　　　表4-7

规划	新区/新城
《广州市城市总体规划（1991—2010）》	天河高新技术产业开发区、建设市桥、新华、南沙三个卫星城
《广州市新城市中心——珠江新城规划》（1993）	珠江新城
《广州城市建设总体战略概念规划纲要》（2000）	白云新城、广州新城、珠江新城、天河新城市中心区
《东部地区发展规划》（2003—2004）	广州高新技术产业开发区、东部新区
《广州市城市总体规划（2001—2010）》	天河新城、华南新城、南村新区、赤岗新区、南部新区、南沙副城区、花都副城区、萝岗副城区、荔城组团、街口组团
《广州市城市总体规划（2010—2020）》	番禺新区、南沙新区、东部新区、北部新区

资料来源：广州市城市规划编制研究中心

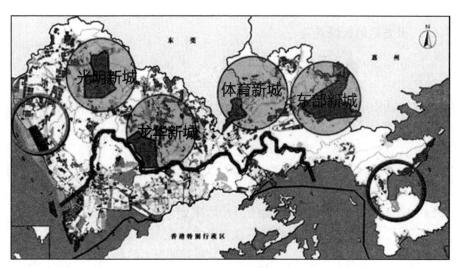

图 4-7　深圳 4 大新城分布

资料来源：深圳城市发展策略（深圳 2030）

1990年代武汉规划建设的新城　　　　　　　表4-8

新城	规划目标
宋家岗	规划人口25万人，以发展高新技术工业、轻工业和商贸旅游服务业。
阳逻	规划人口45万人，以机电、电力工业为主导，发展大耗水、大耗能、大运量工业。建设集装箱转运枢纽，扩建电厂，加快城市基础设施建设，逐步形成工贸并举的现代化港口城镇。
北湖	规划人口20万人，武汉重化工工业基地，将建设成为化工型港口城镇。
蔡甸	规划人口20万人，拟发展电子、轻工、服装加工等工业，提高农副产品集散加工能力，同时加强基础设施和生活服务设施建设。
常福	规划人口25万人，发展与汽车相关配套的机电工业。
纸坊	规划人口15万人，拟发展几点、轻工、建材和高技术产业，相应发展交通运输、旅游等第三产业，强化综合服务职能。
金口	规划人口15万人，建设地区性水陆联运枢纽和大宗产品交易市场，发展造船、建材、机电工业。

资料来源：武汉市城市总体规划（2006—2020年）

　　这类新城在区位上一般位于城市的近郊区，具有建设规模较小、功能相对单一的特点，对城市空间结构的转变有重要影响，对主城＋卫星城结构的形成有较强的促进作用。

4.4.2 开发区的新城转变

　　早期设立的开发区经过基础设施建设、产业填充的发展后，由于社会经济环境的改变正逐渐向综合性城市功能空间的转变，开始成为中国大城市综合性城市空间的一种新形式。开发区成立初期是以产业功能为主导的专业性空间，但随着 2001 年中国加入 WTO，开发的许多优惠政策逐渐泛化，其"政策特区"光环逐渐淡化，发展开始转型，转型的方向主要有两个[210]：一是增强开发区的产业优势，发展高新技术产业，走专业化的增长道路；二是在朝新城方向转变，向综合化方向转变，其中大部分开发区向综合化方向发展，如广州开发区、天津开发区、苏州工业园等[211]。

　　广州开发区是最早设立的经济技术开发区之一，其发展经历 4 个发展阶段（图 4-8、图 4-9）：① 1984 ～ 1990 年工业加工阶段，以初浅加工制造业为主，所引进的两百多家企业中绝大多数属于中、小型加工制造企业，其中大部分是玩具厂、制衣厂、塑料厂等。② 1991 ～ 1995 年现代工业阶段，引进的项目大部分属于具有一定科技含量，在产品的前卫性、深加工度、科技含量、设备先进性等方面比前一阶段有较大的进步。③ 1996 ～ 2004 年综合经济功能阶段，开发区、高新区、出口加工区、保税区"四区合一"，使得区内产业结构向综合化发展，除了工业制造业门类的综合发展，逐步实现从经济开发向技术开发的转变；房地产业、餐饮业等相关配套服务业发展较快，并形成了萝岗、新塘等新的生活服务中心。④ 2005 年广州市行政区划调整后的新城（区）阶段，萝岗区政府与开发区实行合署办公，进一步促进了开发区向新城（区）的转变。

　　天津开发区是首批 14 个沿海国家级开发区之一，1994 年 3 月在其基础上开发建设天津滨海新区，并于 2006 年 4 月 26 日获批成为全国第二个综合配套改革的试点，表明了其向综合型城市空间的转变[212]。天津开发区的建设由工业开发为起始点，带动了基础设施建设、房地产业、商业、餐饮、娱乐等服务业快速发展，从而使得开发区的周边地区城市化水平得到了很大的提高；其发展可分为 3 个阶段[213]（图 4-10）：① 1984 ～ 1991 年以工业开发为主的时期，主要集中于 3km² 的工业起步区，为单一功能的工业区，至 1991 年底工业厂房占已竣工建筑面积的 88.5%，生活公共设施比例相当低；在空间形态上呈紧凑孤立发展的小团块状。② 1992 ～ 1996 年开始公共配套服务设施的补充式发展阶段，开始由单一的工业区向工业新城转变；用地结构上，工业用地比例有所下降，居住及公建配套设施用地比例不断上升但仍处于较低水平；至 1996 年底已完成的建筑面积中，居住及公建设施占 32.4%；空间形态呈现分散趋向，与周边地域的联系逐渐加强。③借天津滨海新区建设的契机逐渐向综合性新城区转变，道路和市政基础设施进一步完善，产业结构向高新技术产业转变；开发区建设也由以工业区为重点转向以生活区建设为重点，开发建设了大量商品化住宅小区、生活服务投资项目；2000 年已完成建筑面积中工业厂房、住宅（含公建）开工建筑面积比例分别是 40.59%、59.41%；居住及公建建设总量已超过厂房占主要地位；城市空间开发也由外延式扩张转向内涵式的填充。

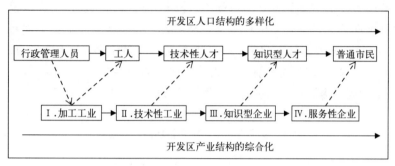

图 4-8　开发区功能演替中人口和产业的综合化
资料来源：作者自绘

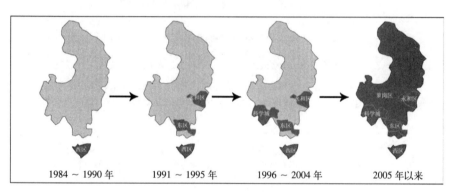

1984～1990 年　　1991～1995 年　　1996～2004 年　　2005 年以来

图 4-9　广州开发区新城转变下的空间演变
资料来源：作者自绘

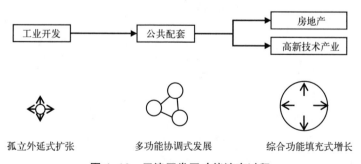

孤立外延式扩张　　多功能协调式发展　　综合功能填充式增长

图 4-10　天津开发区功能演变过程
资料来源：作者自绘

4.4.3 城市新区

综合性城市新区是近年来出现的重要的综合性城市空间开发形式，不同于侧重于居住开发的新城，城市新区具有高标准、高目标、综合性强、与中心城区的联系密切等特点[214]。以城市新区形式为主的综合性城市空间一般具有以下特征：①是为缓解中心城区社会、经济、生态环境压力而开发的城市拓展空间；②设有一级政府或准政府机构，是在政府有组织的干预和推动下开发的；③开发规模一般较大，在地域空间上位于城乡结合地区；④新区与中心城区之间存在紧密的社会、经济联系。1990年代浦东新区是第一个开发的城市新区，此后一些大城市效仿，自2000年以来已有10余个城市提出并实施了城市新区的建设（表4-9）。

1990年代以来主要城市综合性功能空间增长　　　　　表4-9

城市	新区名称	功能定位
上海	浦东新区	浦东新区是中心城的延伸，中心城区功能疏解的重要方向；重点发展金融、贸易、科技、文教和商业等，适当发展工业。
天津	滨海新区	高水平的现代制造业和研发转化基地、北方国际航运中心和国际物流中心，宜居生态型新城区。
重庆	两江新区	统筹城乡综合配套改革试验的先行区，内陆重要的先进制造业基地和现代服务业基地，长江上游金融中心和创新中心，内陆开放的重要门户、科学发展的示范窗口。
郑州	郑东新区	国家综合交通枢纽，中原城市群"三化"协调科学发展先导示范区，全省经济社会发展的核心增长极，现代服务业中心、区域性金融中心、高新技术产业集聚区、先进制造业基地、现代农业示范区。
西安	西咸新区	渭河百里生态景观长廊、秦汉历史文化景区、现代制造和生物产业集群化、城市特色功能区，形成在全国具有重要影响力、在西部有强大积聚和辐射带动功能的一体化开发示范区。
沈阳	沈北新区	经济发达、环境优美、文化繁荣、社会和谐的创新型城市，成为环境优美、自然生态，既适合创业、又宜于人居的绿色生态城市。

资料来源：作者整理

其中，上海浦东新区是中国最早建设的城市新区，改革开放之初为了树立社会主义大国形象，中国急需建设一个国际性大都市，由于上海国家经济中心的地位，党的十四大提出"以上海浦东开发开放为龙头，进一步开放长江沿岸城市，尽快把上海建成国际经济、金融、贸易中心之一，带动长江三角洲和整个长江流域地区经济的新飞跃"。浦东新区的开发建设经历了3个阶段（图4-11）：① 1992年初～1995年上半年大规模基础设施建设的阶段；② 1995年下半年～2004年基础开发和功能开发并举的阶段；③ 2005年以来进入全面建设外向型、多功能、现代化新城区的新阶段。

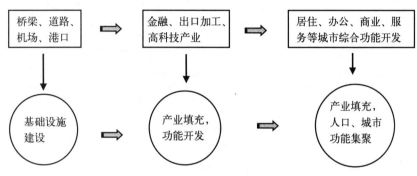

图4-11　基础设施先行的浦东新区开发时序
资料来源：作者自绘

4.5　区域性空间

城市向区域性空间扩展在2000年以来日益明显，主要的形式包括兼并式区域空间增长和竞合式区域空间增长，其中兼并式的区域性空间增长形式主要为"撤县设区"的行政区划调整，竞合式的区域性空间增长形式主要有同城化、一体化、城市群等形式。

4.5.1　撤县设区

"撤县设区"是城市向区域性空间扩张的主要形式，是当城市空间发展受到限制时，采取将邻近郊县纳入城市范围的做法，从而使原来的区域性空间做为城市空间内部化；其作用主要有：① 为城市发展提供用地空间，② 整合区域优势资源，实现该地区的统筹发展，③ 充分发挥中心城区的辐射带动作用，④ 完善城市空间结构。在1992～2009年期间，全国共有89项"撤县设区"事例，大部分发生在大城市中，且主要集中在2000～2006年之间，共计62项，占67%左右；主要集中在东部地区城市，其中广东、江苏最多，其次为上海、北京，西部地区重庆市"撤县设区"次数也较多（表4-10）。

省（市）	"撤县设区"事例	数量
北京	通县—北京市通州区（1997）；顺义县—北京市顺义区（1998）；昌平县—北京市昌平区（1999）；大兴县—北京市大兴区（2001）；怀柔县—北京市怀柔区（2001）；平谷县—北京市平谷区（2001）	6
天津	武清县—天津市武清区（2000）；宝坻县—天津市宝坻区（2001）	2
河北	丰南市—唐山市丰南区（2002）；丰润县—唐山市丰润区（2002）	2
吉林	双阳县—长春市双阳区（1995）；江源县—白山市江源区（2006）	2
黑龙江	呼兰县—哈尔滨市呼兰区（2004）；阿城县—哈尔滨市阿城区（2006）	2
上海	上海县—与原闵行区合设上海市闵行区（1992）；川沙县—上海市浦东新区（1992）；嘉定县—上海市嘉定区（1992）；金山县—上海市金山区（1997）；松江县—上海市松江区（1998）；青浦县—上海市青浦区（1999）；奉贤县—上海市奉贤区（2001）；南汇县—上海市南汇区（2001）	8
江苏	吴县—苏州市吴中区相城区（2000）；锡山市—无锡市锡山区惠山区（2000）；邗江县—扬州市邗江区（2000）；江宁县—南京市江宁区（2000）；淮安市（县级）—淮安市楚州区（2000）；江浦县—南京市浦口区（2002）；六合县—南京市六合区（2002）；武进市—常州市武进区（2002）；丹徒市—镇江市丹徒区（2002）；盐都县—盐城市盐都区（2003）；宿豫县—宿迁市宿豫区（2004）；通州市—南通市通州区（2009）	12
浙江	瓯海县—温州市瓯海区（1992）；黄岩市—台州市黄岩区路桥区（1994）；金华县—金华市金东区（2000）；萧山市—杭州市萧山区（2001）；余杭市—杭州市余杭区（2001）；衢县—衢州市衢江区（2001）；鄞县—宁波市鄞州区（2002）	7
福建	同安县—厦门市同安区（1996）；莆田县—莆田市秀屿区（2002）	2
山东	牟平县—烟台市牟平区、莱山区（1994）；长清县—济南市长清区（2001）	2
河南	郾城县—漯河市郾城区召陵区（2004）	1
湖北	汉阳县—武汉市蔡甸区（1992）；武昌县—武汉市江夏区（1995）；新洲县—武汉市新洲区（1998）；黄陂县—武汉市黄陂区（1998）；宜昌县—宜昌市夷陵区（2001）；襄阳县—襄樊市襄阳区（2001）	6
湖南	郴县—郴州市苏仙区（1994）；冷水滩市—永州市冷水滩区（1995）	2
广东	番禺市—广州市番禺区（2000）；花都市—广州市花都区（2000）；斗门县—珠海市斗门区、金湾区（2001）；新会市—江门市新会区（2002）；顺德市—佛山市顺德区（2002）；南海市—佛山市南海区（2002）；三水市—佛山市三水区（2002）；高明市—佛山市高明区（2002）；潮阳市—汕头市潮阳区潮南区（2003）；澄海市—汕头市澄海区（2003）；惠阳市—惠州市惠阳区（2003）；曲江县—韶关市曲江区（2004）	12
海南	琼山市—海口市琼山区（2002）	1
广西	邕宁县—南宁市邕宁区（2004）	1

省（市）	"撤县设区"事例	数量
重庆	巴县—重庆市巴南区（1994）；江北县—重庆市渝北区（1994）；涪陵市—重庆市涪陵区（1997）；万县市—重庆市万县区（1997）—重庆市万州区（1998）；黔江县—重庆市黔江区（2000）；长寿县—重庆市长寿区（2001）；江津市—重庆市江津区（2006）；合川市—重庆市合川区（2006）；永川市—重庆市永川区（2006）；南川市—重庆市南川区（2006）	10
四川	纳溪县—泸州市纳溪区（1995）；新都县—成都市新都区（2001）；温江县—成都市温江区（2002）	3
云南	东川市—昆明市东川区1998	1
陕西	临潼县—西安市临潼区（1997）；长安县—西安市长安区（2002）；耀县—铜川市耀州区（2002）；宝鸡县—宝鸡市陈仓区（2003）	4
甘肃	天水县—天水市北道区（1985）--天水市麦积区（2004）	1
宁夏	惠农县—与石嘴山区合设石嘴山市惠农区（2003）	1
新疆	米泉市—与东山区合设乌鲁木齐市米东区（2007）	1
合计		89

资料来源：中国行政区划网（http://www.xzqh.org/html/），2010年12月10日

　　广州市 2000 年的行政区划调整将番禺、花都撤市设区，打破行政限制，为城市空间增长提供了空间，使得广州市政府长期提倡的东南部地区发展战略得以落实。随后广州市制定了 2000 版广州市城市发展战略规划，采取跨越式增长方式，制定"南拓北优、东进西联"的发展战略，从而促进了城市由单中心向多中心转变，使广州自然生态格局从传统的"云山珠水"格局跃升为"山、水、城、田、海"的大山大水格局（图 4-12）。

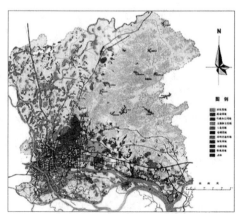

图 4-12　2000 年行政区划调整前后广州城市空间比较

资料来源：广州市城市规划编制研究中心

佛山市 2002 年的调整行政区划撤销原佛山市辖区以及县级南海市、顺德市、三水市和高明市，设立佛山市禅城区、南海区、顺德区、三水区和高明区 5 区；从而改变了佛山城市空间格局，是原来顺德、南海孤立增长的格局向均衡化网络状格局转变。行政区划调整前各区（市）相对孤立，如在城市规划编制中佛山（禅城）分别于 1984 年、1994 年编制了两版城市规划，顺德于 1995 年编制了城区总体规划，南海于 1997 年编制了城区总体规划；这些规划在各自行政版图下编制，难以取得区域协调、共生共赢的群体发展目标。行政区划调整后于 2003 年编制了《佛山市城市发展概念规划》、2005 年编制了《佛山市城市总体规划》，提出了网络型、簇群互动的城市空间系统和"多级、网络化、组团式"的城市空间结构；从而使佛山城市空间增长突破了原有行政格局的限制（图4-13）。

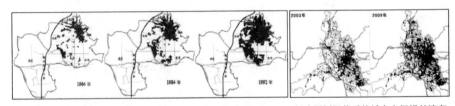

行政区划调整前中心城区空间增长演变　　　　　　　行政区划调整后的城市空间增长演变

图 4-13　2002 年行政区划调整前后佛山城市空间增长比较
资料来源：佛山市"十二五"规划专题《佛山市优化空间发展布局研究》（2011 年）

4.5.2　同城化

同城化是城市空间区域化发展的另一个重要表现形式，全国有多个城市提出了同城化发展要求，并制定了相应规划，如广佛同城化、沈抚同城化、郑汴一体化、西咸一体化、合淮同城化、太榆同城化、乌昌同城化等。

广佛同城化发展经历了由"点状"向"线状"的空间形态演变过程。1990 年代后期随着市场经济的深入发展，广佛之间的许多经济活动逐渐突破行政界线的束缚，如广州的部分商贸批发活动沿广佛公路由主城区向南海外溢，两个城市功能相互渗透主要发生在芳村、南海黄岐、盐步等相邻地域空间内。到 2000 年后广州、佛山先后通过行政区划调整，拓宽了各自城市空间发展的地域范围，同时也使两个城市之间城市功能互动的地域空间扩展到沿城市交界线范围内广泛存在。近年来，随着两地产业结构的发展和城市空间的拓展，城市之间的融合和协作日益密切，尤其是 2008 年《珠江三角洲地区改革发展规划纲要（2008—2020 年）》明确提出广佛同城化的概念之后，广佛同城化趋势更加强烈（图 4-14）。

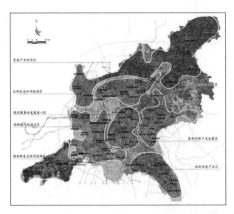

图 4-14　广佛同城化重点产业布局及空间协调关系
资料来源：广佛同城化发展规划（2009—2020 年）

　　沈抚同城化是由沈阳和抚顺组成，两城中心区相距仅 45km，在城市空间形态上几乎连成一片，两者均为国家的重化工业基地，产业关联度强、互补性大。目前已完成同城化概念规划的编制，规划在城市空间形态、产业、交通、基础设施、生态、信息、市场、建设项目上实现同城化，并将沈阳棋盘山开发区和抚顺高湾经济区规划为"沈抚同城起步区"（图 4-15）[215, 216]。

图 4-15　沈抚区域空间结构及起步区规划
资料来源：赵英魁等，2010

　　郑州与开封相距 72km，城市边界相隔不足 40km，其同城化进程始于 2005 年在中原城市群规划提出的"郑汴一体化";2006 年两地实现电信同价,取消长途费用,建成城市快速通道(郑开大道);2007 年完成《郑汴产业带总体规划》,其内容主要包括产业、市场、基础设施和投资环境的一体化,以及规划、交通、通信、市场、产业、科教、旅游和生态的对接(图 4-16)。

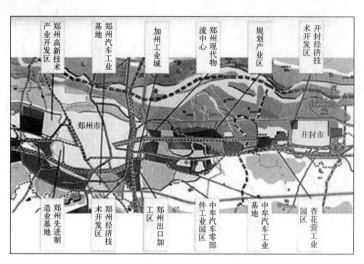

图 4-16 "郑汴一体化"区域关系图

资料来源:郑州市规划局

西安与咸阳相距仅 25km,两市于 2002 年签订了《西安咸阳经济一体化协议》,推动了西咸一体化建设进程。设立西咸新区,将渭河两岸、西咸结合部的园区进行整合,统筹规划,联动建设;西咸新区以渭河为中轴线,西起规划中的西咸环线,东至泾渭交汇口,北至西咸北环线,南至 310 国道西宝线,规划面积为 220km^2(图 4-17)。

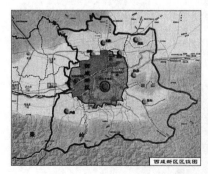

图 4-17 西咸新区区位与规划范围

资料来源:中共咸阳市委党校提供

合淮同城化于 2007 年提出，2008 年完成《合淮同城化总体规划》，规划范围包括合肥中心城区、淮南中心城区和长丰县、凤台县；重点协调地区包括合肥北部新区、淮南中心城区、山南新区、长丰中部地区、空港新区（图 4-18 左）。太榆同城化于 2005 年提出，是指太原与晋中的相互协调建设；建设内容包括两地之间协商协作机制以及在公交、电信、金融、公共服务等领域的"同城化"建设（图 4-18 中）。乌昌同城化于 2004 年提出，目的是为解决乌鲁木齐城市发展空间不足与昌吉州资源转换能力弱的问题；两地城市中心相距仅 30km，在"财政统一、规划统一、市场统一"的指导思路下逐步消除交通、通信、电力等方面的障碍，谋求共同发展；并将米泉市（昌吉州）和东山区（乌鲁木齐）合并建设米东新区（图 4-18 右）。

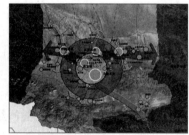

图 4-18　合淮一体化、太榆同城化、乌昌同城化空间结构

资料来源：合肥市土地管理信息中心、山西省建设厅、深圳城市规划设计研究院提供

4.5.3　城市群

城市群是城市在更大范围内向区域性空间的延伸，目前中国已形成相对成熟的城市群包括有长三角、珠三角、京津唐、辽中南四大城市群[217]，其他还有山东半岛、四川盆地城市群也具有一定规模[130]。其中长三角城市群包括上海市、江苏省、浙江省所辖的 14 个地级市中，其城市个数达 43 个，总人口达 5 110 万人；地域上包括上海—苏州—无锡—常州—镇江—南京—扬州—南通连片的城市带和上海—嘉兴—杭州—绍兴—湖州—宁波连片的城市带[218]。珠三角城市群包括广州、深圳、珠海、佛山、江门、东莞、中山、肇庆、惠州及香港、澳门；面积达 4.27 万 km²，总人口达 4 900 万人；已形成沿珠江东、西两岸人口和产业高度密集的两条经济带[219]。京津唐城市群包括北京、天津、唐山、秦皇岛、廊坊等城市，面积达 5.26 万 km²，总人口为 3 395 万人，是全国的政治、文化中心。辽中南城市群包括以沈阳、大连、鞍山、抚顺、本溪、辽阳、营口等 7 个城市，总人口为 1 570 万人，是全国著名的工业化区域，人口、经济、交通网络高度密

集的区域。山东半岛城市群包括济南、青岛、淄博、东营、烟台、潍坊、威海、日照等 8 个城市，由胶济铁路、济青高速公路、青烟高速公路和烟威高速公路串联，面积达 7.3 万 km²，人口为 3 941 万人，是山东省城市化水平最高、经济发展最快的地带。四川盆地城市群包括重庆市和四川省东部地区，面积为 17 万 km²，城市人口达 2 015.5 万人，是中国西部地区人口密度最高、城市分布最密集的地区。

4.6 小结

通过以上对近 20 年来中国城市空间增长中出现的新空间要素或新形式的比较分析（表 4-11），主要有以下结论：①从功能的角度划分，主要的新型城市空间要素包括新型产业空间如开发区、中央商务区等，新型居住空间如商品房、保障性住房、"城中村"等，新型公共空间如基础设施性公共空间、大学城、行政中心、重大事件性公共空间等，以及以综合性功能开发为主的新城、开发区的新城转变、城市新区等；②城市空间增长有向区域性空间拓展的趋势，按照空间尺度的不同主要形式包括将区域性空间内部化的"撤县设区"，相邻城市之间的相互协作与融合的同城化，以及在更大范围内的城市群体组合形式城市群；③从布局特征上看，开发区有边缘区、近郊区、远郊区 3 种布局模式，中央商务区有中心布局和轴线布局两种模式，商品房在城市主要集中在城市中心区和边缘地区，保障性住房和"城中村"主要集中在城市边缘区布局，新型城市公共空间的布局根据其功能的差别各有差异，综合性城市空间主要布局在城市外围空间（图 4-19）。④ 1960 至 1970 年代以来，西方国家大城市的空间增长表现出功能分化、多级体系的发展特征，城市空间结构向多中心结构转变，一般认为现代西方国家大城市多中心功能空间主要有边缘式副中心、市郊型副中心、片区综合中心、城市外围新城等形式。由上述转型期中国特大城市空间增长的主要要素及其区位分析可以看出转型期中国特大城市空间同样出现多中心的转变，形成的主要城市中心包括城市中心区的综合功能中心、城市边缘区的单一功能中心、城市外部的综合性城市副中心以及中心城市功能向区域性空间的延伸（图 4-20）。

转型期中国特大城市主要空间增长要素比较　　　　表4-11

类型	功能特点	区位特征	动力因素	空间影响
开发区	工业	郊区	政府、企业	跳跃式的城市外围空间增长

类型	功能特点	区位特征	动力因素	空间影响
中央商务区	商业、办公	中心布局、轴向布局	政府、市场	城市中心区的更新改造
商品房住区	配套设施完善	城市边缘区	开发商	城市边缘区的推移式增长
保障性住房	简单配套设施	郊区	政府	
城中村	配套设施较差	城市边缘区	村集体	
基础设施性公共空间	基础设施	郊区	政府	专业性城市功能空间的分化
大学城	教育设施	城市边缘区	政府	
行政中心	行政设施	城市边缘区	政府	
重大事件性公共空间	—	城市边缘区	政府	
生态空间	生态	城市边缘区	政府	
新城	居住为主	郊区	政府、开发商	城市郊区化
开发区的新城转变	工业、居住	郊区	政府、企业	
城市新区	综合功能	郊区	政府	
撤市设区	—	—	政府	兼并式增长
同城化	公共产品为主	—	政府	竞合式增长
城市群	基础设施为主	—	政府	

资料来源：作者整理

图 4-19 转型期中国特大城市主要空间增长要素的区位分布

资料来源：作者自绘

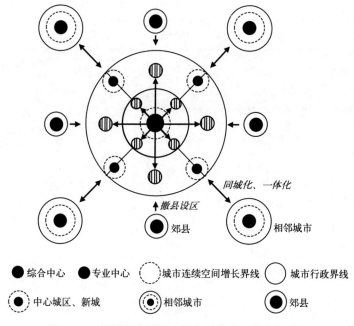

图4-20　转型期中国特大城市功能中心的空间结构

资料来源：作者自绘

第5章　转型期中国特大城市空间结构演变特征

5.1　转型期中国特大城市空间结构类型

5.1.1　城市功能空间结构特征

前文关于转型期中国特大城市中出现的新型空间要素及空间要素新形式的分析，显示了转型期中国特大城市空间功能及区位布局上的演变。本章将对由各种空间要素组合下形成的城市整体空间功能结构做进一步的研究。从功能上可以将各类城市空间要素归纳为综合性功能空间（综合中心）和专业性功能空间（专业中心）两类，其中综合中心主要有新城、城市新区等表现形式，专业中心则有产业型专业中心、居住型专业中心、生态型专业中心、基础设施型专业中心等；所有这些综合中心和专业中心通过交通网络联系起来并表现出一定的空间结构，按照各类中心布局方式的不同可以归纳为环形、轴向和散点3种方式。从转型期中国特大城市空间功能布局结构来看，大体可以归纳为以下几类：

1. 单综合中心＋环形专业中心（图5-1）

综合中心是在计划经济时期已经形成的旧城空间的基础之上升级改造并向外扩展演变而形成的；而各类专业中心则围绕综合中心环形或圈层状布局，按照与综合中心的距离又可分边缘布局型、近郊布局型和远郊布局型，如北京1990年代以来的城市专业中心主要向东、西北、西、南、东南方向扩展，沿城市环线布局了开发区、大型居住区等功能空间；成都以向四周蔓延式的空间增长方式为主，在郊区建设了一些卫星城镇，形成单中心＋环形卫星城的功能布局形式；此外，西安、沈阳等也属于这种空间功能结构类型。

2. 单综合中心＋轴向专业中心（图5-2）

综合中心在原有城市中心区的

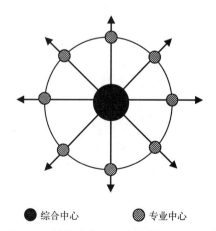

● 综合中心　　● 专业中心

图5-1　单综合中心＋环形专业中心结构
资料来源：作者自绘

基础上扩展形成，专业中心则沿城市空间增长轴呈轴向布局；按照轴线的数目和方向主要可以形成单一轴向结构和放射状结构。单一轴向结构如深圳以东西向轴线为城市空间增长轴，主要城市专业功能中心均布置在这一轴线上，呈现串珠状结构；其他的单一轴向结构的城市还有大连、青岛、兰州、抚顺、淮南等。放射状结构如石家庄 1990 年代以来的城市主要增长轴为东西向的石太铁路和南北向的京广铁路，主要的专业中心沿两条轴线布置，形成放射状结构，其他放射状结构的城市还有哈尔滨、西宁、淄博等。

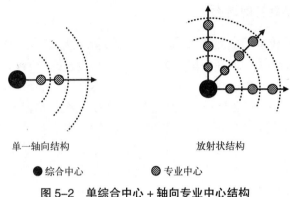

单一轴向结构   放射状结构

●综合中心   ◉专业中心

图 5-2　单综合中心 + 轴向专业中心结构
资料来源：作者自绘

3. 单综合中心 + 散点专业中心（图 5-3）

综合中心在原有城市中心区的基础上扩展形成，而专业中心则在城市外围呈散点状分布，如长沙 1990 年以前的城市空间的核心区是旧城区，外围散点状分布有河西、星马、捞霞、高星、暮云、含浦等多个专业性城市空间组团；厦门由本岛向岛外扩展，形成环海湾"一城多镇"的布局结构；其他的城市还有南昌、汕头等。

4. 连片式双综合中心 + 专业中心（图 5-4）

在原有城市中心区的基础上形成综合性城市中心，同时新建城市综合中心，且新城市综合中心位于与原城市中心相邻的位置，形成连片式的双综合中心结构；专业中心则围绕城市综合中心布置，如郑州市在原中心城区相邻的东部建设郑东新区，促使城市由单中心向双中心结构转变；苏州形成了城

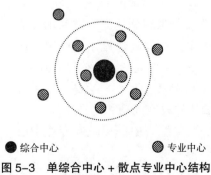

●综合中心   ◉专业中心

图 5-3　单综合中心 + 散点专业中心结构
资料来源：作者自绘

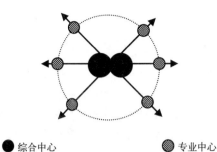

● 综合中心　　　　● 专业中心

图 5-4　连片式双综合中心 + 专业中心结构
资料来源：作者自绘

市旧城中心与苏州工业园相邻的双中心结构；长春形成了城市旧中心区与汽车产业开发区相邻的双中心结构等。

5.跳跃式双综合中心 + 专业中心（图 5-5）

新形成的综合性城市中心与原城市中心相距较远，在两个综合中心之间形成走廊式布局的专业性城市中心。如天津在滨海新区的开发带动下，形成了中心城区与滨海新区的双极核结构，两者之间建成以津滨高速、铁路、轻轨等为主的交通走廊，带动了城市空间沿交通走廊的布局形态；宁波在北仑港开发带动下形成了新的城市综合中心，与中心城区构成了双中心结构，并带动了两个中心之间沿线城镇的发展。

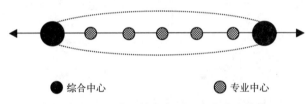

● 综合中心　　　　● 专业中心

图 5-5　跳跃式双综合中心 + 专业中心结构
资料来源：作者自绘

6. 多综合中心 + 专业中心（图 5-6）

形成多个片区级综合中心，各中心之间有一定功能分工，从而构成多综合中心的城市空间功能结构，如武汉由武昌、汉阳、汉口 3 镇组成的格局一直得到维持并加强，各城市中心组团之间具有一定的独立性同时也有紧密的联系，在空间上形成一个有机的整体；广州在原有的城市中心基础上向东形成了天河、黄埔、萝岗等功能组团，向南形成了番禺、南沙等功能组团，向北形成了白云、花都等功能组团，从而实现了由单中心向多中心结构的转变；其他多综合中心结构的城市还有杭州、重庆、上海等。

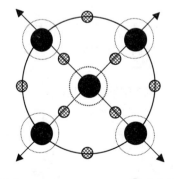

● 综合中心　　　　● 专业中心

图 5-6　多综合中心 + 专业中心结构
资料来源：作者自绘

5.1.2 城市空间结构的拓扑特征

根据城市内部空间的点、线、面状要素的相互关系，研究采用拓扑结构图示的方法对近 20 年来大城市空间结构进行分析，分析数据是 1990 年前后、2000 年前后及 2008 年前后的城市影像。在城市空间结构中主要的空间拓扑要素有点、轴线、带、面、联系线、线性障碍 6 种，研究将面积小于总面积 1/10 的空间作为点状要素，将长宽比大于 4∶1 的空间作为带状要素，将长宽比小于 4∶1 的大面积空间作为面状要素，将与面状空间相连的伸展空间作为轴线要素，将点、带、面状要素相互连接的通道作为联系线，将山脉、河流、海峡等对城市空间增长起阻碍作用的线性要素作为线性障碍；根据它们之间的相互关系可以形成 13 种结构关系（图 5-7）。

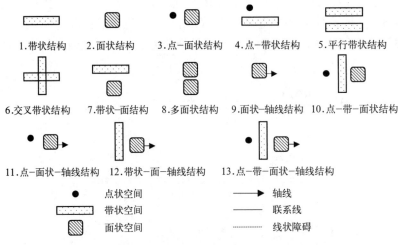

图 5-7 城市空间拓扑要素图示及其形成的结构类型

资料来源：作者自绘

采用上述方法将 3 个时间截面的中国大城市空间结构用拓扑结构图示表示出来，可进一步归纳中国大城市空间结构的主要类型（表 5-1）。

近20年来3个时间截面的中国大城市空间结构图示　　表5-1

城市	1990年前后	2000年前后	2008年前后
北京	面状结构	面状结构	面状结构

城市	1990年前后	2000年前后	2008年前后
西安	点—面状结构	点—面状结构	面状结构
成都	面状结构	面状结构	点—面状结构
苏州	点—面状结构	点—面状结构	面状—轴线结构
太原	点—带状结构	带状—面结构	面状结构
大同	面状结构	面状结构	多面状结构
鞍山	面状结构	面状—轴线结构	面状—轴线结构

城市	1990年前后	2000年前后	2008年前后
长春	 面状结构	 面状结构	 面状结构
洛阳	 带状结构	 点—带状结构	 面状结构
邯郸	 点—面状结构	 点—面状结构	 面状结构
沈阳	 面状结构	 点—面状结构	 面状结构
齐齐哈尔	 点—面状结构	 点—面状结构	 面状结构
南宁	 面状结构	 面状结构	 面状结构

城市	1990年前后	2000年前后	2008年前后
合肥	面状结构	面状结构	面状—轴线结构
昆明	面状结构	面状结构	面状结构
乌鲁木齐	带状结构	带状结构	带状—轴线结构
大连	带状结构	点—带状结构	带状结构
青岛	面状结构	点—面状结构	带状结构
海口	面状结构	带状结构	带状结构

城市	1990年前后	2000年前后	2008年前后
烟台	面状结构	点—带状结构	带状结构
深圳	点—带状结构	带状结构	带状结构
宁波	面状结构	面状结构	带状结构
兰州	点—带状结构	点—带状结构	带状结构
包头	点—面状结构	点—面状结构	带状结构
抚顺	带状结构	带状结构	带状结构

城市	1990年前后	2000年前后	2008年前后
淮南	面状结构	带状结构	带状结构
西宁	交叉带状结构	点—交叉带状结构	交叉带状结构
贵阳	面状结构	点—带状结构	点—带状结构
呼和浩特	带状结构	带状结构	带状结构
郑州	面状结构	面状结构	面状—轴线结构
哈尔滨	面状结构	面状—轴线结构	点—面状—轴线结构

城市	1990年前后	2000年前后	2008年前后
石家庄	带状结构	带状结构	交叉带状结构
济南	点—面状结构	点—面状结构	带状结构
淄博	多面状结构	点—带状结构	交叉带状结构
徐州	面状结构	带状结构	带状结构
无锡	面状结构	面状结构	面状—轴线结构
武汉	多面状结构	多面状结构	多面状结构

城市	1990年前后	2000年前后	2008年前后
广州	点—带—面状结构	带—面状结构	多面状结构
杭州	面状结构	多面状结构	多面状结构
福州	多面状结构	多面状结构	多面状结构
南京	多面状结构	多面状结构	多面状结构
重庆	带—面状结构		带—面状结构
吉林	平行带状结构	带—面状结构	带—面状结构

城市	1990年前后	2000年前后	2008年前后
上海	 带—面状结构	 带—面状结构	 多面状结构
长沙	 平行带状结构	 多面状结构	 多面状结构
南昌	 带—面状结构	 多面状结构	 多面状结构
厦门	 面状结构	 多面状结构	 多面状结构
汕头	 面状结构	 多面状结构	 多面状结构
天津	 面状结构		 多面状结构

城市	1990年前后	2000年前后	2008年前后
唐山	多面状结构	多面状结构	多面状结构
佛山	面状结构	点—面状结构	点—面状—轴线结构
东莞	面状结构	带状结构	带状—面结构

资料来源：作者整理

　　根据近 20 年来 3 个时间截面中国大城市空间的拓扑结构分析可以得出：①从各类空间拓扑结构类型来看，出现了 11 种类型的城市空间结构，其中 1990 年前后以面状结构最多，共 25 个城市为面状结构，约占一半；2000 年左右以带状结构、面状结构、点—面状结构和多面状结构较多，共 38 个，占 69.1%；2008 年前后以带状结构、面状结构、多面状结构较多，共 40 个，占 72.7%（表 5-2）。②从各类空间要素出现的频率来看，可以发现面状要素出现频率最高，为 53.55%，但其出现的频率呈下降趋势，由 1990 年的 20.38% 下降到 2008 年的 16.59%；带状空间出现的频率为 27.49%，呈上升趋势，由 1990 年的 6.64% 上升到 2008 年的 10.90%；点状空间出现的频率为 13.74%，呈下降趋势，由 1990 年的 4.74% 下降到 2008 年的 1.90%；轴线空间出现的频率最少，为 5.21%，呈上升趋势，由 1990 年的 0.00% 上升到 2008 年的 3.32%（表 5-3）。

近20年来3个时间截面城市空间拓扑结构类型分布　　　　表5-2

序号	结构类型	1990年前后（个）	2000年前后（个）	2008年前后（个）
1	带状结构	6	9	14

序号	结构类型	1990年前后（个）	2000年前后（个）	2008年前后（个）
2	面状结构	25	10	10
3	点—面状结构	6	9	1
4	点—带状结构	3	6	1
5	平行带状结构	2	1	0
6	交叉带状结构	1	1	3
7	带状—面结构	3	3	3
8	多面状结构	5	9	13
9	面状—轴线结构	0	2	5
10	点—带—面状结构	1	0	0
11	点—面状—轴线结构	0	0	2
合计		52	50	52

资料来源：作者整理

各类空间拓扑要素出现次数与频率　　　　　　　　表5-3

	1990年前后		2000年前后		2008年前后		合计	
	次数	频率（%）	次数	频率（%）	次数	频率（%）	次数	频率（%）
点状空间	10	4.74	15	7.11	4	1.90	29	13.74
带状空间	14	6.64	21	9.95	21	10.90	56	27.49
面状空间	40	20.38	33	16.59	34	16.59	107	53.55
轴线空间	0	0.00	2	1.90	7	3.32	9	5.21

资料来源：作者整理

5.1.3　城市空间结构类型

在城市空间结构的功能布局中，综合性的城市功能空间一般表现为面状空间或者带状空间，当城市空间向四周呈均匀扩张时表现为面状空间，当城市空间沿固定方向扩张时表现为带状空间；专业性的城市功能空间或新的城市空间生长点一般表现为点状空间。通过前文对近20年来中国城市空间增长的新型空间要素的分析，1990～2000年以点状空间为表现形式的空间要素主要是产业性空间或居住新城等；2000年后以点状空间为表现形式的空间要素则主要为综合性城市新区等新的城市空间生长点或专门

性城市公共空间。据此按照空间要素的主次关系及其结构表现形式将上述
城市空间的拓扑结构类型转化为按功能要素表现形式的城市空间结构类
型，其对应关系为（表5-4）。

城市空间拓扑结构与城市空间要素结构对应关系　　　表5-4

空间拓扑结构	城市空间结构
带状结构	带状结构
面状结构	单中心团块状结构
点—面状结构	主城+卫星城结构
点—带状结构	带状结构
	主城+卫星城结构
平行带状结构	单中心团块状结构
交叉带状结构	放射状结构
带状—面结构	带状结构
	单中心团块状结构
多面状结构	多中心组团结构
	多中心组团结构
	单中心团块状结构
面状—轴线结构	带状结构
	放射状结构
点—带—面状结构	带状结构
	主城+卫星城结构
点—面状—轴线结构	主城+卫星城结构
	放射状结构

资料来源：作者整理

经过变换后，近20年来3个时间截面中国大城市空间结构1990年以
单中心团块状结构的城市最多，为28个，占54.5%；其次是带状结构的城
市，为12个；到2008年前后单中心团块状结构的城市有所减少，带状结构、
多中心组团状结构的城市增多并占大部分（表5-5、表5-6）。

近20年来3个时间截面的城市空间结构   表5-5

城市	1990年前后	2000年前后	2008年前后
北京	单中心团块状结构	单中心团块状结构	单中心团块状结构
西安	主城+卫星城结构	主城+卫星城结构	单中心团块状结构
成都	单中心团块状结构	单中心团块状结构	主城+卫星城结构
苏州	单中心团块状结构	单中心团块状结构	单中心团块状结构
太原	带状结构	带状结构	单中心团块状结构
大同	单中心团块状结构	单中心团块状结构	多中心组团状结构
鞍山	单中心团块状结构	单中心团块状结构	放射状结构
长春	单中心团块状结构	单中心团块状结构	单中心团块状结构
洛阳	带状结构	主城+卫星城结构	单中心团块状结构
邯郸	主城+卫星城结构	主城+卫星城结构	单中心团块状结构
沈阳	单中心团块状结构	主城+卫星城结构	单中心团块状结构
齐齐哈尔	主城+卫星城结构	主城+卫星城结构	单中心团块状结构
南宁	单中心团块状结构	单中心团块状结构	单中心团块状结构
合肥	单中心团块状结构	单中心团块状结构	放射状结构
昆明	单中心团块状结构	单中心团块状结构	单中心团块状结构
乌鲁木齐	带状结构	带状结构	带状结构
大连	带状结构	主城+卫星城结构	带状结构
青岛	单中心团块状结构	主城+卫星城结构	带状结构
海口	单中心团块状结构	带状结构	带状结构
烟台	单中心团块状结构	主城+卫星城结构	带状结构
深圳	主城+卫星城结构	带状结构	带状结构
宁波	单中心团块状结构	单中心团块状结构	带状结构
兰州	主城+卫星城结构	主城+卫星城结构	带状结构
包头	主城+卫星城结构	主城+卫星城结构	带状结构
抚顺	带状结构	带状结构	带状结构

城市	1990年前后	2000年前后	2008年前后
淮南	单中心团块状结构	带状结构	带状结构
西宁	放射状结构	放射状结构	放射状结构
贵阳	单中心团块状结构	主城+卫星城结构	主城+卫星城结构
呼和浩特	带状结构	带状结构	带状结构
郑州	单中心团块状结构	单中心团块状结构	放射状结构
哈尔滨	单中心团块状结构	放射状结构	放射状结构
石家庄	带状结构	带状结构	放射状结构
济南	主城+卫星城结构	主城+卫星城结构	带状结构
淄博	多中心组团状结构	带状结构	放射状结构
徐州	单中心团块状结构	带状结构	带状结构
无锡	单中心团块状结构	单中心团块状结构	带状结构
武汉	多中心组团状结构	多中心组团状结构	多中心组团状结构
广州	带状结构	单中心团块状结构	多中心组团状结构
杭州	单中心团块状结构	多中心组团状结构	多中心组团状结构
福州	多中心组团状结构	多中心组团状结构	多中心组团状结构
南京	多中心组团状结构	多中心组团状结构	多中心组团状结构
重庆	多中心组团状结构		多中心组团状结构
吉林	带状结构	多中心组团状结构	多中心组团状结构
上海	单中心团块状结构	多中心组团状结构	多中心组团状结构
长沙	带状结构	多中心组团状结构	多中心组团状结构
南昌	单中心团块状结构	多中心组团状结构	多中心组团状结构
厦门	单中心团块状结构	多中心组团状结构	多中心组团状结构
汕头	单中心团块状结构	多中心组团状结构	多中心组团状结构
天津	单中心团块状结构		多中心组团状结构
唐山	多中心组团状结构	多中心组团状结构	多中心组团状结构

城市	1990年前后	2000年前后	2008年前后
佛山	单中心团块状结构	主城+卫星城结构	放射状结构
东莞	单中心团块状结构	带状结构	多中心组团状结构

资料来源：作者整理

城市空间结构类型的数量分布 表5-6

	1990年前后	2000年前后	2008年前后
单中心团块状结构	28	13	11
带状结构	10	11	16
多中心组团状结构	6	11	16
放射状结构	1	2	8
主城+卫星城结构	7	13	2
合计	52	50	52

资料来源：作者整理

5.2 转型期中国特大城市空间结构演变

5.2.1 城市空间结构类型演变

通过以上对近 20 年来 3 个时间截面上中国大城市空间结构的分析，可以得出以下结论：1990～2000 年有 22 个城市的空间结构发生了变化，其余 28 个城市在这期间空间结构没有发生变化（重庆、天津因 2000 年缺少数据没有进行分析）；22 个空间结构发生变化的城市共形成了 9 种演变形式：①单中心团块状结构→带状结构（4 个）、②单中心团块状结构→多中心组团状结构（5 个）、③单中心团块状结构→放射状结构（1 个）、④单中心团块状结构→主城＋卫星城结构（5 个）、⑤带状结构→单中心团块状结构（1 个）、⑥带状结构→多中心组团状结构（2 个）、⑦带状结构→主城＋卫星城结构（2 个）、⑧多中心组团状结构→带状结构（1 个）、⑨带状结构→主城＋卫星城结构（1 个）（图 5-8）。期间城市空间结构没有变化的 28 个城市中，单中心团块状结构的城市有 12 个，带状结构的城市有 5 个，多中心组团状结构的城市有 4 个，放射状结构的城市 1 个，主城＋卫星城结构的城市 6 个。

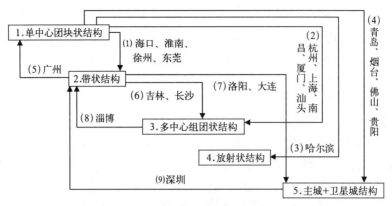

图 5-8　1990～2000 年中国大城市空间结构演变
资料来源：作者自绘

2000～2008 年有 24 个城市空间结构发生了变化，其余 26 个城市没有发生变化（重庆、天津因 2000 年缺少数据没有进行分析）；24 个空间结构发生变化的城市共形成了 10 种演变形式：①单中心团块状结构→带状结构（2 个）、②单中心团块状结构→多中心组团状结构（2 个）、③单中心团块状结构→放射状状结构（3 个）、④单中心团块状结构→主城＋卫星城结构（1 个）、⑤带状结构→单中心团块状结构（1 个）、⑥带状结构→多中心组团状结构（1 个）、⑦带状结构→放射状结构（2 个）、⑧主城＋卫星城结构→单中心团块状结构（5 个）、⑨主城＋卫星城结构→带状结构（6 个）、⑩主城＋卫星城结构→放射状结构（1 个）（图 5-9）。期间城市空间结构没有变化的 26 个城市中，单中心团块状结构的城市有 5 个，带状结构的城市有 7 个，多中心组团状结构的城市有 11 个，放射状结构的城市 2 个，主城＋卫星城结构的城市 1 个。

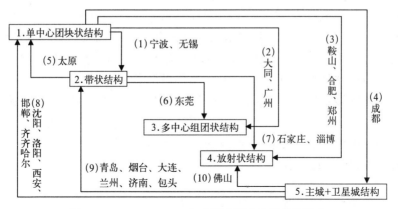

图 5-9　2000～2008 年中国大城市空间结构演变
资料来源：作者自绘

从整体上看，1990～2008年共有36个城市的空间结构发生了变化，其余16个城市的空间结构没有发生变化；36个空间结构发生变化的城市共形成了10种演变形式：①单中心团块状结构→带状结构（8个）、②单中心团块状结构→多中心组团状结构（8个）、③单中心团块状结构→放射状结构（5个）、④单中心团块状结构→主城＋卫星城结构（2个）、⑤带状结构→单中心团块状结构（2个）、⑥带状结构→多中心组团状结构（3个）、⑦带状结构→放射状结构（1个）、⑧多中心组团状结构→放射状结构（1个）、⑨主城＋卫星城结构→单中心团块状结构（3个）、⑩主城＋卫星城结构→带状结构（4个）（图5-10）。期间城市空间结构没有变化的16个城市中，单中心团块状结构的城市有6个，带状结构的城市有4个，多中心组团状结构的城市有5个，放射状结构的城市1个。

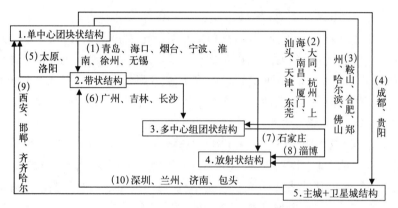

图5-10　1990～2008年中国大城市空间结构演变

资料来源：作者自绘

从城市空间结构发生变化起始结构来看，单中心团块状结构的城市发生结构变化的城市有22个，带状结构的城市有6个，多中心组团状结构的城市有1个，主城＋卫星城结构的城市有7个；从城市空间结构发展演变的方向来看，单中心团块状结构的城市有5个，带状结构的城市有11个，多中心组团状结构的城市有11个，放射状结构的城市有7个，主城＋卫星城结构的城市有2个。由此可见，近20年来中国大城市空间结构发生变化的主要是单中心团块状结构的城市，演变的主要方向是由单中心团块状结构向带状、多中心组团状结构转变，在结构发生改变的城市中这两类城市所占的比例最大。

5.2.2　城市空间结构演变方式

从以上中国城市空间结构演变过程来看，主要的演变方式包括（图

5-11)：①蔓延式增长，在原有城市空间的基础之上呈无序蔓延状态，空间结构未发生变化的 16 个城市主要采取这种增长方式；②定向式增长，城市空间沿特定方向发展，城市空间结构一般以带状、放射状结构为方向，主要出现在上述空间结构演变的（1）、（3）、（7）、（8）过程中；③跳跃式增长，城市空间在原有空间之外发展形成新的城市空间，城市空间结构一般以多中心组团状、主城＋卫星城结构为方向，主要出现在上述空间结构演变的（2）、（4）、（6）过程中；④填充式增长，在原有分离的城市空间之间填充使其连为整体，城市空间结构一般以单中心团块状结构、带状结构为方向，主要出现在上述空间结构演变的（5）、（9）、（10）过程中。

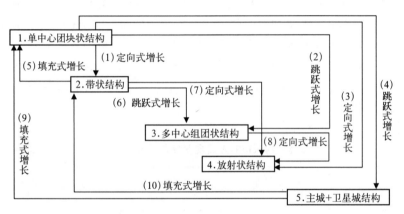

图 5-11　城市空间结构的主要演变方式
资料来源：作者自绘

5.3　转型期中国特大城市空间结构的分布特征

5.3.1　地域分布特征

从各种城市空间结构类型的地域分布上来看，1990 年单中心团块状结构城市主要为地区性中心，分布均匀，大多数省会城市属于单中心团块状结构。带状结构城市主要包括 3 类：一般沿交通线分布，如石家庄、洛阳；沿江沿海城市，如吉林沿松花江布局、长沙沿湘江发展、大连沿海岸发展；资源型城市，如太原、抚顺等。其余类型城市空间结构的城市分布较为均匀。

2008 年单中心团块状结构城市迅速减少，由 1990 年的 28 个降为 11 个，主要集中分布在平原地区，如华北、东北的平原地区。带状结构的城市迅速增多，增多的城市主要有两种，一种是沿海港湾的城市，如烟台、青岛、宁波、深圳等；另一种是西北部山川河谷地带的城市，如兰州、包头、呼和浩特、乌鲁木齐等。多种组团状结构的城市也迅速增多，主要有两种，一种是分为沿江河湾地区的城市，其中沿长江流域的城市最多，如南京、长沙、南昌、杭州等；另一种是河流入海口地区的城市，如厦门、汕头、福州、上海等。放射状结构的城市主要为交通枢纽型城市，如石家庄、淄博、郑州、合肥等。

5.3.2 规模分布特征

从人口规模上看，多中心组团状结构城市的平均人口规模最大，其次是单中心团块状结构的城市，带状结构的城市人口规模最小。其中人口规模小于 100 万人的城市在 1990 年以单中心团块状结构为主，到 2008 年则以带状结构为主，表明期间由单中心团块状结构向带状结构转变的城市以人口规模小于 150 万人的城市为主；人口规模大于 400 万人的城市在 1990年全部为单中心团块状结构，到 2008 年则以多中心组团状结构为主，表明人口规模大于 400 万人的城市在近 20 年来主要向多中心组团状结构转变（表5-7）。

各类结构城市的人口规模分布（单位：万人） 表5-7

结构类型		单中心团块状结构	带状结构	多中心组团状结构	放射状结构	主城+卫星城结构
1990年	平均人口	190.37	161.96	205.84	63.87	142.27
	<100万	6	1	0	1	2
	100-150	12	5	3		2
	150-200	2	2			2
	200-400	5	2	3		1
	>400	3				
2008年	平均人口	272.08	183.45	369.09	217.09	280.84
	100-150	4	6	4	2	
	150-200	2	3	4	2	1
	200-400	3	4	1	4	
	>400	2	2	7		1

资料来源：作者整理

从城市建成区面积看，同样反映出多中心组团状结构是规模最大的城市空间结构类型，而带状结构的建成区规模是最小的。其中建成区面积大于 200km² 的城市在 1990 年以单中心团块状结构和带状结构为主，2008 年则以多中心组团状结构和带状结构为主（表 5-8）。

各类结构城市的建成区面级规模分布（单位：km²） 表5-8

结构类型		单中心团块状结构	带状结构	多中心组团状结构	放射状结构	主城+卫星城结构
1990年	平均面积	104.07	118.90	112.00	52.00	117.57
	<100	21	4	2	1	2
	100-200	4	4	3		5
	>200	3	2	1		
2008年	平均面积	334.09	217.06	375.00	226.88	284.00
	<100		2	2	1	
	100-200	4	5	5	2	1
	>200	7	8	9	5	1

资料来源：作者整理

从结构变化情况看，结构不变的城市中多中心组团状结构的城市人口规模最大，其次为单中心团块状结构，带状结构较小，放射状结构最小（只有西宁 1 个城市），表明结构稳定的城市以多中心组团状结构和单中心团块状结构为主。结构变化的城市按 1990 年结构看，带状结构和单中心团块状结构的城市人口规模最大，多中心组团状结构人口规模最小，表明人口规模大的带状结构城市和人口规模小的多中心组团状结构城市容易发生结构变化。按 2008 年结构看，以多中心组团状结构和主城＋卫星城结构人口规模最大，带状结构人口规模最小；表明人口规模大的城市倾向于向多中心组团状结构和主城＋卫星城结构方向发展（表 5-9）。从建成区面积的规模来看也可以得出同样的结论（表 5-10）。

城市空间结构动态演变的人口规模结构（单位：万人） 表5-9

结构类型	结构不变的城市		结构变化城市1990年结构		结构变化城市2008年结构	
	1990年	2008年	1990年	2008年	1990年	2008年
单中心团块状结构	273.20	344.98	169.66	267.12	157.75	184.59

结构类型	结构不变的城市		结构变化城市1990年结构		结构变化城市2008年结构	
	1990年	2008年	1990年	2008年	1990年	2008年
带状结构	136.37	163.05	179.02	258.68	101.68	189.27
多中心组团状结构	253.01	384.48	87.92	129.02	244.26	362.09
放射状结构	63.87	97.48	—	—	151.19	234.18
主城+卫星城结构	—	—	142.27	219.39	180.03	280.84

资料来源：作者整理

城市空间结构动态演变的建成区面积规模结构（单位：km^2）　　表5-10

结构类型	结构不变的城市		结构变化城市1990年结构		结构变化城市2008年结构	
	1990年	2008年	1990年	2008年	1990年	2008年
单中心团块状结构	164.83	463.50	88.88	247.38	111.60	178.80
带状结构	113.00	209.75	122.83	316.33	74.00	219.14
多中心组团状结构	128.60	430.20	70.50	162.00	128.82	349.91
放射状结构	52.00	66.00	—	—	92.29	249.86
主城+卫星城结构	—	—	117.57	281.29	88.50	284.00

资料来源：作者整理

5.3.3 产业结构特征

从产业结构看，结构不变的城市第三产业比重一般较高，其中以第三产业为主的城市占该类型城市的 64.29%；表明结构相对稳定的城市往往以第三产业为主导。结构发生变化的城市按 1990 年结构看，单中心团块状结构城市和多中心组团状结构城市的第一产业产值偏高，其比重超过 2% 的城市数量占总数的 50% 以上；单中心团块状结构城市的第二产业较高，其比重超过 50% 的城市数量占总数的 66.67%；带状结构和主城 + 卫星城结构的城市第三产业较高，其比重超过 50% 的城市数量分别占总数的 66.67% 和 85.71%。这表明第二产业较发达的单中心团块状结构城市及第三产业较发达的带状结构和主城 + 卫星城结构较容易发生空间结构的变化。按 2008 年结构看，带状结构和主城 + 卫星城结构的城市第一产业产值偏高，其比重超过 2% 的城市数量占总数的 50% 以上；多中心组团状结构和放射状结构城市第二产业产值较高，其比重超过 50% 的城市数量分别占总数的

63.64% 和 57.14%；单中心团块状结构城市第三产业产值较高，其比重超过 50% 的城市数量占总数的 60%。这表明第二产业较发达的城市倾向于向多中心组团状结构或放射状结构转变，第三产业较发达的城市倾向于向单中心团块状结构转变（表 5-11、表 5-12）。

城市空间结构动态演变中各城市2008年产业结构　　表5-11

类型	城市	第一产业	第二产业	第三产业	城市	第一产业	第二产业	第三产业
0	北京	0.88	25.53	73.6	呼和浩特	1.88	29.31	68.81
	长春	1.54	57.98	40.48	乌鲁木齐	1.35	41.96	56.7
	昆明	1.64	40.46	57.9	福州	0.89	41.74	57.38
	南宁	7.64	34.47	57.88	南京	1.87	46.35	51.78
	沈阳	1.82	49.77	48.41	唐山	4.79	58.71	36.5
	苏州	0.82	56.53	42.65	武汉	0.84	45.61	53.55
	大连	3.2	50.19	46.62	重庆	7.25	49.29	43.46
	抚顺	2.32	60.56	37.12	西宁	0.9	43.87	55.23
-1	海口	7.08	25.56	67.35	南昌	1	55.02	43.98
	淮南	6.8	58.76	34.44	汕头	5.21	54.46	40.33
	宁波	1.74	53.33	44.92	上海	0.69	45.48	53.82
	青岛	0.78	50.34	48.88	天津	1.36	60.49	38.15
	无锡	0.85	53.92	45.23	厦门	1.38	52.44	46.18
	徐州	1.4	58.15	40.45	鞍山	0.36	58.92	40.72
	烟台	3.38	59.43	37.19	佛山	2.2	65.6	32.2
	大同	2.25	53.88	43.87	哈尔滨	6.97	40.04	52.99
	东莞	0.33	52.78	46.89	合肥	0.66	50.5	48.84
	杭州	2.17	47.28	50.55	郑州	0.87	35.55	63.58
	贵阳	2.99	43.02	54	成都	2.4	46.02	51.58

类型	城市	第一产业	第二产业	第三产业	城市	第一产业	第二产业	第三产业
-2	洛阳	1.62	51.91	46.47	广州	1.52	37.16	61.32
	太原	0.42	48	51.58	吉林	4.54	52.76	42.7
	长沙	1.19	44.04	54.77	石家庄	0.63	36.24	63.13
-3	淄博	2.21	64.43	33.36				
-5	邯郸	0.86	64.94	34.2	济南	2.57	40.61	56.81
	齐齐哈尔	4.38	43.68	51.94	兰州	1.43	46.52	52.05
	西安	3.09	43.57	53.34	深圳	0.09	48.88	51.04
	包头	1.13	48.77	50.1				
+1	洛阳	1.62	51.91	46.47	齐齐哈尔	4.38	43.68	51.94
	太原	0.42	48	51.58	西安	3.09	43.57	53.34
	邯郸	0.86	64.94	34.2				
+2	海口	7.08	25.56	67.35	烟台	3.38	59.43	37.19
	淮南	6.8	58.76	34.44	包头	1.13	48.77	50.1
	宁波	1.74	53.33	44.92	济南	2.57	40.61	56.81
	青岛	0.78	50.34	48.88	兰州	1.43	46.52	52.05
	无锡	0.85	53.92	45.23	深圳	0.09	48.88	51.04
	徐州	1.4	58.15	40.45				
+3	大同	2.25	53.88	43.87	天津	1.36	60.49	38.15
	东莞	0.33	52.78	46.89	厦门	1.38	52.44	46.18
	杭州	2.17	47.28	50.55	长沙	1.19	44.04	54.77
	南昌	1	55.02	43.98	广州	1.52	37.16	61.32
	汕头	5.21	54.46	40.33	吉林	4.54	52.76	42.7
	上海	0.69	45.48	53.82				

128

类型	城市	第一产业	第二产业	第三产业	城市	第一产业	第二产业	第三产业
+4	鞍山	0.36	58.92	40.72	郑州	0.87	35.55	63.58
	佛山	2.2	65.6	32.2	石家庄	0.63	36.24	63.13
	哈尔滨	6.97	40.04	52.99	淄博	2.21	64.43	33.36
	合肥	0.66	50.5	48.84				
+5	成都	2.4	46.02	51.58	贵阳	2.99	43.02	54

注："0"代表结构不变的城市，"-"代表结构变化城市1990年的结构类型，"+"代表结构变化城市2008年的结构类型，"1"代表单中心团块状结构，"2"代表带状结构，"3"代表多中心组团状结构，"4"代表放射状结构，"5"代表主城+卫星城结构。

数据来源：2009年中国城市统计年鉴

各种结构变化类型产业结构的城市数量与比例分布　　表5-12

结构变化类型	第一产业>2%		第二产业>50%		第三产业>50%		总数
	个数（个）	比例（%）	个数（个）	比例（%）	个数（个）	比例（%）	
0	5	31.25%	6	37.50%	9	56.25%	16
-1	10	45.45%	15	68.18%	7	31.82%	22
-2	1	16.67%	2	33.33%	4	66.67%	6
-3	1	100.00%	1	100.00%	0	0.00%	1
-5	3	42.86%	1	14.29%	6	85.71%	7
+1	2	40.00%	2	40.00%	3	60.00%	5
+2	4	36.36%	6	54.55%	5	45.45%	11
+3	4	36.36%	7	63.64%	4	36.36%	11
+4	3	42.86%	4	57.14%	3	42.86%	7
+5	2	100.00%	1	50.00%	1	50.00%	2

资料来源：作者整理

5.4 小结

通过上述对近 20 年来中国大城市空间结构的研究分析，可以得出以下几点结论 [220]：①中国大城市空间结构可以归纳为 5 种主要的类型：单中心团块状结构、带状结构、多中心组团状结构、放射状结构和主城＋卫星城结构，1990 年大多数为单中心团块状结构，2008 年则大多数为多中心组团状结构和带状结构；② 1990～2008 年期间城市空间结构主要有 10 种演变形式，并由蔓延式、定向式、跳跃式、填充式 4 种空间增长方式作用；③在地域分布上各种结构的城市出现一定的分异规律；④城市规模上，多中心组团状结构和单中心团块状结构为相对稳定的结构类型，带状结构较少出现规模等级高的城市，规模等级高的城市倾向于向多中心组团状结构和主城＋卫星城结构发展；⑤第二产业较发达的城市倾向于向多中心组团状结构或放射状结构转变，第三产业较发达的城市倾向于向单中心团块状结构转变。

第6章 转型期中国特大城市空间形态演变特征

在前文对近 20 年来中国大城市空间结构的分析基础之上，本章将从外围空间形态的角度来考察城市空间增长特征，重点考察城市空间在形状、紧凑度及破碎度三个方面的特征。

6.1 转型期中国特大城市空间形状指数分析

对城市空间形状的描述一般采用形状指数的计量方法，为了方便进行比较研究，这里选择形状率、圆形率、伸延率 3 个形状指数来分析近 20 年来中国大城市空间形状上的特征。各类指数的计算方法如下：

1. 形状率的计算公式为：形状率 $=A/L^2$，其中 A 为区域面积，L 为区域最长轴长度；正方形区域形状率为 1/2，圆形区域为 $\pi/4$；带状区域小于 $\pi/4$，形状率越小，带状特征越明显。

2. 圆形率的计算公式为：圆形率 $=4A/P^2$，其中 A 为区域面积，P 为区域周长；圆形区域为 $1/\pi$，正方形区域为 1/4；数值越小，离散程度越高，带状区域小于 1/4。

3. 伸延率的计算公式为：伸延率 $=L/L'$，其中 L 为最长轴长度，L' 为最短轴长度，圆形区域为 1，正方形区域为 $\sqrt{2}$，数值越大，离散程度越高，带状特征越明显。

6.1.1 1990 年形状指数分析

通过计算可以得出 1990 年各形状指数的情况，并按照形状指数所反映的城市空间形状对其进行排序，排序越前的越接近正方形、圆形，团块状结构越明显；排序越后的越接近带形结构。从结果中可以看出，1990 年城市形状团块状结构最明显的城市是苏州、郑州、包头、成都等；带状结构最明显的城市是深圳、抚顺、广州、兰州等（表 6-1）。从地域分布上来看，华北地区城市形状指数排序靠前，团块状特征较明显，而西北地区、南方地区城市形状指数排序靠后，带状特征较明显。

1990年中国特大城市空间形状指数排序

表6-1

城市	形状率		圆形率		伸延率		综合排序
	数值	排序	数值	排序	数值	排序	
苏州	0.656	3	0.096	14	0.926	1	1
郑州	0.554	6	0.162	5	1.374	7	2
包头	0.683	2	0.113	10	1.456	10	3
成都	0.441	18	0.260	1	1.488	11	4
南昌	0.438	19	0.096	15	1.005	2	5
汕头	0.611	4	0.061	27	1.329	6	6
邯郸	0.477	10	0.063	26	1.169	4	7
济南	0.519	8	0.079	22	1.531	12	8
淮南	0.444	17	0.198	2	1.899	25	9
鞍山	0.371	27	0.097	13	1.256	5	10
长春	0.454	15	0.115	9	1.857	22	11
宁波	0.480	9	0.049	33	1.551	13	12
哈尔滨	0.420	21	0.092	17	1.692	17	13
北京	0.352	30	0.101	11	1.679	16	14
上海	0.446	16	0.060	28	1.671	15	15
淄博	0.692	1	0.003	52	1.390	9	16
徐州	0.392	24	0.052	31	1.378	8	17
贵阳	0.363	28	0.147	7	1.956	28	18
厦门	0.551	7	0.036	42	1.851	21	19
昆明	0.312	37	0.196	3	1.989	30	20
佛山	0.475	11	0.045	36	1.890	24	21
齐齐哈尔	0.343	32	0.083	20	1.773	20	22
东莞	0.340	33	0.147	8	2.140	33	23
烟台	0.472	12	0.056	29	2.213	34	24
太原	0.267	42	0.098	12	1.883	23	25
沈阳	0.382	26	0.070	23	1.964	29	26
大同	0.274	40	0.177	4	2.216	35	27

城市	形状率		圆形率		伸延率		综合排序
	数值	排序	数值	排序	数值	排序	
合肥	0.323	36	0.047	34	1.555	14	28
南京	0.556	5	0.037	41	2.550	38	29
海口	0.427	20	0.082	21	3.466	44	30
石家庄	0.270	41	0.158	6	2.770	41	31
武汉	0.255	43	0.034	44	1.035	3	32
天津	0.455	14	0.025	49	1.933	27	33
青岛	0.325	35	0.093	16	2.724	40	34
杭州	0.395	23	0.035	43	1.909	26	35
长沙	0.467	13	0.026	47	2.430	37	36
洛阳	0.301	38	0.086	18	2.886	42	37
呼和浩特	0.297	39	0.052	30	1.990	31	38
南宁	0.349	31	0.017	51	1.762	19	39
福州	0.384	25	0.044	37	2.717	39	40
无锡	0.404	22	0.026	48	2.099	32	41
重庆	0.353	29	0.038	40	2.396	36	42
西宁	0.337	34	0.064	25	5.840	46	43
乌鲁木齐	0.211	45	0.083	19	6.204	47	44
唐山	0.080	50	0.030	45	1.703	18	45
吉林	0.097	48	0.065	24	6.825	48	46
西安	0.244	44	0.046	35	3.033	43	47
大连	0.183	46	0.041	39	7.389	50	48
抚顺	0.089	49	0.041	38	7.071	49	49
深圳	0.065	52	0.051	32	8.610	52	50
广州	0.113	47	0.025	50	5.562	45	51
兰州	0.075	51	0.030	46	8.350	51	52

资料来源：作者整理

城市空间形状与城市空间结构关系密切，根据前文对1990年中国大城市空间结构的分析结果，可以计算出各种结构类型的平均形状指数，可以得出，单中心团块状结构城市形状率、圆形率指数最高，伸延率指数最低，表明单中心团块状结构城市的空间紧凑程度最高；带状结构和放射状结构形状率、圆形率指数最低，伸延率指数最高，表明带状结构和放射状结构城市的空间离散程度最高（表6-2）。

1990年不同类型城市空间结构的平均形状指数　　　　表6-2

结构类型	形状率	圆形率	伸延率
单中心团块状结构	0.421	0.093	1.843
带状结构	0.230	0.067	4.501
多中心组团状结构	0.364	0.035	2.370
放射状结构	0.337	0.064	5.840
主城+卫星城结构	0.344	0.067	3.703

资料来源：作者整理

6.1.2　2008年形状指数分析

2008年各城市形状指数综合排序中最靠前的城市有大同、昆明、沈阳、鞍山等，最靠后的城市有大连、抚顺、青岛等。相比1990年排序靠前的城市仍然主要集中在华北地区，同时东北地区城市排序也比较靠前；排序靠后的城市除西北部城市之外，沿海城市的形状指数排序也较后（表6-3）。

2008年中国特大城市空间形状指数排序　　　　表6-3

城市	形状率		圆形率		伸延率		综合排序
	数值	排序	数值	排序	数值	排序	
大同	0.497	3	0.069	10	1.037	1	1
昆明	0.500	2	0.080	6	1.208	10	2
沈阳	0.529	1	0.078	8	1.394	17	3
鞍山	0.379	12	0.072	9	1.128	6	4
长春	0.415	10	0.086	5	1.291	13	5
北京	0.454	5	0.067	11	1.474	20	6

城市	形状率		圆形率		伸延率		综合排序
	数值	排序	数值	排序	数值	排序	
西安	0.485	4	0.041	20	1.300	14	7
石家庄	0.305	27	0.105	1	1.268	12	8
齐齐哈尔	0.419	9	0.059	13	1.483	23	9
哈尔滨	0.337	20	0.034	23	1.044	3	10
太原	0.437	6	0.060	12	1.675	28	11
郑州	0.409	11	0.078	7	1.863	32	12
上海	0.425	7	0.041	19	1.574	25	13
海口	0.364	13	0.097	2	2.491	36	14
邯郸	0.420	8	0.049	16	1.754	31	15
东莞	0.337	19	0.050	15	1.732	29	16
济南	0.335	21	0.096	3	2.876	39	17
呼和浩特	0.328	22	0.042	17	1.745	30	18
淮南	0.315	24	0.090	4	3.158	41	19
无锡	0.347	14	0.023	29	1.669	27	20
南京	0.289	30	0.017	40	1.038	2	21
乌鲁木齐	0.346	16	0.042	18	2.862	38	22
南昌	0.315	25	0.012	44	1.081	4	23
洛阳	0.346	15	0.011	50	1.152	8	24
唐山	0.153	42	0.056	14	1.404	18	25
武汉	0.244	33	0.018	37	1.116	5	26
长沙	0.344	18	0.023	27	2.024	33	27
厦门	0.280	31	0.015	42	1.177	9	28
合肥	0.345	17	0.019	36	2.220	34	29
吉林	0.267	32	0.039	21	2.221	35	30
广州	0.207	36	0.012	46	1.134	7	31
汕头	0.325	23	0.012	45	1.478	21	32

城市	形状率		圆形率		伸延率		综合排序
	数值	排序	数值	排序	数值	排序	
苏州	0.301	28	0.011	49	1.329	15	33
南宁	0.298	29	0.012	47	1.359	16	34
成都	0.172	40	0.021	31	1.479	22	35
徐州	0.313	26	0.015	41	1.630	26	36
杭州	0.192	39	0.011	48	1.239	11	37
贵阳	0.242	34	0.037	22	3.862	44	38
天津	0.209	35	0.023	28	3.214	42	39
佛山	0.202	37	0.011	51	1.483	24	40
宁波	0.198	38	0.021	33	3.577	43	41
淄博	0.130	47	0.003	52	1.434	19	42
重庆	0.131	46	0.019	34	2.990	40	43
包头	0.076	51	0.030	25	4.607	46	44
兰州	0.105	49	0.030	24	5.596	49	45
烟台	0.110	48	0.023	30	4.207	45	46
福州	0.138	44	0.014	43	2.699	37	47
深圳	0.087	50	0.025	26	6.690	50	48
西宁	0.150	43	0.021	32	11.661	52	49
大连	0.160	41	0.017	39	5.214	48	50
抚顺	0.134	45	0.019	35	7.820	51	51
青岛	0.069	52	0.017	38	5.056	47	52

资料来源：作者整理

从不同结构类型城市的平均形状指数看，单中心团块状结构的城市形状率、圆形率仍然最高，伸延率仍然最低；而带状结构城市的形状率和圆形率较低，延伸率则较高；此外，多中心组团状结构城市的形状率偏低且延伸率也偏低；各种结构类型的形状指数数值差异较 1990 年低，表明各类城市在形状上的差异趋于缓和（表 6-4）。

结构类型	形状率	圆形率	伸延率
单中心团块状结构	0.419	0.050	1.402
带状结构	0.215	0.037	3.924
多中心组团状结构	0.272	0.027	1.697
放射状结构	0.282	0.043	2.763
主城+卫星城结构	0.207	0.029	2.670

资料来源：作者整理

6.1.3　近20年来的形状指数变化分析

对比 1990 年与 2008 年各形状指数的变化可以发现，形状率、圆形率指数下降的城市各有 33 个和 46 个，分别占总量的 63.46% 和 88.46%，表明大部分城市的带状特征日益明显，团块状特征逐渐下降。从形状指数的变化情况来看，沿海地区城市出现向带状城市特征变化的趋势，其形状指数综合排序大部分呈下降变化；内陆地区城市有向块状城市特征变化的趋势，其形状指数综合排序大部分呈上升变化。各种类型城市空间结构的平均形状指数均出现下降的变化趋势，这反映了城市形状上的离散程度上升；而长短轴相比的延伸率下降则表明从整体上的看城市形状则趋向正方形形状（表 6-5）。

1990～2008年各类城市空间结构的平均形状指数变化　　　表6-5

结构类型	形状率	圆形率	伸延率
单中心团块状结构	− 0.002	− 0.043	− 0.441
带状结构	− 0.015	− 0.03	− 0.577
多中心组团状结构	− 0.092	− 0.008	− 0.673
放射状结构	− 0.055	− 0.021	− 3.077
主城+卫星城结构	− 0.137	− 0.038	− 1.033

资料来源：作者整理

6.2 转型期中国特大城市空间紧凑度分析

对于城市空间紧凑度，选用了面积—周长紧凑度、面积—轴线紧凑度、城市用地分散系数和城市用地紧凑度 4 个指标来度量。各类指标的计算方法如下：

1. 面积—周长紧凑度（下称紧凑度 1），其计算公式为：紧凑度 $= 2\sqrt{\pi A}/P$，其中 A 为区域面积，P 为区域周长；圆形区域为 1，正方形区域为 $\sqrt{\pi}/2$，数值越小，离散程度越高。

2. 面积—轴线紧凑度（下称紧凑度 2），其计算公式为：紧凑度 $=1.273A/L^2$，其中 A 为区域面积，L 为最长轴长度，其数值越小，离散程度越高。

3. 城市分散系数，计算公式为：城市分散系数 = 建成区范围面积 / 建成区用地面积。

4. 城市紧凑度，计算公式为：城市紧凑度 = 市区连片部分用地面积 / 建成区用地面积。

6.2.1 1990 年紧凑度指数分析

通过计算可以得出，1990 年各城市紧凑度指数情况，按照空间紧凑程度进行综合排序，可以发现包头、烟台、淄博、苏州等城市 1990 年的城市空间紧凑度较高，武汉、唐山、抚顺等城市的城市空间紧凑度较低（表6-6）。在地域分布上东部沿海城市紧凑程度较高，中、西部地区城市紧凑程度较低。

1990年中国特大城市空间紧凑度指数排序　　　　表6-6

城市	紧凑度1		紧凑度2		城市分散系数		城市紧凑度		综合排序
	数值	排序	数值	排序	数值	排序	数值	排序	
包头	0.597	10	0.870	2	2.403	7	0.791	6	1
烟台	0.419	29	0.601	12	3.133	4	0.793	7	2
淄博	0.103	52	1.286	1	6.809	1	0.330	1	3
苏州	0.550	14	0.835	3	1.743	18	0.928	20	4
厦门	0.335	42	0.702	7	2.598	6	0.709	5	5
汕头	0.437	27	0.778	4	1.647	21	0.842	13	6

城市	紧凑度1		紧凑度2		城市分散系数		城市紧凑度		综合排序
	数值	排序	数值	排序	数值	排序	数值	排序	
长沙	0.284	47	0.594	13	2.352	8	0.800	8	7
济南	0.497	22	0.661	8	1.459	29	0.908	17	8
佛山	0.378	36	0.605	11	1.442	32	0.820	10	9
南京	0.342	41	0.708	5	1.671	20	0.947	23	10
邯郸	0.446	26	0.607	10	1.390	36	0.918	18	11
郑州	0.714	5	0.706	6	1.204	45	1.000	34	12
上海	0.433	28	0.568	16	1.410	34	0.868	16	13
福州	0.372	37	0.488	25	1.694	19	0.851	14	14
齐齐哈尔	0.511	20	0.436	32	1.482	28	0.857	15	15
洛阳	0.519	18	0.383	38	1.957	15	0.959	24	16
大连	0.360	39	0.233	46	5.019	3	0.805	9	17
深圳	0.401	32	0.083	52	2.051	12	0.587	2	18
北京	0.565	11	0.448	30	1.447	31	0.973	26	19
成都	0.904	1	0.562	18	1.047	51	1.000	28	20
淮南	0.789	2	0.565	17	1.181	47	1.000	32	21
长春	0.600	9	0.578	15	1.311	41	1.000	37	22
南昌	0.550	15	0.557	19	1.519	26	1.000	44	23
兰州	0.305	46	0.095	51	2.727	5	0.694	3	24
杭州	0.332	43	0.503	23	1.990	14	0.968	25	25
沈阳	0.469	23	0.486	26	1.408	35	0.945	22	26
南宁	0.234	51	0.445	31	2.035	13	0.841	12	27
太原	0.554	12	0.340	42	1.221	44	0.838	11	28
海口	0.508	21	0.544	20	1.549	24	1.000	46	29
合肥	0.383	34	0.411	36	1.915	16	0.984	27	30
贵阳	0.679	7	0.462	28	1.338	39	1.000	39	31
哈尔滨	0.537	17	0.534	21	1.263	42	1.000	36	32

城市	紧凑度1		紧凑度2		城市分散系数		城市紧凑度		综合排序
	数值	排序	数值	排序	数值	排序	数值	排序	
昆明	0.786	3	0.398	37	1.248	43	1.000	35	33
天津	0.282	49	0.579	14	1.046	52	0.708	4	34
鞍山	0.551	13	0.472	27	1.184	46	1.000	33	35
东莞	0.678	8	0.432	33	1.323	40	1.000	38	36
宁波	0.392	33	0.611	9	1.135	50	1.000	29	37
大同	0.746	4	0.349	40	1.145	49	1.000	30	38
西宁	0.450	25	0.429	34	1.827	17	1.000	49	39
石家庄	0.704	6	0.343	41	1.152	48	1.000	31	40
青岛	0.539	16	0.414	35	1.421	33	1.000	42	41
广州	0.281	50	0.144	47	2.065	11	0.924	19	42
西安	0.382	35	0.311	44	1.489	27	0.938	21	43
吉林	0.452	24	0.124	48	2.168	10	1.000	50	44
徐州	0.405	31	0.499	24	1.357	37	1.000	41	45
乌鲁木齐	0.512	19	0.269	45	1.575	23	1.000	47	46
无锡	0.283	48	0.515	22	1.532	25	1.000	45	47
重庆	0.345	40	0.449	29	1.457	30	1.000	43	48
呼和浩特	0.405	30	0.378	39	1.354	38	1.000	40	49
武汉	0.328	44	0.325	43	2.177	9	1.000	51	50
唐山	0.305	45	0.102	50	5.165	2	1.000	52	51
抚顺	0.360	38	0.113	49	1.588	22	1.000	48	52

资料来源：作者整理

　　从 1990 年不同类型空间结构城市的平均紧凑度指数来看，单中心团块状结构城市紧凑度最高，其次为多中心组团状结构的城市，紧凑度指数最低的为带状结构的城市；而城市紧凑度反应的是用地的完整性，从这方面来看则表明单中心团块状结构和带状结构城市用地的完整性较高，组团状城市和主城＋卫星城结构城市的用地完整性较差（表 6-7）。

1990年不同类型城市空间结构的平均紧凑度指数　　　表6-7

1990年不同类型城市空间结构的平均紧凑度指数　　　表6-7

结构类型	紧凑度1	紧凑度2	城市分散系数	城市紧凑度
单中心团块状结构	0.513	0.536	1.524	0.946
带状结构	0.443	0.292	2.045	0.933
多中心组团状结构	0.318	0.521	2.957	0.869
放射状结构	0.450	0.429	1.827	1.000
主城+卫星城结构	0.448	0.437	1.857	0.813

资料来源：作者整理

6.2.2　2008年紧凑度指数分析

　　2008 年紧凑度指数的结果反映了紧凑度程度最高的城市为昆明、沈阳、海口、太原等，最低的城市为广州、福州、佛山、杭州、淄博等（表6-8）。从地域分布上看，与 1990 年差别不大，紧凑程度较高的城市主要集中在北方地区的城市，紧凑程度较低的城市主要分布在南方地区和西北地区。

2008年中国特大城市空间紧凑度指数排序　　　表6-8

城市	紧凑度1		紧凑度2		城市分散系数		城市紧凑度		综合排序
	数值	排序	数值	排序	数值	排序	数值	排序	
昆明	0.502	6	0.636	2	1.260	3	1.000	19	1
沈阳	0.494	8	0.674	1	1.179	1	1.000	21	2
海口	0.552	2	0.464	13	1.277	4	1.000	18	3
太原	0.432	12	0.557	6	1.313	6	1.000	16	4
郑州	0.495	7	0.521	11	1.386	9	1.000	13	5
齐齐哈尔	0.430	13	0.534	9	1.296	5	1.000	17	6
邯郸	0.391	16	0.534	8	1.224	2	1.000	20	7
济南	0.549	3	0.426	21	1.395	11	1.000	12	8
鞍山	0.476	9	0.482	12	1.623	21	1.000	7	9
淮南	0.531	4	0.402	24	1.349	8	1.000	14	10
上海	0.358	19	0.542	7	1.446	14	1.000	10	11
长春	0.519	5	0.529	10	1.435	13	0.980	23	12

城市	紧凑度1		紧凑度2		城市分散系数		城市紧凑度		综合排序
	数值	排序	数值	排序	数值	排序	数值	排序	
呼和浩特	0.364	17	0.417	22	1.316	7	1.000	15	13
乌鲁木齐	0.362	18	0.440	16	1.554	18	1.000	9	14
北京	0.458	11	0.578	5	1.534	17	0.940	30	15
东莞	0.396	15	0.429	19	1.643	23	1.000	6	16
无锡	0.267	29	0.442	14	1.565	19	1.000	8	17
大同	0.464	10	0.632	3	1.387	10	0.804	48	18
石家庄	0.576	1	0.388	27	1.502	16	0.954	27	19
西安	0.357	20	0.617	4	1.599	20	0.918	34	20
吉林	0.350	21	0.340	32	1.730	25	1.000	5	21
徐州	0.218	41	0.398	26	1.635	22	2.312	1	22
宁波	0.256	33	0.252	38	1.427	12	1.000	11	23
长沙	0.270	27	0.438	18	1.771	27	0.964	24	24
哈尔滨	0.329	23	0.429	20	1.843	29	0.895	37	25
唐山	0.421	14	0.195	42	3.070	50	1.000	3	26
天津	0.268	28	0.266	35	1.498	15	0.910	36	27
合肥	0.242	36	0.439	17	2.058	39	0.962	25	28
青岛	0.232	38	0.088	52	2.002	32	1.000	4	29
西宁	0.259	32	0.191	43	3.756	52	1.000	2	30
洛阳	0.187	50	0.441	15	1.867	30	0.911	35	31
贵阳	0.340	22	0.308	34	1.843	28	0.808	47	32
深圳	0.278	26	0.111	50	1.676	24	0.919	33	33
苏州	0.187	49	0.383	28	1.902	31	0.960	26	34
南昌	0.194	44	0.401	25	2.040	37	0.936	32	35
南宁	0.191	47	0.379	29	2.019	33	0.939	31	36
包头	0.306	25	0.097	51	2.031	36	0.952	28	37
大连	0.231	39	0.204	41	2.056	38	0.980	22	38
厦门	0.218	42	0.356	31	2.204	42	0.943	29	39

城市	紧凑度1		紧凑度2		城市分散系数		城市紧凑度		综合排序
	数值	排序	数值	排序	数值	排序	数值	排序	
兰州	0.306	24	0.134	49	1.760	26	0.810	46	40
武汉	0.235	37	0.311	33	2.223	43	0.889	38	41
汕头	0.194	45	0.414	23	2.026	35	0.774	50	42
抚顺	0.245	35	0.170	45	2.019	34	0.884	40	43
南京	0.230	40	0.367	30	2.148	40	0.521	52	44
成都	0.259	31	0.219	40	2.984	49	0.852	42	45
烟台	0.267	30	0.140	48	2.562	47	0.855	41	46
重庆	0.247	34	0.167	46	2.636	48	0.886	39	47
广州	0.193	46	0.264	36	2.480	46	0.848	43	48
福州	0.207	43	0.176	44	2.366	45	0.822	44	49
佛山	0.183	51	0.257	37	2.192	41	0.546	51	50
杭州	0.189	48	0.245	39	2.356	44	0.779	49	51
淄博	0.097	52	0.166	47	3.669	51	0.815	45	52

资料来源：作者整理

从 2008 年不同类型空间结构城市的平均紧凑度指数来看，单中心团块状结构城市紧凑度最高，其次为多中心组团状结构和放射状结构的城市，紧凑度指数最低的为带状结构和主城＋卫星城结构的城市；而城市紧凑度则反映了单中心团块状结构和带状结构城市用地的完整性较高，主城＋卫星城结构城市的用地完整性较差（表6-9）。

2008年不同类型城市空间结构的平均紧凑度指数　　表6-9

结构类型	紧凑度1	紧凑度2	城市分散系数	城市紧凑度
单中心团块状结构	0.377	0.533	1.512	0.968
带状结构	0.326	0.273	1.733	1.033
多中心组团状结构	0.277	0.346	2.064	0.880
放射状结构	0.332	0.359	2.254	0.897
主城+卫星城结构	0.300	0.264	2.413	0.830

资料来源：作者整理

6.2.3 近20年来的紧凑度指数变化分析

从 1990～2008 年城市紧凑度指数的变化情况来看，除兰州、沈阳、海口、济南、唐山外其他所有城市的紧凑度指数呈下降变化，这表明期间城市空间形态呈分散化发展。从地域分布上看，南方城市向分散化程度变化的幅度较大，紧凑度排序呈下降变化；而北方城市分散化程度变化幅度较小，其紧凑度排序呈上升变化。不同结构类型的城市平均紧凑度也出现下降的变化，其中多中心组团状结构和主城＋卫星城结构的城市紧凑度下降幅度最大（表6-10）。

1990～2008年不同类型城市空间结构的平均紧凑度指数变化 表6-10

结构类型	紧凑度1	紧凑度2	城市分散系数	城市紧凑度
单中心团块状结构	－0.136	－0.003	－0.013	0.022
带状结构	－0.117	－0.019	－0.312	0.100
多中心组团状结构	－0.040	－0.175	－0.893	0.011
放射状结构	－0.117	－0.070	0.427	－0.103
主城+卫星城结构	－0.149	－0.174	0.556	0.017

资料来源：作者整理

6.3 转型期中国特大城市空间破碎度分析

分形理论可以用于研究城市空间破碎程度，这里选择基于面积—周长关系的分形维数来研究城市的空间破碎度。其计算方法是采用格网法，用不同大小的正方形格网覆盖城市平面图形，正方形格网不同长度 r 对应覆盖有城市轮廓边界线的不同格网数目 N（r）和覆盖图形区域的不同格网数目 M（r）。根据分形理论得出：$\ln N(r) = C + \dfrac{D}{2}\ln M(r)$，其中 D 为城市平面轮廓图形的维数。分形维越高，城市边界线的复杂程度越大、内部空隙越多，破碎程度越大；分形维越小，城市边界线的复杂程度越小、内部空隙越少，破碎程度越小。

6.3.1 1990 年空间破碎度分析

通过计算 1990 年城市空间的分形维数，按照破碎程度由小到大进行排序，可以得出排序最前的几个城市是太原、深圳、淮南、鞍山、抚顺等，表明这些城市的空间完整性较好；排序最后的几个城市是佛山、兰州、西安、徐州、淄博等，表明这几个城市的空间破碎程度较大（表6-11）。从地域分布上看，空间完整性较强的城市主要为分布中部地区的城市，空间破碎程度较大的城市则在东部沿海地区分布较多。

1990年中国特大城市空间分形维数   表6-11

城市	分形维数	排序	城市	分形维数	排序	城市	分形维数	排序
太原	0.9988	1	贵阳	1.0008	19	重庆	1.0023	37
深圳	0.9998	2	齐齐哈尔	1.0009	20	海口	1.0023	38
淮南	0.9998	3	呼和浩特	1.0010	21	唐山	1.0024	39
鞍山	1.0000	4	包头	1.0011	22	青岛	1.0024	40
抚顺	1.0000	5	邯郸	1.0012	23	沈阳	1.0024	41
宁波	1.0004	6	东莞	1.0013	24	南宁	1.0031	42
吉林	1.0004	7	大连	1.0015	25	合肥	1.0031	43
西宁	1.0004	8	长沙	1.0015	26	杭州	1.0040	44
石家庄	1.0005	9	武汉	1.0016	27	广州	1.0046	45
乌鲁木齐	1.0005	10	福州	1.0018	28	苏州	1.0054	46
济南	1.0005	11	天津	1.0018	29	长春	1.0060	47
洛阳	1.0006	12	汕头	1.0019	30	佛山	1.0071	48
成都	1.0006	13	烟台	1.0019	31	兰州	1.0071	49
大同	1.0006	14	南昌	1.0019	32	西安	1.0086	50
昆明	1.0007	15	无锡	1.0021	33	徐州	1.0088	51
北京	1.0007	16	南京	1.0022	34	淄博	1.0280	52
郑州	1.0008	17	哈尔滨	1.0022	35			
上海	1.0008	18	厦门	1.0023	36			

资料来源：作者整理

从各种城市空间结构类型城市分形维数来看，单中心团块状结构和带状结构城市的平均分形维数最小，为1.0020，这表明这两类城市的空间完整性较好；其次为放射状结构和多中心组团状结构的城市，分别为1.0022和1.0025；主城＋卫星城结构的城市分形维数最大，为1.0049，表明这类城市的空间破碎度最大。

6.3.2 2008年空间破碎度分析

从2008年城市空间的分形维数由小到大的排序中可以得出，排序前几位的城市为石家庄、鞍山、淮南、大同、北京等，表明其城市空间完整性较强；排序最后几位的城市为洛阳、淄博、东莞、徐州、成都等，表明其城市空间破碎程度较大（表6-12）。从地域分布上看，与1990年具有相似的规律，中、西部地区城市空间完整性较强，东部沿海地区城市空间破碎程度较大。

2008年中国特大城市空间分形维数　　　　　表6-12

城市	分形维数	排序	城市	分形维数	排序	城市	分形维数	排序
石家庄	0.9990	1	西安	1.0024	19	南京	1.0057	37
鞍山	0.9996	2	包头	1.0025	20	合肥	1.0064	38
淮南	0.9999	3	沈阳	1.0025	21	厦门	1.0068	39
大同	1.0002	4	重庆	1.0026	22	武汉	1.0068	40
北京	1.0003	5	无锡	1.0027	23	福州	1.0071	41
烟台	1.0004	6	昆明	1.0027	24	南昌	1.0080	42
邯郸	1.0006	7	郑州	1.0030	25	哈尔滨	1.0092	43
海口	1.0012	8	唐山	1.0031	26	苏州	1.0094	44
济南	1.0013	9	乌鲁木齐	1.0033	27	汕头	1.0098	45
呼和浩特	1.0016	10	西宁	1.0034	28	杭州	1.0110	46
吉林	1.0017	11	长沙	1.0039	29	佛山	1.0114	47
贵阳	1.0019	12	南宁	1.0040	30	洛阳	1.0117	48
太原	1.0020	13	长春	1.0042	31	淄博	1.0148	49
宁波	1.0020	14	青岛	1.0043	32	东莞	1.0165	50
上海	1.0021	15	齐齐哈尔	1.0044	33	徐州	1.0172	51
抚顺	1.0022	16	广州	1.0046	34	成都	1.0556	52
天津	1.0022	17	大连	1.0054	35			

资料来源：作者整理

从各种城市空间结构类型的城市空间分形维数来看，最小的是带状结构的城市为1.0034，其次为单中心团块状结构的城市为1.0040，多中心组团状结构的城市为1.0058，放射状结构的城市为1.0059，最大的是主城＋卫星城结构的城市为1.0287。由此可见空间完整性较强的城市主要为带状结构和单中心团块状结构城市，而主城＋卫星城结构城市的空间破碎程度较大。

6.3.3 近20年来空间破碎度变化分析

1990～2008年期间，中国城市的平均分形维数呈上升趋势，其中以主城＋卫星城结构的城市上升幅度最大为0.0238；其次为放射状结构和多中心组团状结构的城市，上升幅度分别为0.0036和0.0033；上升幅度较小的是单中心团块状结构和带状结构的城市，上升幅度分别为0.0020和0.0014。这表明1990～2008年期间中国大城市的空间破碎程度在不断上升，其中主城＋卫星城结构的城市破碎程度数值增加的最多（表6-13）。

1990～2008不同类型城市的平均分形维数变化　　　　表6-13

结构类型	1990年	2008年	2008年比1990年增加
单中心团块状结构	1.0020	1.0040	0.0020
带状结构	1.0020	1.0034	0.0014
多中心组团状结构	1.0025	1.0058	0.0033
放射状结构	1.0022	1.0059	0.0036
主城+卫星城结构	1.0049	1.0287	0.0238

资料来源：作者整理

6.4　小结

通过上述对近20年来中国大城市空间形态特征的分析研究，可以得出以下主要结论[221]：①形状率、圆形率指数不断下降，城市的带状特征日益明显，团块状特征逐渐下降；②各类结构城市的形状指数之间相差幅度不断减小，城市空间形状的差异性减小；③城市空间紧凑度不断下降，向分散化方向发展，其中多中心组团状结构和主城＋卫星城结构的城市的分散化程度最大；④城市空间分形维数不断上升，空间破碎化程度加大，其中主城＋卫星城结构的城市破碎程度数值增加的最多。

第7章 转型期中国特大城市空间增长基本模式

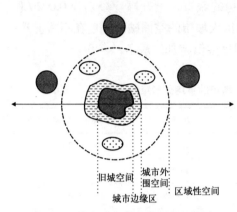

图7-1 特大城市基本空间部位划分
资料来源：作者自绘

从上述城市空间增长的要素、结构、形态特征研究可以发现，近20年来中国大城市空间增长按区位和形成方式来划分，主要可以分为旧城空间、城市边缘区、城市外围空间、区域性空间4大部分，其中旧城空间是在1990年以前计划经济模式下形成的城市空间部分，城市边缘区是1990年以来近20年间在旧城空间基础之上呈连片状发展形成的空间部分，城市外围空间是在远离城市建成区的地区新建设形成的空间部分，区域性空间是城市行政界线之外与相邻城市或区域城市群之间产生的空间联系部分（图7-1）。

从主导功能、增长形式以及行动主体3个方面来看近20年来的中国城市空间增长，不同空间部位的城市空间有不同的表现方式，旧城空间以商业、办公、居住为主导开发功能，空间表现形式为就地更新，行动主体主要包括政府、开发商和市民等；城市边缘区以居住、生态、工业为主导开发功能，空间表现形式为连续蔓延式增长，行动主体主要包括开发商、集体和个人等；城市外围空间以工业、综合性新城、基础设施为主导开发功能，空间表现形式为跳跃式增长，行动主体主要包括政府和企业等；城市区域性空间以基础设施为主导开发功能，空间表现形式为延伸式增长，行动主体主要是政府（表7-1）。

1990年代以来中国城市空间增长方式　　　　　　表7-1

空间部位	主导功能	主要增长形式	主要行动主体
旧城空间	商业、办公、居住	就地更新	政府、开发商、市民
城市边缘区	居住、生态、工业	连续蔓延	开发商、集体、个人
城市外围空间	工业、综合性新城、基础设施	跳跃式	政府、企业
城市区域性空间	基础设施	延伸式	政府

资料来源：作者整理

7.1 旧城空间

7.1.1 以商业—办公—居住为主导开发功能

计划经济时期的中国城市内部空间功能布局相对混杂，大量工业用地布局在内城区范围内，生产、生活一体的单位大院大量存在。1990 年代以来，随着城市土地使用市场化机制的建立并逐步完善，城市用地布局受土地价格等市场性因素的影响越来越大，内城空间的功能分化日益明显，工业被逐渐置换出来，转为以商业、办公和居住开发为主（图 7-2）。

从广州等城市近 20 年来前后土地利用现状图的比较中，可以发现工业、仓储用地越来越少，而行政办公、居住、商业用地的数量却越来越多；这表明期间的旧城空间用地功能在不断转换，由计划经济下混杂的布局模式向市场经济下日益分化的功能布局模式转变（图 7-3、图 7-4、图 7-5）。

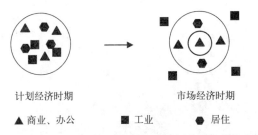

计划经济时期　　　　　市场经济时期

▲ 商业、办公　　　■ 工业　　　⬢ 居住

图 7-2　计划经济时期与市场经济转型期内城空间功能布局演变
资料来源：作者自绘

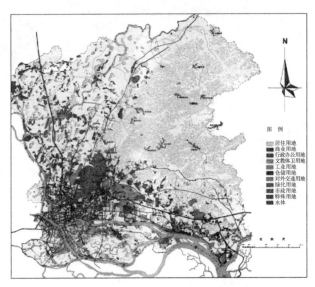

图 7-3　1991 年广州市中心城区土地利用现状图
资料来源：广州市城市规划编制研究中心

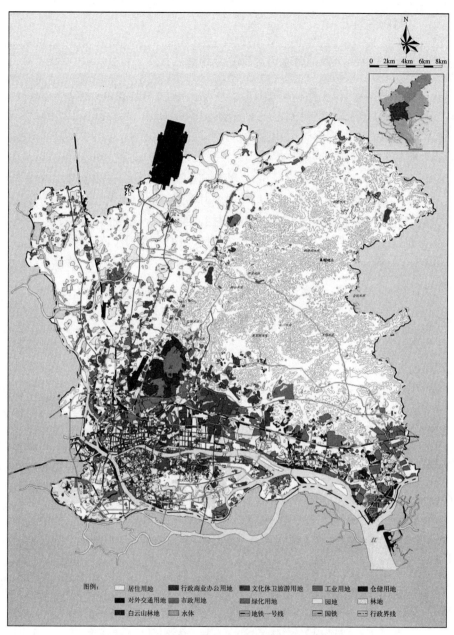

图例：

居住用地	行政商业办公用地	文化体卫旅游用地	工业用地	仓储用地
对外交通用地	市政用地	绿化用地	园地	林地
白云山林地	水体	地铁一号线	国铁	行政界线

图7-4 2001年广州市中心城区土地利用现状图

资料来源：广州市城市总体规划（2001—2010）

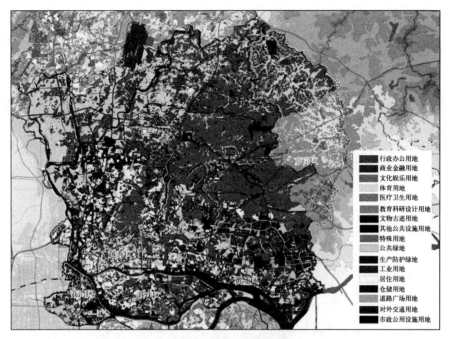

图 7-5 2007 年广州市中心城区土地利用现状图
资料来源：广州城市总体规划（2010—2020）

以 2007 年广州市区土地利用现状情况为例，可以分析出旧城空间用地结构的分化。首先确定城市用地中心点，采用指标法（城市发展指数），反映城市中某一具体空间位置的城市化程度，用以确定城市用地中心的空间位置，其计算公式为：

$$U = \sum k_i \left(S_i \Big/ S \right)$$

其中 U 为城市发展指数，S_i 是空间中第 i 种城市土地利用类型斑块的面积，k_i 是该种城市土地利用类型的权重值，$S_总$ 为研究区总面积。城市土地利用类型的权重值参考《广州市国有土地使用权基准地价》的土地使用价格，本研究将城市用地类型分为 5 个级别赋予权重（表 7-2）。

土地类型权重   表7-2

用地类型	权重	用地类型	权重	用地类型	权重
商业用地	5	交通运输用地	3	行政用地	1
住宅用地	4	公园绿地	2	体育用地	1
工矿仓储用地	3	文教用地	1	卫生用地	1

资料来源：熊黑钢.邹桂.崔建勇，2010

确定中心点之后，以中心点为圆心，每隔 1 000m 画同心圆，并对各圈层内土地利用结构进行分析得到圈层空间结构特征（图 7-6）。通过计算确定 2007 年广州城市用地中心点位置后进行用地圈层结构分析，从结果中可以看出由中心点出发主要可以划分 5 个圈层：距离 1 ～ 8km 为第一圈层，距离 9 ～ 14km 为第二圈层，距离 15 ～ 23km 为第三圈层，距离 24 ～ 40km 为第四圈层，距离 41 ～ 66km 为第五圈层（图 7-7）。

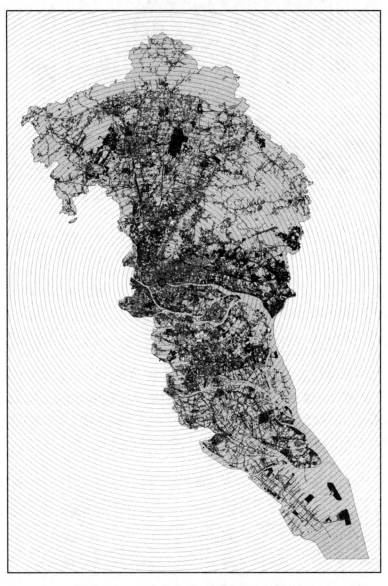

图 7-6　2007 年广州城市用地中心位置

资料来源：作者自绘

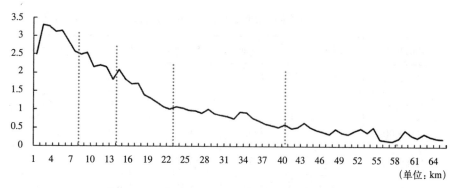

图 7-7 距离中心点不同距离城市发展指数变化
资料来源：作者自绘

通过计算各圈层城市用地在市区范围内的区位商可以看出，行政办公用地和商业用地区位商在第一、第二圈层处于较高水平，居住用地在第一、第二、第三圈层处于较高水平，工业用地在第三、第四圈层处于较高水平；可见城市用地在中心点以外呈圈层状分布的特征较为明显，而其中旧城空间的用地结构以行政办公、商业和居住用地为主（表7-3、表7-4）。

2007年广州市各类城市用地的圈层分布（单位：公顷）　　表7-3

用地类型	第一圈层	第二圈层	第三圈层	第四圈层	第五圈层
行政办公用地	392.1	238.9	253.9	398.9	147.5
商业用地	1 334.8	1 100.2	1 137.4	1 418.4	448.1
公共设施用地	1 600.9	2 217.5	2 081.7	1 742.9	440.5
特殊用地	409	608.5	512.9	793.5	61.9
绿地	1 153.6	1 696.1	1 612.4	2 236.4	547
道路广场用地	1 752.4	1 380.5	2 322.2	4 054.2	1 384.5
市政设施用地	403.5	464.4	681.1	1 094.2	188.3
居住用地	5 698.3	5714	8 734.4	1 6494.3	5 239.7
仓储用地	434.8	432	921.2	959.7	186.7
工业用地	1 908.3	3 224.3	7 872.8	1 3554	2 187.5
对外交通用地	461	909.8	1 601.4	3 783.1	401.9
水域及其他用地	3 692.7	10 376.3	33 855.3	116 059.7	61 969.8
合计	19 241.4	28 362.5	61 586.7	162 589.3	73 203.4

资料来源：作者整理

用地类型	1~8km	9~14km	15~23km	24~40km	41~66km
行政办公用地	5.17	2.14	1.05	0.62	0.51
商业用地	4.64	2.60	1.24	0.58	0.41
公共设施用地	3.75	3.53	1.52	0.48	0.27
特殊用地	3.24	3.27	1.27	0.74	0.13
绿地	3.02	3.01	1.32	0.69	0.38
道路广场用地	3.01	1.61	1.25	0.82	0.63
市政设施用地	2.70	2.10	1.42	0.86	0.33
仓储用地	2.69	1.81	1.78	0.70	0.30
居住用地	2.55	1.73	1.22	0.87	0.62
工业用地	1.22	1.39	1.57	1.42	0.37
对外交通用地	1.19	1.60	1.29	1.16	0.27
水域及其他用地	0.29	0.55	0.82	1.07	1.27

资料来源：作者整理

7.1.2　就地分化式的空间增长形式

旧城空间的增长形式主要为就地更新式，是在原有空间范围内进行功能转换、升级改造，在旧城更新改造的实践中主要有4种模式：

1. 商业、办公用途改造模式，将旧街区、旧厂房改造为商住楼宇、酒店、酒吧街、专业市场等，大都采取在原有建筑基础之上改建的方式，如上海"新天地"于1999年开始改造，改造后成为集餐饮、娱乐、购物和旅游、文化等功能于一体的城市功能区；佛山祖庙东华里改造后成为佛山岭南天地，城市标志和集文化、旅游、商业、居住于一体的综合性街区；顺德大良红岗社区、陈村锦龙工业区和潭州工业区等旧厂房改造项目。

2. 居住用途改造模式，将旧厂房拆除之后改造建设为居住小区，此类改造的旧厂房一般比较破旧且为无污染型轻工业厂房，以拆建方式为主，如广州市海珠区1990年代"退二进三，腾笼换鸟"工程，广州市海珠区在1990年代大量企业破产倒闭或转产搬迁，而此时随着房地产业的快速发展，大量工业用地向居住、科教、商业、服务业用地转变置换。据统计，

1996～2000年间工业用地置换面积达203.32hm²，大部分置换为商品住宅用地。1990年海珠区工业用地面积10.4km²，占城区面积的31.47%；到2007年这一比例下降到19.86%，而居住用地则上升到36.89%。

3.文化创意用途改造模式，结合旧厂房自身的特色，吸收各种文化创意元素，将其改造成为工业设计园、艺术创作室等，多为改建方式，如北京798工厂改造、佛山1506创意产业园、番禺MOCA·创意城、顺德北滘村等改造项目。

4.公共设施用途改造模式，改造为公共绿地、公共活动中心等城市公共设施，以收购、收回方式为主，如成都东郊历史博物馆、南海里水镇河村小公园等。其中，商业、居住用途的改造占大部分。

总的来说，近20年来中国大城市旧城空间增长的主要目标是提高城市形象、改善人居环境、增强城市竞争力。在这种目标导向下，出现了产业结构不断升级的现象，主要向办公、服务业、都市型工业等方向转变；用地结构则向商业、办公、居住等功能方向转变，同时公园、绿地、医疗、卫生、教育、文化、体育等其他公共配套设施也不断得到完善；人口结构向以高智力、高收入为主的高级人才方向转变。就地更新式的增长体现在功能的提升和景观的美化两个方面，其中更新是功能的提升，伴随产业结构升级而进行，由原来低标准的城市功能配套向高标准的城市功能配套转变（图7-8）；同时，城市更新还使原来破烂的危旧房得到改建或重建，从而改变原来的城市景观面貌，提升环境质量（图7-9）。

7.1.3 以政府—开发商—市民为主要行动主体

内城空间的更新改造主要是政府、开发商和市民三者利益的平衡（图7-10）[127]，从更新改造主体角度出发，旧城更新改造有政府主导、开发商主导、市民主导3种。

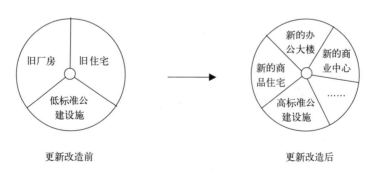

图7-8 旧城空间更新改造前后功能比较
资料来源：作者自绘

155

图 7-9 旧城空间更新改造后的广州荔枝湾区段
资料来源：作者自摄

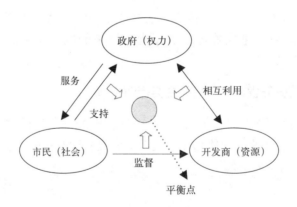

图 7-10 旧城更新中行动主体的利用平衡关系
资料来源：张京祥，2007

1. 政府主导的模式

主要以历史文化保护性改造和成片更新改造为主，政府在改造过程中起到统揽全局、完善法规、制订计划、总体规划和宏观调控的作用，由专门成立的政府法定机构或者代表政府的国有企业进行管理运作，如浙江绍兴、山西平遥、西安大明宫遗址及周边区域的改造等。这种改造模式的优点是有利于协调政府、企业和居民等利益主体的关系、经济效益和社会效益的关系、近期目标和长远目标的关系，有利于推动改造中涉及的拆迁和补偿工作，便于利用政府资信为改造项目融资。缺点是政府既是社会公共管理主体，又是旧城改造开发主体，容易带来政企不分的弊端；政府集管理主体、开发主体和融资主体于一身，对政府的决策能力和经营运作能力要求很高，而政府在这方面存在较多的不足。

2. 开发商主导的模式

它是1990年代初随着市场经济体制的形成和城市住房制度改革深化而出现的旧城改造模式，具有改造速度快、社会影响大但缺乏对历史文化风貌的保护力度等的特点，适用于没有地上和地下文物、不涉及历史风貌保护的改造地区，如北京牛街开发。该模式中，政府采取"招、拍、挂"等方式供应土地，获得土地出让金，除了正常房地产开发手续后，政府不干预开发商的改造开发工作。其优点是改造速度快，短期经济效益好，政府投入少且有可观收益；缺点是开发商为了获取巨额利润，在改造中不可避免地出现强制拆迁、突破控制性详细规划、置城市规划和社会效益于不顾等问题，可能破坏地下文物、城市肌理和历史文脉。

3. 市民主导的改造模式

该模式大多是传统民居保护区改造，适用于有较为完善的市政基础设施、房屋产权明确、居民拥有产权、有明确的发展规划、历史文物保护要求不高的地区；一般发生在私人房产改造过程中，经规划部门批准，由房主出资出力对住房进行维修、养护、局部改建或翻新等，如国子监地区、西城小茶叶胡同等。这种模式是一种小规模的渐进式改造，能够有效地发挥居民的积极性，保护改造地区传统的人文特色，但也存在缺乏有力主体来完成详细的社区改造规划、由于市民素质和个性不一而难以协调等问题。

不同行动主体旧城改造模式的比较   表7-5

模式	保护程度	配套政策需求	改造资金来源	改造规模	改造效率
政府主导	高	低	财政	中等	低
开发商主导	低	中等	开发商	大规模	高
市民主导	中等	高	市民、少量财政	小规模	中等

资料来源：作者整理

旧城更新改造与经济发展水平密切相关，不同的经济发展水平对旧城更新改造模式的要求不同，如广州的旧城更新始于1980年代，根据经济发展水平和更新改造的相互关系主要可以分为以下4个阶段（表7-6）：① 1990年代以前，以政府主导的改造模式为主，但改造规模较小，效果不明显。② 1990 年代，为了解决资金上的困难，引入了开发商（以外商为主）改造的机制，但也出现了拖欠拆迁费、用地手续不完善、投资风险大、破坏传统街区环境等问题。③ 1999～2006 年，对开发商的旧城改造有所限制，以政府和国有企业的改造为主，但随着改造的深入，又出现了资金缺口越来越大、进程缓慢的问题。④ 2007 年，提出"中调"发展战略之后，旧城改造对社会力量参与的改造模式有所放松，以开发商、市民参与的旧城改造方式占据主导，政府做好居民拆迁安置工作后，由有信用的房地产公司提出建设方案，经政府审批后交由开发商建设，如猎德村以"三三三制"形式进行改造，三分之一的土地用作商业，三分之一用于村民安置，三分之一作为集体经济的预留地。

广州市旧城更新与经济发展水平的相互关系　　　　　　表7-6

年份	人均地区生产总值（元）	人均GDP（1994年美元）	钱纳里工业发展阶段划分	广州城市更新发展阶段	广州城市更新实施情况
1981	1 258	408.2	初级产品生产阶段	政府主导的危房改造阶段	零散的危房改造
1982	1 402	435.9			
1984	1 840	506.6			
1986	2 536	681.1			
1988	4 205	799.5			
1990	5 418	951			
1992	7 521	1 101.7	工业化初级阶段	市场主导的旧城改造阶段	成片的危房改造
1994	13 264	1 570.4			
1996	18 066	1 879			
1998	21 300	2 203.8	工业化中级阶段		
2000	25 626	2 582.4			
2002	32 339	3 235.6			
2004	45 906	4 383.9	工业化高级阶段	政府主导的旧城改造改造阶段	小地块改造
2005	53 809	5 010.8			
2006	63 100	5 732.4			
2007	71 808	6 426			
2008	81 233	7 081.5		"三旧"改造阶段	大规模的城市更新
2009	89 082	7 796.7			

资料来源：作者整理

7.2 城市边缘区

7.2.1 以居住—生态—工业为主导开发功能

计划经济时期，城乡分离的二元结构使城乡之间存在较为明显的界线，在城市周边主要是以农田为主的土地利用。改革开放之后迅速发展起来的东部沿海地区城市的边缘地区出现了大量乡镇企业，推动了城市空间增长。其后随着土地使用制度和房地产制度改革的深入，郊区化在中国一些大城市中逐渐显现，推动了位于城市边缘地区住宅的大量开发；但是在城市快速增长过程中，原来城市周边的乡村地区被纳入了城市范围，但土地所有制的二元结构却没有根本改变，导致了城市边缘地区形成大量的"城中村"。随着居住功能的开发，生态功能的需求在城市边缘地区也越来越凸显，这使得生态开发成为这一城市空间部位的主导开发功能之一。由此可见，近20年来中国大城市空间中的边缘区出现的主要城市空间要素包括早期的工业园区、郊区商品住宅、城中村及生态性功能空间等（图7-11），如相关研究发现1985年南京城市边缘区以石化、电子、机械等工业用地和居住用地的增长为主；而西安1980年代以前城市边缘区以工业布局为主要动力，之后1990年代则以工业和居住区开发为主；从广州2007年距离中心点不同距离主要用地的比例分布可以看出在城市边缘地区工业用地、居住用地的比重较高（图7-12）。

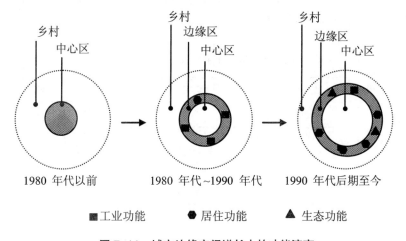

图7-11 城市边缘空间增长中的功能演变

资料来源：作者自绘

159

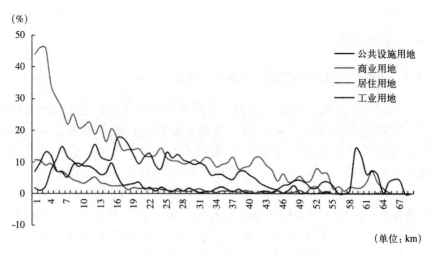

图7-12　2007年广州不同距离城市用地比重变化

资料来源：作者自绘

　　城市边缘区的工业开发，主要是由改革开放初期传统劳动密集型的乡镇企业、民营经济发展带来的，具有规模小、数量多、行业类型复杂等特征，如在按劳动、资本、技术等生产要素密集程度对广州工业空间进行的聚类分析中，1996年的综合工业区为海珠、天河、白云，集中在城市边缘地区；而到了2004年的番禺、白云转变成综合性工业区，其部分原因就是边缘区工业开发所带来的城市扩展过程（图7-13）[222, 223]；而到了2000年以后工业用地开发则逐渐向城市远郊区转移，城市边缘地区的工业开发有所下降，从广州市1990～2007年的工业用地空间分布演变情况可以看出，近郊圈层工业用地在2001年以来处于相对稳定的状态，保持占全市总工业用地面积的36%左右（表7-7）。

1990年代以来广州工业用地分布变化（单位：km²）　　　　表7-7

区域		1990年	2001年	2007年
核心圈层	越秀区	1.62	1.51	0.2
	荔湾区	8.73	8.26	9.1
	小计	10.35	9.77	9.3
	占全市比例（%）	15.55	5.62	3.12
近郊圈层	天河区	11.11	12.76	13.57
	海珠区	11.1	6.54	12.32
	黄埔区	14.54	16.28	16.52

区域		1990年	2001年	2007年
近郊圈层	白云区	19.28	28.3	68.17
	小计	56.03	63.88	110.58
	占全市比例（%）	84.18	36.78	37.15
远郊圈层	萝岗区	—	—	31.75
	番禺区	—	81.22	68.09
	南沙区	—	—	29.09
	花都区	—	18.81	48.86
	小计	—	100.03	177.79
	占全市比例（%）	—	57.59	59.73
合计		66.56	173.69	297.67

资料来源：作者整理

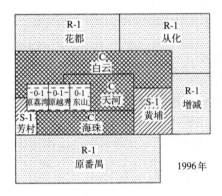

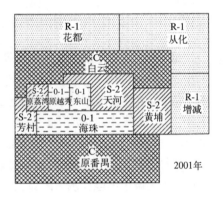

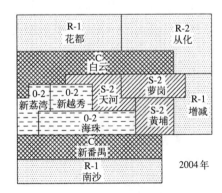

旧城工业区　　综合工业区

专业工业区　　乡村工业区

0-1 劳动技术密集型旧城工业区
0-2 劳动密集型旧城工业区

C　综合工业区

S-1 资本密集型专业工业区
S-2 资本技术密集型专业工业区

R-1 高区位商的乡村工业区
R-2 低区位商的乡村工业区

图 7-13　广州 1990 年代以来工业类型区演变

资料来源：叶昌东，周春山等；2010

161

城市边缘区的居住开发包括郊区商业住宅和"城中村"两种形式,其中郊区商业住宅在中心城区用地空间不足和房价上涨等因素的影响下,成为缓解中心城区居住压力的空间载体;其主要原因是城市边缘地区既有相对较为充裕的用地空间,同时又可以享受到中心城区完善的公共设施所带来的便利,如广州截至 2010 年 11 月的房地产住宅小区共 5 404 个,其中位于近郊城市边缘地区(包括黄埔、天河、海珠、白云、番禺)的有 3 344 个,占总量的 63.35%(图 7-14)。

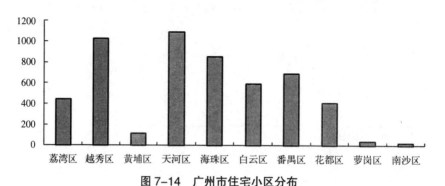

图 7-14 广州市住宅小区分布
资料来源:根据广州市房地产信息网整理,http://guangzhou.aifang.com,2010 年 12 月 20 日

　　而"城中村"则是快速城市化背景下城乡二元体制的空间表现,是"被动式"的城市居住空间增长(图 7-15),其形成机制主要有 [224]:①城乡二元管理体制造成了城乡接合部农村宅基地上土地开发、建设管理权限的真空,这是"城中村"形成的根本制度原因。②快速城市化下政府短期目标行为的结果,表现为在征地时出于对成本的考虑保留农村体制;征地后除简单地保留村落、辟出村留建设及经济发展用地外,只考虑项目本身的开发建设,从而使得这些村庄成为城市用地包围下的孤岛。③农民趋利性的产物,城中村村民收入的主要来源是建立在征地补偿金及村经济发展留用地的基础上的村集体分红和自建屋出租的收入;城中村的存在有利于解决村民的生计及部分外来务工人员的居住问题,这是城中村在中国城市中得以长期存在的原因之一。

●城市建成区　　○城中村　　○外围乡村

图 7-15 "城中村"形成过程
资料来源:作者自绘

生态功能的开发是在边缘区居住功能开发的带动下开展的，一方面改善了当地的居住环境，另一方面也作为全市性生态环境调节、娱乐休闲的重要场所，如广州市公园绿地面积最大的番禺、天河、白云均位于城市边缘区域（表7-8）；其中占地100hm²以上的12个大型公园集中分布于城市边缘地区，如白云山山北公园、麓湖公园、瀛洲生态公园、天鹿湖郊野公园等均位于城市边缘地带，这些大型生态公园主要以风景名胜公园、植物园和主题性游乐园为主。

广州市公园绿地分布 表7-8

行政区	个数（个）	面积（hm²）	平均面积（hm²）	占建设用地比例（%）
番禺区	293	1 632.53	5.57	5.73
天河区	65	846.00	13.02	7.53
白云区	179	567.57	3.17	2.15
越秀区	67	467.57	6.98	14.80
黄埔区	46	444.80	9.67	6.13
南沙区	47	380.51	8.10	3.87
花都区	224	285.22	1.27	1.31
海珠区	22	239.35	10.88	3.86
荔湾区	57	191.24	3.36	3.93
萝岗区	46	80.31	1.75	2.01
总计	1046	5 136.00	4.91	4.17

资料来源：广州市土地利用数据库（2007）

7.2.2 连续推移式的空间增长形式

城市边缘区增长在空间上的表现形式是连续性的向外推移，一般为圈层式的扩展。当受到交通条件或自然要素的影响时，会出现沿一定方向呈轴向增长，表现为带状或放射状空间。崔功豪等人指出城市边缘区是城市向乡村转化的过渡地带，是城市扩展和乡村城镇化两种增长方式的交叉地带，是城市功能和乡村功能相互渗透的地带；其特点包括缺乏统一的规划和政策指导，缺乏有效的管理机制，经济利益、行政管理矛盾突出，产权体制复杂，职能混乱等；影响城市边缘区空间演变的因素主要有：经济发展水平、城市空间扩张的需要、交通基础设施引起的区位条件改变、土地市场的建立、行政管理体制改革、社会地域文化、心理因素等；其空间增长经历沿轴线扩展→稳定→轴间填充→再次沿轴线扩展的发展过程（图7-16）。

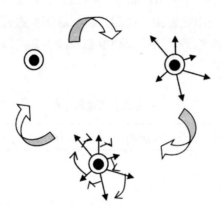

图 7-16　城市边缘区空间增长演变过程
资料来源：崔功豪，武进；1990

　　城市边缘区空间推移的形式主要有圈层式、轴向式、填充式和混合式4 种，其中，圈层式空间推移是新建成区域围绕旧城空间四周较为均匀地增长推移，对原来城市空间结构的整体形态不产生影响，如北京、西安、成都、长春、沈阳等；轴向式空间推移是新建成区域主要集中在城市空间增长轴线上的推移，促进了城市空间结构向带状或放射状结构的转变，如包头、贵阳、太原、西宁、大连、青岛等；填充式空间推移是新建成区域主要对原有城市空间的空隙进行填充的推移，从而使原来分离的城市组团连成整体，从而促进了城市空间结构由多中心组团状、主城＋卫星城结构向单中心团块状结构转变，如抚顺等；混合式空间推移是上述 3 种推移形式的组合，大多数城市边缘区空间增长为混合式空间推移，如合肥、哈尔滨、苏州、鞍山、石家庄、广州等城市都是圈层式推移与轴向式推移的混合，兰州、佛山是圈层式、轴向式和填充式推移的混合等（表7-9）。

转型期中国主要特大城市的城市边缘区空间推移模式　　　表7-9

		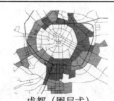
北京（圈层式）	西安（圈层式）	成都（圈层式）

大同（圈层式）	长春（圈层式）	洛阳（圈层式）
邯郸（圈层式）	沈阳（圈层式）	齐齐哈尔（圈层式）
昆明（圈层式）	乌鲁木齐（圈层式）	深圳（圈层式）
上海（圈层式）	东莞（圈层式）	西宁（轴向式）
包头（轴向式）	太原（轴向式）	贵阳（轴向式）
大连（轴向式）	青岛（轴向式）	哈尔滨（轴向式）

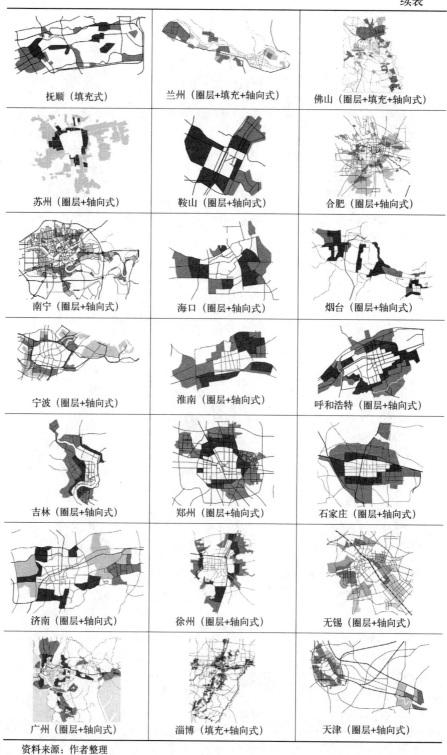

抚顺（填充式）	兰州（圈层+填充+轴向式）	佛山（圈层+填充+轴向式）
苏州（圈层+轴向式）	鞍山（圈层+轴向式）	合肥（圈层+轴向式）
南宁（圈层+轴向式）	海口（圈层+轴向式）	烟台（圈层+轴向式）
宁波（圈层+轴向式）	淮南（圈层+轴向式）	呼和浩特（圈层+轴向式）
吉林（圈层+轴向式）	郑州（圈层+轴向式）	石家庄（圈层+轴向式）
济南（圈层+轴向式）	徐州（圈层+轴向式）	无锡（圈层+轴向式）
广州（圈层+轴向式）	淄博（填充+轴向式）	天津（圈层+轴向式）

资料来源：作者整理

7.2.3 以开发商—集体—个人为主要行动主体

城市边缘区空间增长的行动主体主要包括开发商、集体、个人3种。一方面由于城市边缘地区有较为廉价的土地资源，且能够较好地享受中心城区中便利的公共资源，因而其成为房地产开发的首选区位，这促进了城市边缘区的居住功能开发。房地产的开发大部分由开发商具体实施，2000～2009年间全国房地产企业数量从27 303家增加到80 407家，从业人员从97万人增加到195万人，因此开发商成为城市边缘区增长的主要推动力量之一。

另一方面由于城市边缘地区的土地大部分为集体所有，在村集体土地上进行开发建设需要使用农村集体的土地，这使得集体成为城市边缘区开发建设的另一个重要推动力量。农村集体参与城市边缘区的开发建设有两种形式，一种是改革开放初期在政府鼓励乡镇企业发展政策的带动下，农村集体兴办了许多乡镇企业、村办企业等，从而推动了城市边缘地区的工业开发，如佛山南海、顺德等；另一种是以村集体的形式参与到"城中村"改造中，如广州洗村以村集体经济组织为实施主体的改造模式中，集体组织主要负责改造的摸查、动员、补偿安置、搬迁、拆卸，按照建设程序的要求组织复建，具体实施"城中村"改造的各项工作等；而广州花地村则是以联社集体经济组织为主的自主改造方式。

在农村集体土地实行家庭联产承包责任制后，实施分产到户的土地使用制度，中国农村土地大部分实际上是由村民所掌握；由于宅基地政策的不规范性，村民个体以自建形式参与城市边缘区开发建设的情况也广泛存在，个体成为城市边缘区空间增长的重要行动主体之一。

由此可见城市边缘地区的开发建设是由开发商、集体、个人三者共同推动的，开发商拥有资金、集体拥有土地，而个人是集体土地的实际使用者，通过三者的相互作用共同推动城市边缘区的开发建设（图7-17）。

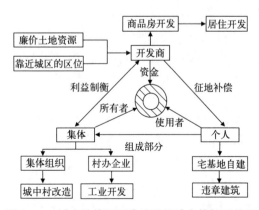

图7-17　城市边缘区开发建设行动主体相互关系
资料来源：作者自绘

7.3 城市外围空间

7.3.1 以工业—基础设施—综合性新城为主导开发功能

城市外围空间增长的主导开发功能是工业、基础设施以及综合性新城（图7-18），其中工业是外围空间增长的主要动力因素，基础设施开发是配合工业开发而进行的开发建设活动，综合性新城则是城市外围空间增长的目标和结果。近20年来，大量开发区的设立和开发建设对中国大城市外围空间产生了重要的影响。

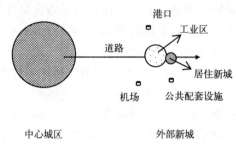

图7-18 城市外围空间功能开发示意图
资料来源：作者自绘

从前文对近20年来中国大城市空间增长要素的分析中可以得出，布局在城市外围空间的主要空间包括开发区、新城、城市新区等。而这些城市空间要素目前的主要开发功能为工业和基础设施，按照开发建设时序的不同，主要有工业先行和基础设施带动两种模式：

其中，工业先行模式起源于1990年代以来全球产业向发展中国家大量转移的时期，中国东部沿海地区成为国际产业转移的主要目的地之一，大部分城市设立了不同规模的工业区；加上工业是城市的主要税源，地方政府鼓励工业的大规模发展，提供大量的优惠政策与条件，使得城市外围地区的工业开发成为中国城市外围空间增长的主要内容。典型的工业先导性城市外围空间开发包括各类开发区，如广州开发区、天津开发区等，其开发主要有5个阶段（图7-19）：①工业项目落户选址和开发建设；②基础配套设施的完善；③同类关联性工业企业的集聚；④人口、就业的集聚；⑤城市新区的功能转变。相应的功能演变包括3个阶段：①单一功能的工业区；②多功能的工业区；③综合功能的新城区。

基础设施先行的城市外围空间增长如浦东新区、苏州工业园、广州南沙新城等，在时序上主要有4个阶段（图7-20）：①基础设施开发建设；②招商引资，企业进驻；③人口、居住功能的完善；④综合功能的城市新区建设。

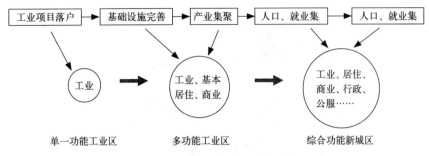

图 7-19　工业先导的城市空间增长时序

资料来源：作者自绘

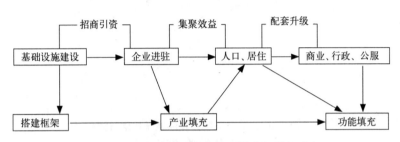

图 7-20　基础设施先行的城市空间增长时序

资料来源：作者自绘

近年来，由于城市边缘区的推移式增长产生了一些大城市固有的弊病，如交通组织、产业布局、环境问题等，有条件的城市纷纷选择在城市外部单独开辟新城，布置产业功能，承担城市经济增长的主要职能。尽管外围空间开发的初始经济动力各不相同，有的是工业先导，有的是基础设施先行；但均以建设综合性新城为目标的开发活动为主。这种以综合性新城为主要空间载体的外围空间增长在 2000 年以来越来越受到各地城市政府的重视，其正在逐步成为中国城市空间增长的主导方式。

7.3.2　跳跃式的空间增长形式

城市外围空间增长主要以跳跃式增长形式为主，表现为：在城市建成区范围外一定距离的地区进行开发建设，这是跳出城市原有建设区域的空间增长，是在原有未开发的地区上进行的从无到有的全新式开发建设。与城市边缘区连续推移式增长不同，城市外围空间的跳跃式增长对城市空间结构产生的影响更加剧烈，如广州 1990 年代以来先后在东部开发建设了广州经济技术开发区、南部开发建设了南沙经济技术开发区、北部开发建设了空港经济区，从而使城市由单中心沿江带状布局的空间结构向多中心组团式的空间结构转变（图 7-21）。

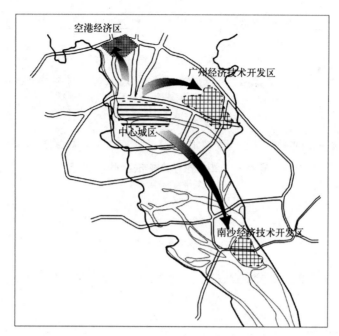

图 7-21 广州城市新区开发的跳跃式增长方式
资料来源：叶昌东，周春山等；2010

    按照城市外围空间增长过程对不同自然要素的跨越来划分主要有跨江模式、城港模式和跨海模式 3 种模式，城市外围空间跳跃式的增长对促进城市向多中心组团状结构转变有重要意义。

    其中，跨江模式的城市如广州、武汉、南京、杭州、福州、长沙、南昌、吉林等，这些城市大部分是在 2000 年代以来实现城市空间的跨江增长，从而使城市空间结构向多中心组团式结构转变。以广州为例，在 1990 年代以前，联系珠江南北两岸的桥梁仅有海珠桥、珠江桥、人民桥 3 座，对沟通南北两岸的作用有限，期间城市空间增长基本上沿珠江向东呈带状扩展，形成了带状城市空间结构；自西向东依次是旧城区、天河区（发展成为科技文教区）、黄埔地区（含广州经济技术开发区）。在 1990 年代以后相继建成的广州大桥（1985 年）、海印桥（1988 年）、洛溪大桥（1988 年）、解放大桥（1998 年）、江湾大桥（1997 年）、鹤洞大桥（1998 年）、番禺大桥（1998 年）、华南大桥（1999 年）、东圃大桥（2000 年）、丫髻沙大桥（2000 年）、琶洲大桥（2003 年）、猎德大桥（2007 年）、新光大桥（2006 年）等一批桥梁；对沟通珠江南北两岸、海珠、芳村、番禺等地区的联系起到了重要作用，从而使广州城市空间实现了跨江发展。

    城港模式的城市主要位于河口地区，其港口一般经历内河港到河口港、再到海港的发展演变过程，这个过程促进了城市空间增长，改变了城市空间结构，如宁波、天津等。宁波最早的内河港包括三江口和江北港区，城市依托港口发展呈集中式布局，形成海曙、江东、江北三个片区；1970年代，镇海港区的开发使宁波向河口港发展，形成了老城区与镇海港区的双城组合式城市空间格局；1990年代，北仑港的开发最终使宁波实现了向海港城市的跨越，形成了三江片、镇海片、北仑片沿江沿海岸线布局"三大片区"的基本城市功能布局，其中三江片是老城区，集中布置了管理、居住、商业与城市服务功能，镇海片和北仑片主要承担城市的生产功能和口岸贸易功能（图7-22）。

1980年代以前的天津为内河城市，城市空间呈城市核心为商业、居住区，中间地带为居住、工业混合地带，西南部为科研教育、居住带，外围为工业、居住区的同心圆式圈层结构。1990年代，滨海新区的开发使天津发展成为沿海城市，沿渤海湾西岸形成了"宁河—汉沽—塘沽—大港"一线以国际化港口、商贸、旅游、石油化工等为主的海洋经济发展带（图7-23）。

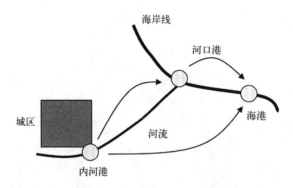

图 7-22　海港引导下的宁波城市跳跃式增长

资料来源：作者自绘

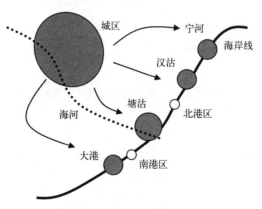

图 7-23　海岸带开发引导下的天津城市空间增长

资料来源：作者自绘

跨海模式的城市有如厦门、汕头等。1991年，厦门大桥的通车改善了岛内外的交通联系，而杏林、海沧、集美3个台商投资区的设立对厦门的投资结构、经济结构和产业结构产生了重大影响，并进而改变了城市空间结构，使得其城市空间结构由海岛型的面状结构向多中心组团式的海湾型结构转变，并最终形成了"一心两环，一主四辅"的空间结构（图7-24）。汕头在1992年邓小平"南行讲话"后，掀起了新一轮的建设高潮，先后完成了珠池港、海湾大桥、汕头机场改造工程、广澳港区和国际集装箱码头工程等一批重大项目的建设，从而使城市建成区向南岸扩展，形成了"一市两城"的组团式城市空间结构。

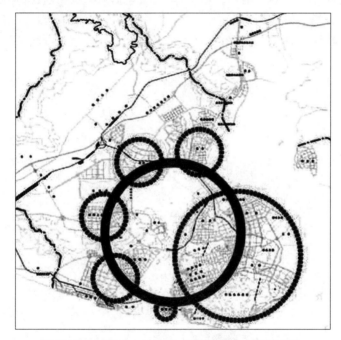

图7-24 厦门"一心两环，一主四辅"的空间结构

资料来源：厦门市城市总体规划（2005—2020）

转型期中国主要特大城市跳跃式空间增长模式　　　　表7-10

		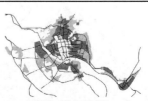
广州（跨江模式）	杭州（跨江模式）	福州（跨江模式）

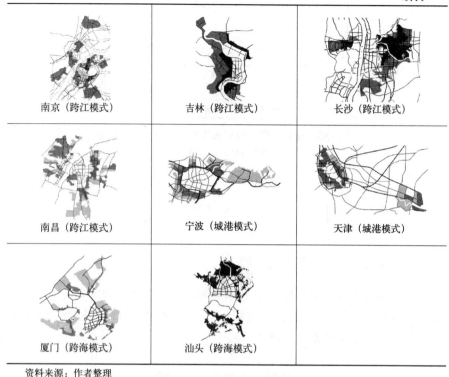

南京（跨江模式）	吉林（跨江模式）	长沙（跨江模式）
南昌（跨江模式）	宁波（城港模式）	天津（城港模式）
厦门（跨海模式）	汕头（跨海模式）	

资料来源：作者整理

7.3.3 以政府—企业为主要行动主体

城市外围空间增长过程中的行动主体主要是政府和企业。政府在城市外围空间开发过程中，主要进行基础设施的建设和工业项目的招商引资，而工业企业是推动中国城市经济增长的主要动力，是中国城市外围空间增长的核心要素。政府和企业的相互作用推动了城市外围空间的开发，表现在受到用地空间、地价、环境等因素的影响，工业企业在区位选择上倾向于在城市郊区进行开发建设；这使工业企业的开发建设成为城市外围空间增长的主要力量，其开发特点是规模大、速度快但功能相对单一。

其后，由于工业企业的集聚效应将带来商业、工人生活、医疗卫生、文化、体育等其他配套设施的开发建设，从而使这些新开发区域逐步走向功能综合化，并形成综合性新城或城市新区（图7-25）。这种产业空间主导下的城市外围空间增长由于起到城市经济增长点的作用，因而受到政府的重视，在这个过程中政府主要负责基础设施、行政管理等软硬件环境的改善，以改善区域的投资环境，吸引企业进驻。

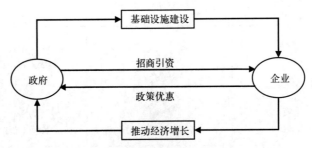

图 7-25 城市外围空间增长中政府与企业相互关系

资料来源：作者自绘

7.4 区域性空间

7.4.1 以基础设施为主导开发功能

目前城市区域性空间增长的主导开发功能是基础设施，如城市群发展比较成熟的珠三角、长三角、环渤海、长株潭等区域性合作框架均以基础设施的开发建设为突破口（表 7-11）。

城市区域性空间增长主要内容 表7-11

区域	主要合作领域	合作方式
珠三角	基础设施、公共服务设施、城乡规划、环境保护、产业布局	省政府统筹、市长联席会议、干部交流机制、财税体制改革、户籍制度改革
长三角	交通一体化、人才一体化、市场一体化、产业一体化、政策一体化	领导定期磋商机制、沪苏浙经济合作与发展座谈会、长江三角洲城市经济协调会、专业部门建立对口联系协调机制
环渤海	基础设施一体化、区域产业合作	环渤海区域合作市长联席会、政府间合作协议
长株潭	交通基础设施	长株潭经济一体化协调领导小组办公室、《长株潭城市群区域规划》

资料来源：作者整理

以珠三角一体化为例，其经历了早期建立了珠三角经济的数据库、重大问题的协调机制建设，以重大基础设施工程项目为突破口，遵循政府推动、市场主导，资源共享、优势互补，协调发展、互利共赢的原则，逐步打破行政格局的限制，实现资源优化配置的过程。其一体化内容主要包括城市规划、基础设施、产业发展、区域环境和社会公共事务管理5个方面。

城市区域性空间增长与城市所处区域经济发展阶段、发展水平、交通联系、地理环境、历史文化渊源等条件密切相关。只有当经济发展水平达到较高水平，城镇之间交通、产业、人口联系紧密，具有相似的地理环境和历史背景的区域才具备条件；因此目前城市区域性空间增长主要发生在几个主要的城市群范围内，表现为以区域性中心城市为核心，辐射带动周边地区城市的发展。

7.4.2 延伸式的空间增长形式

城市区域性空间增长是中心城市向区域空间的一种延伸性增长，包括兼并式增长和竞合式增长两种模式。其中，兼并式增长模式主要表现为撤县设区的行政区划调整，竞合式增长则表现为同城化、城市群等。

兼并式空间增长是政府权力在城市空间增长过程中的体现。由于我国市带县的行政区划体制，使地级市对县级市具有行政上的管理和指导作用，为兼并式的城市空间增长提供了基础。目前，280余个地级市代管了370余个县级市。当城市发展空间不足时，行政上的撤县设区是解决大城市用地空间、人口、环境压力的有效手段。撤销的县级市也可以更好地获得中心城市的辐射带动，从而取得双赢的效果。

竞合式延伸是在城市群范围内为提高城市综合竞争力而与区域内其他城市的竞争与合作关系，主要的手段包括有一体化、同城化等，政府通过直接参与公共要素的区域合作和引导市场要素的流动，而达到竞争与合作的目的（图7-26）。竞合式的区域性空间延伸具有层次性和等级性，体现在空间范围和内容上，如在珠三角区域合作过程中，广东省政府先后提出了广佛同城化，广佛肇、深莞惠、珠中江3大都市圈，珠三角一体化进程，大珠三角区域合作（包括珠三角9市与香港、澳门），泛珠三角区域合作（包括福建、江西、广西、海南、湖南、四川、云南、贵州和广东9省区及香港、澳门等）等多个层次的区域合作关系；在合作内容上也依次由深到浅（图7-27）。

7.4.3 以政府为主要行动主体

城市区域性空间增长的行动主体目前主要是城市政府。政府推动下的城市区域性空间增长主要措施包括政府领导联席会议、城市合作协议、信息互通、公交互乘、医疗社保共享以及产业转移、对口扶持等。归纳起来主要有4个方面的内容：①政府之间签订合作框架、制定区域规划等，如由《内地与香港关于建立更紧密经贸关系的安排》和《内地与澳门关于建立更紧密经贸关系的安排》共同组成的《关于建立更紧密经贸关系的安排》(CEPA)、泛珠三角区域合作框架、长三角区域合作框架等。②政府官员的互动，如举办区域合作论坛、参加联席会议等。③进行直接的投资，主要集中在交通基础设施上，如区域快速交通网络的建设等。④引导产业转移，协调产业布局等，如1995年以来在泛珠三角区域合作的促进下广东省与其他八省（区）之间经贸、交通、能源、旅游、农业、劳务等方面的经济技术合作累计金额超过6 000亿元，项目超过1万个。

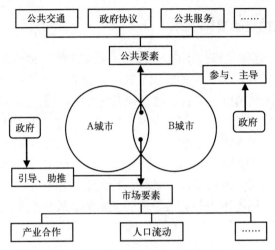

图7-26　城市竞合式的区域性空间延伸
资料来源：作者自绘

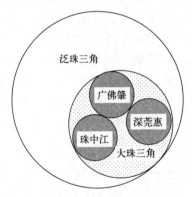

图7-27　珠三角区域竞合的层次关系
资料来源：作者自绘

7.5　小结

7.5.1　中国特大城市空间增长综合模式

通过以上对不同部位城市空间增长的功能、形式、行动主体等特征的分析，可以将近 20 年来中国大城市的空间增长归纳为 4 个基本模式（图 7-28）：①旧城空间的分化模式，主要受土地价格机制的影响，城市功能由计划经济时期生产、生活相对混杂的空间布局形态向以商业、办公、居住为主的城市生活、服务性功能转变，属于质量型的城市空间增长。②城市边缘区的推移模式，主要受城市空间客观增长规律的影响，在城市集聚与扩散机制作用下城市呈自然状态向外蔓延；在形态上按照时间顺序表现出圈层性或年轮性的特征，具体有圈层式、轴向式、填充式和混合式 4 种推移模式。③城市外围空间的跨越模式，主要受城市空间增长供需机制的影响，在城市内部空间资源需求与外围空间资源供给的相互作用下使城市功能跳出原有城市空间范围进行布局，形成了跳跃式的城市空间增长模式，主要功能集中在产业、基础设施及部分居住功能上；具体包括跨江、城港、跨海 3 种模式。④城市区域性空间的延伸模式，主要受区域性竞争与合作关系的影响，是中心城市影响力的扩展，在空间形式上表现为延伸性的城市空间增长，目前主要集中在基础设施建设领域；具体包括兼并式和竞合式 2 种模式。

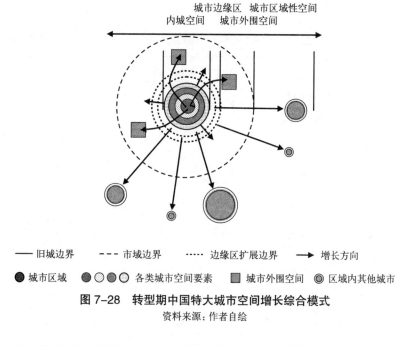

图 7-28　转型期中国特大城市空间增长综合模式
资料来源：作者自绘

各个模式在空间增长要素、空间结构和空间形态上对城市的作用表现各不相同，在它们的共同作用下形成了转型期中国大城市空间增长的主要结构类型和形态特征（表 7-12、表 7-13）。

空间部位	模式		新型空间要素	空间结构	空间形态
旧城空间	分化模式		中央商务区	城市中心区的功能提升	—
边缘区	推移模式	圈层模式	郊区商品住宅、"城中村"、郊区工业园区、会展中心、物流中心、大学城等	单中心团块状结构	分散化
		轴向模式		带状结构、放射状结构	分散化
		填充模式		单中心团块状结构	紧凑化
		混合模式		—	—
外围空间	跨越模式	跨江模式	开发区、新城、城市新区等	多中心组团状结构、带状结构、主城+卫星城结构	分散化、破碎化
		城港模式			分散化、破碎化
		跨海模式			分散化、破碎化
区域空间	延伸模式	兼并模式	撤县设区、同城化、城市群	—	—
		竞合模式			

资料来源：作者整理

城市	城市边缘区	城市外围空间	区域性空间
鞍山	圈层+轴向推移		
包头	轴向推移		
北京	圈层推移		兼并模式、竞合模式
长春	圈层推移		兼并模式
长沙	其他混合推移	跨江模式	
成都	圈层推移		兼并模式
大连	轴向推移		竞合模式
大同	圈层推移		
东莞	圈层推移		竞合模式
佛山	圈层+填充+轴向推移		兼并模式、竞合模式
福州	其他混合推移	跨江模式	
抚顺	填充推移		竞合模式
广州	圈层+轴向推移	跨江模式	兼并模式、竞合模式

城市	城市边缘区	城市外围空间	区域性空间
贵阳	轴向推移		
哈尔滨	轴向推移		兼并模式
海口	圈层+轴向推移		兼并模式
邯郸	圈层推移		
杭州	其他混合推移	跨江模式	兼并模式、竞合模式
合肥	圈层+轴向推移		竞合模式
呼和浩特	圈层+轴向推移		
淮南	圈层+轴向推移		竞合模式
吉林	圈层+轴向推移	跨江模式	
济南	圈层+轴向推移		兼并模式、竞合模式
昆明	圈层推移		兼并模式
兰州	圈层+填充+轴向推移		
洛阳	圈层推移		
南昌	其他混合推移	跨江模式	
南京	其他混合推移	跨江模式	兼并模式、竞合模式
南宁	圈层+轴向推移		兼并模式
宁波	圈层+轴向推移	城港模式	竞合模式
齐齐哈尔	圈层推移		
青岛	轴向推移		竞合模式
汕头	其他混合推移	跨海模式	
上海	圈层推移		兼并模式
深圳	圈层推移		兼并模式、竞合模式
沈阳	圈层推移		竞合模式
石家庄	圈层+轴向推移		
苏州	圈层+轴向推移		兼并模式、竞合模式
太原	轴向推移		竞合模式
唐山	其他混合推移		兼并模式、竞合模式
天津	填充+轴向推移	城港模式	兼并模式、竞合模式
乌鲁木齐	圈层推移		兼并模式、竞合模式

城市	城市边缘区	城市外围空间	区域性空间
无锡	圈层+轴向推移		兼并模式、竞合模式
武汉	其他混合推移	跨江模式	兼并模式
西安	圈层推移		兼并模式、竞合模式
西宁	轴向推移		
厦门	其他混合推移	跨海模式	兼并模式
徐州	圈层+轴向推移		
烟台	圈层+轴向推移		兼并模式、竞合模式
郑州	圈层+轴向推移		竞合模式
重庆	其他混合推移	跨江模式	兼并模式
淄博	填充+轴向推移		竞合模式

资料来源：作者整理

7.5.2 不同类型城市空间增长模式

通过前文对转型期中国特大城市空间增长综合模式的总结，可以得出对于城市不同的部位其空间增长的表现方式是不一样的；另外对于不同类型、不同发展阶段的城市，其城市空间增长的方式也存在较大差异。以下从城市化发展水平、工业化发展水平、城市职能特征、城市空间结构等角度对中国城市进行分类，并分析其空间增长的基本模式（表7-14）。

中国特大城市类型划分   表7-14

划分依据	划分标准	代表性城市
城市化率❶	<30%	—
	30~50%	重庆、邯郸、唐山、宁波、徐州、齐齐哈尔、青岛、长沙、石家庄、福州、郑州、昆明、合肥、东莞、长春、淮南、大同、呼和浩特、西安、南昌、哈尔滨、吉林、贵阳
	50~70%	杭州、鞍山、西宁、成都、济南、苏州、大连、海口、天津、包头、兰州、武汉、沈阳、抚顺、淄博、厦门
	>70%	无锡、太原、北京、乌鲁木齐、南京、上海、广州、汕头、佛山、深圳

---

❶ 2008年中国特大城市城市化率约为50%，同时参照诺瑟姆城市化曲线划分为<30%、30~50%、50~70%和>70%4个等级。

划分依据	划分标准	代表性城市
工业化[1]	初期	—
	中期	重庆、沈阳、大连、青岛、合肥、洛阳、厦门、吉林、东莞、宁波、大同、无锡、汕头
	后期	天津、抚顺、淄博、邯郸、佛山、南昌、苏州、长春、徐州、唐山、淮南、鞍山、烟台
	后工业化	深圳、包头、太原、杭州、兰州、南京、成都、武汉、上海、长沙、西宁、齐齐哈尔、西安、贵阳、乌鲁木齐、福州、济南、昆明、哈尔滨、广州、石家庄、郑州、南宁、呼和浩特、海口、北京
职能[2]	综合性	北京、西安、成都、太原、长春、沈阳、南宁、合肥、昆明、乌鲁木齐、深圳、兰州、贵阳、郑州、哈尔滨、石家庄、武汉、广州、杭州、福州、南京、重庆、上海、南昌、天津
	专业性	苏州、大同、鞍山、洛阳、邯郸、齐齐哈尔、大连、青岛、海口、烟台、宁波、包头、抚顺、淮南、西宁、呼和浩特、徐州、无锡、吉林、厦门、汕头、唐山、佛山、东莞
空间结构[3]	单中心团块状	北京、西安、苏州、太原、长春、洛阳、邯郸、沈阳、齐齐哈尔、南宁、昆明
	带状	乌鲁木齐、大连、青岛、海口、烟台、深圳、宁波、兰州、包头、抚顺、淮南、呼和浩特、济南、徐州、无锡
	多中心组团状	广州、杭州、福州、南京、重庆、吉林、上海、长沙、南昌、厦门、汕头、天津、唐山、大同、东莞
	放射状	鞍山、合肥、西宁、郑州、哈尔滨、石家庄、淄博、佛山
	主城+卫星城	成都、贵阳

资料来源：作者整理

通过对各种类型城市空间增长模式的比较，可以得出城市空间增长的四个基本模式在不同类型城市的空间增长，其表现程度各不相同。从城市化水平上来看，城市化水平较高的城市旧城分化、外围跨越和区域延伸程度都相对较强；而城市化水平较低的城市各类模式均表现相对较弱。从工业化发展阶段来看，工业化初期的城市边缘区的推移模式表现相对明显，

---

[1] 根据钱纳里工业化划分标准，以产业结构特征为判断标准，工业化初期（第一产业比重较高，第二产业比重较低）、工业化中期（第一产业比重小于20%，第二产业比重上升且在GDP结构中比重最大）、工业化后期（第一产业比重小于10%，第二产业比重上升到最高）、后工业化时期（第三产业比重超过第二产业，第二产业比重相对稳定）。

[2] 参考表2-2。

[3] 参考第5章。

但随着工业化程度的提高，旧城的分化模式、外围空间的跨越模式和区域空间的延伸模式则逐渐表现得越来越明显。从城市职能上看，综合性职能的城市旧城空间分化模式、边缘区的推移模式和区域空间的延伸模式表现相对较强；专业性职能的城市外围空间的跨越模式表现相对较强。从城市空间结构类型看，单中心团块状结构的城市旧城空间分化模式、边缘区的推移模式和区域空间的延伸模式表现相对较强；多中心组团状结构的城市外围空间的跨越模式和区域空间的延伸模式表现相对较强；主城+卫星城结构的城市旧城空间分化模式和外围空间的跨越模式表现较强（表7-15）。

不同类型城市空间增长模式 表7-15

城市类型		旧城分化模式	边缘区推移模式	外围跨越模式	区域延伸模式
城市化	较高	强	中等	强	强
	中等	中等	强	中等	中等
	较低	弱	弱	弱	弱
工业化	工业化初期	弱	强	弱	弱
	工业化中期	中等	强	中等	弱
	工业化后期	中等	中等	强	中等
	后工业时期	强	弱	强	强
职能	综合性	强	强	弱	强
	专业性	弱	弱	强	弱
空间结构	单中心团块状	强	强	弱	强
	带状	弱	中等	中等	弱
	多中心组团状	中等	弱	强	强
	放射状	弱	弱	中等	中等
	主城+卫星城	强	中等	强	中等

注：根据各类模式在各类城市中的表现强弱程度划分为"强"、"中等"、"弱"3个级别。

资料来源：作者整理

第8章 转型期中国特大城市空间增长动力机制

转型期影响中国特大城市空间增长的因素有很多，包括内部、外部、经济、社会、行政等各方面的影响动力，但总的来说，主要可以归纳为以下四个方面（图8-1）：从城市内部看，主要受经济增长的推动力，社会结构变化，环境影响因素三个方面的因素；此外，还有外部性的资源、技术、政策等因素的影响。

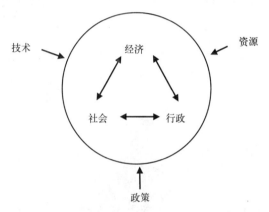

图8-1 转型期中国特大城市空间增长影响因素构成
资料来源：作者自绘

8.1 经济性动力因素

8.1.1 经济增长目标驱动下的产业空间要素增长

经济增长是城市空间增长的根本动力，从经济增长与城市空间增长的相关性来看，1990年代以来中国城市建成区面积增长与经济增长具有相似的变化规律，年均经济增长速度分别为11.05%和9.73%（图8-2）。

经济增长是城市空间增长的最终目标，同时也是城市空间增长的根本动力，在不同的发展阶段其表现形式有所差异。1990年代以来，经济增长对中国城市空间增长的影响主要分为两个阶段：① 1990年代是中国城市经济体制改革的起步阶段，乡镇企业在这一时期对城市空间增长有重要影响，主要表现形式是城市边缘区的推移式增长。在珠三角地区的大部分城市，这一时期乡镇企业的快速发展带动了城市边缘区向外的推移式增长。如在1990年代，佛山的快速发展与乡镇企业的发展有着密切的联系，并产生了著名的"南海模式"和"顺德模式"；1998～2009年，佛山市私营企业（主要为乡镇企业）的产值比例一直处于快速上升的状态，到2009年更是高达35.46%，高于其他工业类型的增长幅度和程度（图8-3）。

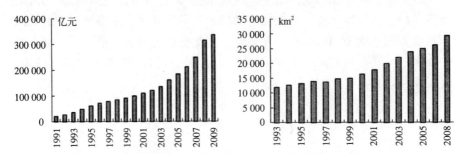

图8-2　1990年代以来中国GDP增长与城市建成区面积增长比较
数据来源：1993～2009年中国城市统计年鉴

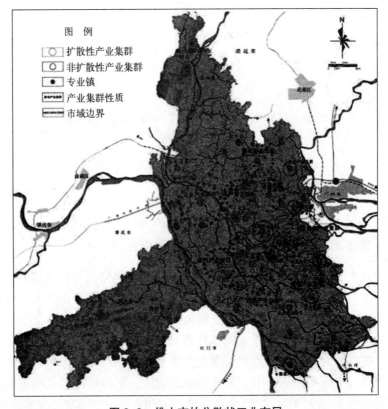

图8-3　佛山市的分散状工业布局
资料来源：佛山市"十二五"规划专题《佛山市优化空间发展布局研究》（2011年）

② 2000年以后，则是城市内部产业结构调整对城市空间增长产生了重要的影响，其原因包括：一是受经济全球化的影响，大量跨国公司的企业向中国城市转移，其中大规模的企业日益增多，对大规模独立的产业空间需求增强；二是国有企业改革的顺利推进以及国内市场的开发，国内大型企业集团在经济增长方面的作用越来越明显。在国内外形势的共同影响下，城市产业空间的集中化布局趋势明显，大多数城市进行了产业结构调整，在城市外部大规模开发建设新城、城市新区等。同时早期在城市郊区设立的开发区也得到了一定的发展，并逐渐向城市型地区转变，这进而促进了跳跃式的城市空间增长，如2000年以后的广州随着工业经济结构逐渐转向以重工业、大中型企业、资本密集型工业转变；工业区的空间布局逐渐由中心区转向了郊区以大规模开发为主的产业新区，如南沙地区的重化工业、临港产业，萝岗的汽车产业、高新技术产业等（图8-4）[174, 223]。北京在远郊区形成了亦庄开发区、顺义空港经济区等大型产业集聚区[225]。

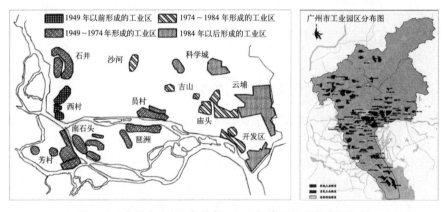

图8-4 广州市1980年代与2000年代工业空间布局比较
资料来源：叶昌东，周春山等；2010

由此可见在经济增长目标的驱动下，转型期中国城市空间增长中的产业空间要素不断以新的形式出现（表8-1）。早期以乡镇企业经济形式为主，规模小而缺乏规划指导，主要集中在城市边缘区，以相对无序的蔓延式空间增长方式推动了城市边缘区的推移式增长。这类无序开发的乡镇经济空间在近年来逐渐受到限制，因此城市边缘区的工业性开发地位较之前有所下降。而已形成的工业用地使得工业空间在城市边缘地区仍具有一定的比例，但均逐渐向规范化、园区化的方向发展，进而形成位于城市边缘地区的工业空间。后期经济增长的空间表现形式转向了专业化和综合化并重的集群型空间发展，这一方面出现了大量专业化的产业空间，如会展中心、物流中心、汽车城等；另一方面大型综合化的产业空间也不断出现，如开发区、综合性城市新区等。他们的共同特点是通过以横向或纵向的联系加强产业分工、促进产业的集群式发展。产业空间专业化与综合化并重的集群式发展推动了城市空间结构向多中心结构的转变，对城市空间增长的跨越式发展起到了重要的作用。

经济增长目标驱动下的城市空间增长　　　　表8-1

发展时期	经济增长形式	产业空间要素	城市空间结构	城市空间增长	案例
计划经济	国有经济单位制	工业综合体	单中心集聚	—	广州芳村、海珠区等
改革开放初期	乡镇企业主导下的无序分散性	乡镇经济	单中心圈层式蔓延	城市边缘区的推移发展	佛山南海、顺德，广州番禺等
改革开放后期	专业化和综合化并重的集群式发展	会展中心、物流中心、汽车城、开发区、城市新区	多中心结构	城市外围空间的跨越发展	上海浦东新区，广州南沙新区等

资料来源：作者整理

8.1.2　产业结构升级调整带来的空间转变

城市空间增长与产业结构密切相关，不同的产业结构类型有不同的城市空间结构和形态表现方式，城市经济学理论认为工业经济时期的城市以集聚型空间为主要表现特征，信息化时期的城市空间逐渐向分散化方向发展。从前文对转型期中国特大城市空间结构与产业结构的研究中可以得出，不同产业结构的城市有不同的空间结构表现方式，如第二产业较发达的城市倾向于向多中心组团状结构或放射状结构转变，第三产业较发达的城市倾向于向单中心团块状结构转变。

转型期中国城市产业结构不断地发生变化，第二、三产业的比重均不断上升，促使了转型期城市空间增长的转变（表8-2）。第二产业在空间布局上以外围跳跃式增长为主，如开发区，依托港口、机场等基础设施建设的产业集聚区大部分以第二产业为主；其中，劳动密集型产业一般位于城市边缘地区，促进了城市边缘区的工业开发；资本密集型产业一般位于城市外围空间，如城市外部的工业开发区等；技术知识密集型产业的集聚促进了大学城的建设等。第三产业则向城市中心区集聚，如促使中央商务区的出现等。

186

	产业类型	区位选择特点	对城市空间增长的影响
第二产业	劳动密集型	靠近劳动力市场，一般位于城市边缘地区	城市边缘区的工业区
	资本密集型	占地规模大，一般位于城市外围空间	城市外部的工业开发区
	技术知识密集型	靠近大学，环境条件好，一般位于城市边缘地区	大学城
第三产业		其中金融、保险、企业总部等有较强的集聚性要求，一般在城市中心区	中央商务区

不同产业类型对城市空间增长的影响　　　　表8-2

资料来源：作者整理

8.1.3 地价机制调节下城市空间的分层

土地制度改革是转型期的起点，也是转型的重要内容之一，其重点是引入市场机制，建立土地市场。自1980年代后期开始，土地制度改革大体可以分为两个阶段（图8-5）[226]：① 1987 ~ 1997 年期间的主要内容是将土地无偿、无限期、无流动的使用制度变为有偿、有限期、有流动的使用制度；② 1998 年后为土地市场化改革阶段，改革的重点是建立以市场价格为标准的土地市场化制度。土地使用制度下的城乡"二元化"市场结构，使中国土地市场存在巨大的套利空间，致使相关利益主体纷纷加入到中国的城市土地开发中，某种程度上导致了"圈地"现象的出现，造成了中国城市空间增长的无序蔓延，并使得"城中村"、"城市新区"等成为近20年来中国城市空间增长的新型要素。

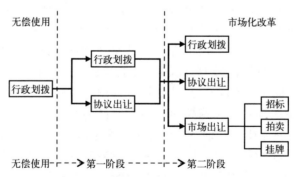

图 8-5　中国土地使用制度改革历程

资料来源：洪世键，张京祥，2009

土地市场对城市空间增长的影响机制主要包括供需、价格、竞争等。土地市场的建立使土地因区位、供求关系等因素的影响而具有不同的地价，因此可以通过不同地价的出让完善土地利用功能，优化土地利用结构。原先位于中心城区的工业、仓库因承担不了土地价格的上涨而纷纷外迁，让位于商业、服务业、办工业等承租能力高的行业；城市郊区成为工业的集聚场所，从而促进了城市边缘地区外延式的扩展。土地市场机制作用下的城市空间增长最明显的作用是促进了城市空间的专业性分化，表现为按不同的承租水平分化出商业、办工业、工业、居住等不同用地圈层或集聚区。如北京1992年开始建立的城市地价和房地产价格评估体系，促使了中心城区企业的搬迁；1985～1995年期间企业搬迁达成的协议转让金为12.48亿元，而在1995～2000年期间则高达128.55亿元。同时，土地市场还对城市郊区化产生一定的影响，如北京工业向郊区搬迁的企业数量迅速增多，这成为了工业郊区化的主要推动力量。随之而来的是商业的外迁，目前北京主要的大型超市分布在城区以外地域，占总数的3/4以上。

由此可见，地价机制促使了城市空间功能由中心向外围分化，城市空间出现了以地价为基准的分层现象。地价机制影响了城市各类空间要素在城市中的布局，其中对旧城空间的作用最明显，因而出现了旧城空间的专业性功能分化。如北京建设了北京新机场、北京东站铁路枢纽等基础设施导向型的专业性功能空间；建设了中关村高科技园区核心区、海淀山后地区科技创新中心、顺义现代制造业中心、亦庄高科技产业发展中心等产业导向型的专业性功能空间；北京奥林匹克中心则是由2008年北京奥运会推动形成的重大事件导向型的专业性功能空间（图8-6a）。上海建设了浦东国际机场、上海深水港、上海南站等基础设施导向型的专业性功能空间；陆家嘴中央商务区、微电子产业基地、国际汽车城、上海化工区、精品钢铁产业基地、临港新城产业基地、上海船舶产业基地等产业导向型的专业性功能空间；上海大剧院、上海科技馆、松江大学园、上海青少年校外活动基地等公共事业导向型的专业性功能空间；由2010年上海世博会推动形成的上海世博园则是由重大事件导向型的专业性功能空间（图8-6b）。广州建设了广州新白云国际机场、广州南站、广州港南沙港区等基础设施导向型的专业性功能空间；琶洲国际会展中心、广州本田汽车生产基地、广州花都汽车生产基地、南沙黄阁汽车城、天河软件园、南沙科技咨询园等产业导向型的专业性功能空间；广州大学城、白云国际会议中心等公共事业导向型的专业性功能空间；广州奥体中心、广州亚运城等由重大事件导向型的专业性功能空间（图8-6c）。重庆的专业性空间要素有CBD、高新区、经济技术开发区、空港、两江新区等（图8-6d）。

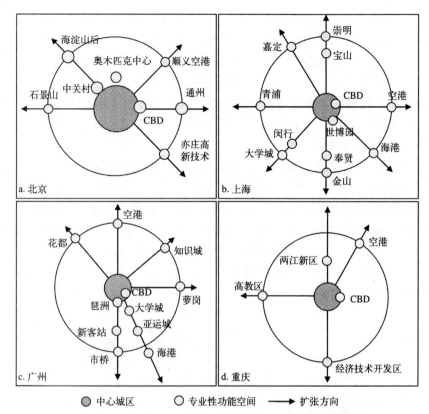

图 8-6　北京、上海、广州、重庆城市空间的专业性分化

资料来源：作者自绘

8.2　社会性动力因素

8.2.1　居住结构的转变加强了城市空间的分异

　　中国城市居住结构在住房制度改革的影响下发生了巨大变化。住房制度改革始于 1980 年，先后经历了 1980 ～ 1987 年福利住房制度、1988 ～ 1997 年福利住房与市场化住房制度并存以及 1998 年以来市场化主导以及 2007 年以来住房保障制度全面推行的 4 个发展阶段。住房制度改革使城市居住空间出现分异，并逐步形成高、中、低不同收入阶层及"外来人员"住房区等不同社会阶层的居住空间。伴随着住房制度改革的过程出现了商品房住区、保障性住房、"城中村"等新型城市居住空间，从而推动了居住空间的分异。

　　北京老城区中的老居住区（胡同）居住着相对贫困的老北京人和新来的流动人口；城市东北方向的富人集聚区居住的居民大多是有高级专业技

能、高工资雇员、生意人和 IT 精英等；城市西北角居住的是中等收入的知识分子；城市西南角居住的是中等收入的技术工人。上海居住空间主要分为中心城区、外围城区和城市边缘区 3 个层次；其中，中心城区一方面有大量年代久远的旧社区，另一方面中高收入阶层的居住社区，两极分化现象明显；外围城区主要形成以单位公房社区和中低收入商品房社区为主的居住"环带"，处于中档水平；城市边缘区住宅主要以经济居住型和环境消费型两种类型为主[227]。

周春山等人在对广州市中心城区 77 个街道居住空间的研究基础上，将其归纳为 4 大类、6 小类的分异规律（图 8-7 上），并总结了中国大城市时序和地域空间上的居住模式：①内圈层是新中国成立前建成的、形成时间最早的旧房集中区；②圈层是改革开放前机关单位和早期工矿企业的公房集中区；③圈层是在改革开放后形成的文教和工业等特殊功能的住房集中区，以及 1990 年代后发展的商品房集中区，同时还存在许多城中村农民房；④圈层是外围的郊区农民房以及 1990 年代后建设的工业区（图 8-7 下）[172]。

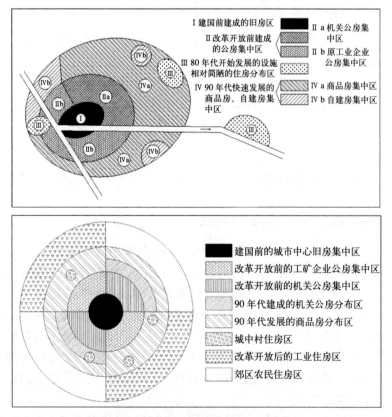

图 8-7　住房制度改革影响下的中国大城市居住空间分异模式

资料来源：周春山等，2005

综上所述，在住房制度改革的推动下，中国特大城市的居住结构发生了巨大的变化，出现高收入阶层、中低收入阶层、外来阶层等社会阶层的分化；并进而改变了城市的居住空间结构，并形成了商品房住区、保障性住房、"城中村"等新型城市居住空间，这影响转型期中国特大城市的空间结构和形态特征。

8.2.2 日益显现的郊区化促进了城市空间的分散化

转型期以来中国部分特大城市出现郊区化现象，如北京、上海、广州、沈阳等，这对城市空间增长产生重要的影响（表 8-3）。大部分学者认为我国的郊区化主要表现为制造业的郊区化[163, 164]。新中国成立以来，我国城市建设重生产轻生活，城市中心区建设了许多工业企业；改革开放后，我国大城市部分工业开始从城市中心区向外搬迁，大城市工业郊区化开始显现。人口的郊区化从 1980 年代起在我国一些大城市里开始显现。对于商业郊区化来说，目前我国主要城市的商业仍以向市中心区集中为主，近年来也开始呈现一些分散化趋势，主要表现在：在近郊区区位优越、交通便捷的地区，新建了一些超市与大型购物中心，城市中的商业设施分布，由城市中心区向郊区扩展。

1990年代以来中国部分大城市人口郊区化表现　　　　表8-3

地域	北京		上海		广州	
	1982～1990 人口增长率 (%)	1990～2000 人口增长率 (%)	1982～1990 人口增长率 (%)	1990～2000 人口增长率 (%)	1982～1990 人口增长率 (%)	1990～2000 人口增长率 (%)
中心区	−0.43	−0.99	−0.69	−4.42	1.24	−0.64
近郊区	4.34	4.82	2.50	3.61	4.43	8.87
远郊区	1.55	1.21	0.61	1.04	1.71	3.25
全市	2.00	2.29	1.48	2.09	2.44	4.67

资料来源：谢守红，宁越敏，2006

郊区化是一种社会经济的综合效应，对人口、经济等产生巨大影响，在郊区化的影响下城市空间分散化发展趋势日益明显。随着越来越多的中国特大城市逐步由工业社会向后工业社会发展，郊区化现象将日益显现，并将进一步促使城市空间的分散化运动。

8.2.3 生态空间需求的增强改变了城市空间结构

1990 年代以来，西方城市建设思想如新城市主义、精明增长、紧凑城市、低碳城市等提倡生态化、资源节约、公民化（以人为本）的理念影响了中国特大城市空间规划；同时随着物质文明的日益丰富，中国城市居民的生态化意识越来越强，对生态要素的需求也越来越强烈。公园、绿地等是衡量城市居住生活环境的重要指标，因而转型期中国特大城市的生态空间增长要素也是重要的研究内容之一。

生态空间需求的增强在多个方面改变和影响了城市空间结构，首先是使生态性空间要素成为城市空间增长的重要组成部分，如大量郊野公园、生物岛等空间要素的出现。第二是合理运用生态空间控制城市空间的无序蔓延，如城市空间增长边界的设置中结合了大量的生态性空间要素。第三是区域性绿道网络系统的建设，如广东省制定的《珠江三角洲绿道网总体规划纲要》根据珠三角自然资源要素和城乡空间发展布局、生态环境保护的要求，规划形成了由 6 条主线、4 条连接线、22 条支线、18 处城际交界面和 4 410km² 绿化缓冲区组成的绿道网总体布局，这对加强区域内城市的联系有重要作用，同时也为城市区域性空间的拓展提供了新的思路。

8.3 行政性动力因素

8.3.1 GDP 导向的政绩观加速了城市空间增长

改革开放以来，在"以经济建设为中心"的思想指导下，各地政府长期奉行 GDP 导向的政绩观，区域竞争压力增大。经济增长重点逐渐由区域经济向城市经济转变，城市尤其是特大城市在国民经济增长的地位越来越重要。在经济发展、城市建设上"率先发展、争当第一"的理念普遍存在，城市之间的竞争和攀比愈演愈烈，全国范围内先后出现了开发区热、广场热、房地产开发热、CBD 热、大学城热等多次城市建设热潮。这一方面加快推动了城市空间增长，另一方面导致在城市空间增长过程中存在盲目求大、管理无序等问题，造成城市空间的分散化、破碎化。

8.3.2 城市竞争力目标的追求推动城市空间增长

城市竞争力的概念在 21 世纪初期被引入中国，引起了国内许多城市地方政府和学者的关注。一般认为城市竞争力是城市在竞争和发展过程中与其他城市相比较所具有的吸引、拥有、争夺、转化、控制资源和争夺、占领、控制市场，以创造价值、为居民提供福利的能力；其最终目标是提高城市可持续发展能力、综合发展能力、居民生活水平等；资源拥有、产品和服务的提供则是城市竞争力的基础。城市竞争力包括 3 个层面的内容：①城市基础竞争力，即支撑城市发展的基础条件方面的竞争能力，主要表现在经济实力、基础设施和城市生活环境三个方面。②城市核心竞争力，促进城市发展的最重要因素的竞争能力，主要表现在人才、企业、科技、空间四个方面。③城市可持续竞争力，衡量的是城市后续发展能力，主要表现在经济、社会、生态三个方面的可持续能力。

城市竞争力概念受到了各地城市政府的高度重视，并进而对城市空间增长产生影响：①首先是城市形象工程的大量建设，许多城市大力开展中央商务区、城市地标建筑、大型会展中心等城市形象工程的建设，以此提升城市在区域中、全国乃至国际中的形象地位，如摩天城市网发布的《2011中国摩天城市排行榜》显示未来5年后中国摩天大楼总数将超过800座，将达到当前美国总数的4倍。②其次是大规模的城市空间开发，城市空间竞争力是城市竞争力的核心内容；为提升城市竞争力，往往通过扩大城市规模，大搞开发区、城市新区建设等；为使城市空间迅速扩大，有的城市新区规划面积达到甚至超过城市原有建成区的面积，如郑东新区的规划面积达150km^2，超过郑州原城市建设区102km^{2}近50km^2。③第三是强调人居环境的建设，包括增加社会公共服务设施的配置，改善城市生态环境等，以此提升城市的城市基础竞争力和可持续竞争力。④最后是促进城市向区域性空间发展，提高城市在区域中的地位是提升城市竞争力的主要目的之一；城市与区域的发展是相互的，区域整体社会经济的发展有助于提升区域内城市对外的竞争能力，同时城市竞争力的提高也有助于推动区域整体的发展；因此，在城市实力竞争日益激烈的发展背景下，城市的区域性发展也是其中重要的内容之一。

8.3.3　城市规划引导城市空间增长方向

城市规划对城市空间增长有较强的引导作用，转型期中国特大城市空间增长中城市规划的引导作用正在不断地到加强。一方面国内城市的发展在不断吸收国际上先进的城市规划建设理念如新城市主义、精明增长、紧凑城市、低碳城市等；另一方面国内城市规划体系也不断地得到完善，各种技术规范、标准相继出台，2008年《城乡规划法》颁布实施使我国城市规划进入一个相对成熟的阶段，城市规划在城市空间增长中发挥的作用越来越突出。

广州市2000年概念规划提出了"南拓、北优、东进、西联"的城市发展战略，对促进城市空间增长有巨大的推进作用，主要体现在：①区域性中心城市地位的提高：由以传统生产职能为主向以综合服务职能为主的转变，中心城市服务管理功能日益强化，成为提升广州综合竞争力的新动力。②产业发展优势不断强化：广州产业发展战略得到有效实施，实现经济结构战略性调整，形成广州产业新优势，重点培植重化工业、高新技术产业和现代服务业。③空间发展战略对经济发展起促进作用：积极实施"南拓、北优、东进、西联"的空间发展战略，推进广州黄埔—新塘、南沙地区的大规模开发。

8.3.4 区域合作框架推动城市空间的区域化发展

区域合作协议是城市向区域性空间拓展的重要手段之一，是城市政府之间开展合作的制度性影响因素。在广佛同城化过程中，政策制度因素起了关键性的作用，自2000年以来先后出台的相关政策文件有2000年广州概念规划提出"西联"的发展战略、2003年佛山概念规划提出"东承"的发展战略、《珠江三角洲城镇群协调发展规划（2004—2020)》、《珠江三角洲地区改革发展规划纲要(2008—2020年)》、《广佛同城化发展规划(2009—2020年)》等（表8-4)。

广佛同城化发展历程 表8-4

时间	内容
2000年	广州概念战略提出"西联"战略，要加强与佛山联合发展
2001年	"首届广州·佛山区域合作论坛"在广州举办
2003年	佛山提出"东承"战略，主动承接广州辐射带动
2004年	《珠江三角洲城镇群协调发展规划（2004—2020）》加强广州中心城区西部与佛山主城区、南海市区的协调发展
2004年4月	广州佛山签署《建设广佛区域公交电子收费一卡通系统备忘录》
2005年11月	广州市市长张广宁率队访问佛山，双方建立热线联系机制
2006年	广佛规划、交通部门联合编制了《广佛两市道路系统衔接规划》
2007年1月	广佛两地公安部门签订《广佛警务协作框架协议》
2007年6月	广佛地铁动工，建立广佛城市建设和管理工作协调小组
2007年9月	"南番顺"旅游联盟正式启动
2008年9月	6条广佛城巴线路、5条广佛快巴线路开通
2008年10月	广佛两市试行车辆通行费年票互认互通
2008年12月	《珠江三角洲地区改革发展规划纲要（2008—2020年）》明确提出推动广佛同城化携领珠三角城市群协调发展
2009年1月	海怡大桥动工建设，将佛山中心城区与广州新客站直线对接起来
2009年3月	广佛两市召开党政领导工作座谈会，签订同城化"1+4"协议
2009年3月	广东省提出"广佛肇经济圈"概念
2009年4月	广佛同城化第一次市长联席会议

时间	内容
2009年9月	广佛同城化第二次市长联席会议，审议通过了《广佛同城化发展规划》
2010年4月	广佛同城化第三次市长联席会议召开，审议并通过了《广佛同城化建设2010年度重点工作计划》和《广佛同城化建设城市规划3年工作规划》
2010年8月	珠三角基础设施、产业布局、公共服务、城乡规划、环境保护五个"一体化"规划颁布，广佛都市区成为重点突破口
2010年11月	广州第16届亚运会举办，广佛携手共建良好亚运环境

资料来源：作者整理

综上所述，区域合作协议对城市群、同城化等空间增长新形式产生影响，并对区域性空间的竞合模式产生作用；行政区划调整是区域性空间兼并模式的主要手段；城市规划在引导城市空间拓展方向、完善城市空间结构等方面起着关键作用。

8.4 外部环境性动力因素

8.4.1 用地资源需求对城市空间增长的导向作用

改革开放前，中国城乡界线相对明显，城市发展动力不足，对用地资源的需求相对不大。但改革开放后，随着经济增长动力不断加强，对城市用地资源的需求与日俱增，原来较为局限的城市发展空间成为城市发展的限制性因素。为了寻求城市发展空间，用地资源的需求日益增强，许多城市纷纷跳出原有城市框架，采取新城、城市新区、行政区划调整等手段拓宽城市用地空间。如广州空间发展在2000年以前一直受到行政边界的制约，使其城市空间拓展战略一直未能得到很好的贯彻，2000年番禺、花都的撤市设区为城市空间拓展提供了机遇。因此，在2000年的概念规划中提出了"东进、西联、南拓、北优"的空间发展战略，开了国内概念规划的先河，其主要目的之一是为了寻求城市用地发展空间，使城市发展跳出原来"云山珠水"的格局向"山城田海"的新的城市空间格局转变。

在城市用地资源需求导向下的城市空间增长主要采取跳跃性的大规模新城（区）开发的形式来推进，通过对城市新区开发供需关系的分析，表明在供应方面，长三角地区及中部湖南、湖北、江西等省份的城市限制相对较少；南部沿海城市、西北城市、东北限制要素相对较多，其中东部沿海地区主要受土地源的限制，如上海、广州、深圳等东部地区城市的新区开发均面临用地空间不足的困难；中部地区城市受资金资本限制较大，如郑州、长沙等城市新区开发大量存在开而不发的问题，导致土地大量闲置；西部地区受人力及资金限制较大，如兰州、贵州等西部地区城市新区开发难以聚集人气（表8-5）。在需求方面，东部地区城市的经济需求较强，其中长三角和珠三角地区的城市表现尤为突出；中部地区城市则是社会要素和生态要素的需求较强；西部地区城市大多对新区开发的需求不大（表8-6）。表8-7进一步将东、中、西部地区及东北、华北地区内的城市按其发展水平进行细分，更详细地展示不同地区内不同发展水平下的城市新区供需关系分布。总的来说，东部沿海地区城市新区开发的经济驱动性强，但受土地资源的限制；中部地区城市新区开发受生态、社会因素驱动，但受建设资金不足的限制；西部地区城市新区开发的需求动力不足，且限制因素较多，不宜大力开展城市新区建设 [228]。

城市新区建设的供给限制类型的区域分布（单位：个地级市）　　　表8-5

类型		东部地区	中部地区	西部地区	东北地区	华北地区
无限制型		3	1	2	2	1
单因素限制	资金限制型	14	7	14	3	1
	土地限制型	6	2	6	2	5
	人力限制型	0	3	0	1	0
双因素限制	资金—土地限制型	19	9	19	0	2
	资金—人力限制型	3	27	3	10	1
	土地—人力限制型	0	1	0	1	0
全要素限制型		23	27	30	15	2

城市新区建设需求类型的区域分布（单位：个地级市）　　　表8-6

类型		东部地区	中部地区	西部地区	东北地区	华北地区
无需求型		21	17	39	17	9
单要素驱动	社会要素驱动型	20	20	9	13	2
	生态要素驱动型	4	5	3	1	0
	经济要素驱动型	5	4	3	0	0

类型		东部地区	中部地区	西部地区	东北地区	华北地区
单要素驱动	生态—社会要素驱动型	6	4	1	2	0
双要素驱动	经济—社会要素驱动型	0	2	0	0	0
	经济—生态要素驱动型	19	13	17	0	1
全要素驱动型		14	5	9	1	0

城市新区的供需关系类型的区域分布（单位：个地级市）　　　　　　表8-7

类型	东部地区	中部地区	西部地区	东北地区	华北地区
高水平—供大于求	9	0	2	1	1
高水平—供需平衡	0	1	0	0	1
高水平—供不足求	0	1	0	0	0
中水平—供大于求	6	0	5	3	0
中水平—供需平衡	21	13	6	0	1
中水平—供不足求	8	16	1	3	6
低水平—供大于求	2	1	4	2	0
低水平—供需平衡	38	30	59	23	2
低水平—供不足求	5	8	4	2	0

　　综上所述，城市用地资源需求对中国城市空间增长的导向作用主要体现在以下几个方面：①改变城市空间结构，如跳跃性的新城（区）开发促进城市向多中心结构转变等；②扩大城市规模，由于新城（区）的开发大部分属于大规模的城市片区开发，对扩大城市规模有直接的作用；③进一步推动了城市空间增长向区域性空间发展。

8.4.2　技术进步对城市空间增长的支撑作用

　　技术进步在很大程度上使城市空间增长获得了更大的自由，其对城市空间增长的影响主要表现为对城市空间增长的支撑作用，且在1990年代以来全球化、信息化的背景下其作用更加明显。信息化网络技术在更广范围内消除了距离作用，对城市空间增长的影响主要表现在使城市空间增长具有无边界性以及强化城市用地功能混合性两个方面。

而其中对城市空间增长影响最大的是交通技术的进步，如城市环路、地铁、城际交通等。环路对拉开城市框架、促进城市空间结构分异有重要作用。目前中国许多大城市均建有城市环路，如北京、上海、广州、哈尔滨、沈阳、大连、南京、成都、西安、武汉、长沙、福州、南宁、昆明、贵阳等。北京已有6条环路，其中四至六环为1990年代后建设的全封闭式快速通道，这些城市环路促进了北京的城市空间分异，最明显的是形成了住宅用地沿三环、四环、五环依次的同心圆扩展模式，最外围的六环路将顺义、通州、亦庄、大兴、房山、门头沟和昌平7座新城连接起来（图8-8左）。南宁沿环路的空间增长模式在1990年代以来得到不断强化，形成了"环形＋放射"状的道路网结构，由内向外分别包括内环、中环、外环和高速环；其中内环由中华路—公园路—新民路—桃源路—江滨路—北大路—中华路组成，围合面积5.1km²，为南宁市现状城市核心区，沿线用地主要为居住区和部分公建设施。中环由福建路—凌铁大桥—桃源路—教育路延长线—湖边路—园湖路北延长线—明秀路—邕江二桥—五一路—福建路组成，围合面积27km²。快速环系统由清川大道—秀厢大道—厢竹大道—竹溪大道—葫芦鼎大桥—白沙大道—南站大道—沙井大道—清川大桥组成，围合面积达到103km²。高速环路是按高速公路标准修建的城市环路，距中心区较远，道路全长85 km（图8-8右）。

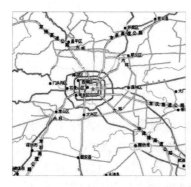

图8-8　北京和南宁的城市环路

资料来源：北京城市总体规划（2004—2020），南宁市城市总体规划（2008—2020）

地铁的出现对改善城市公共交通模式，促进城市空间结构优化有积极的影响，主要体现在改变用地功能结构，提升用地区位环境，推动商业、房地产业发展等方面。目前已有北京、上海、广州、深圳、南京、沈阳、成都、杭州、青岛、重庆等多个城市建成或规划建设地铁。如广州的地铁建设促进了城市多中心结构的形成，地铁一号线的通车使天河区与旧城区之间的交通得到改善，吸引了大量生活、工作、商贸、投资活动在这里集聚，从而促进了城市中心东移；而芳村、番禺、白云等郊区商品楼盘的开发由于地铁的建成而进一步加快，从而改变了城市单中心的空间结构。

城际交通的建设对加快城市空间的区域性增长有重要的影响，如珠江三角洲地区高速公路、快速道路、城际轨道交通网覆盖了90%以上的城际交通需求，通过对珠三角地区高速公路网影响下的城市空间结构特征的分析可以发现对珠三角地区城市空间结构的影响主要有：加强了广州的中心城市地位，其直接联系方向的数量、联系强度、网络强度远高于其他城市；促进了城市之间的联系，除肇庆之外，均有 2～3 个甚至更多互相直接联系的城市；加强了城市的等级结构，珠三角城市大致可划分为 4 个等级，其中广州、东莞、深圳、佛山为第一等级，中山、珠海为第二等级，江门、惠州为第三等级，肇庆为第四等级（图 8-9）[229]。

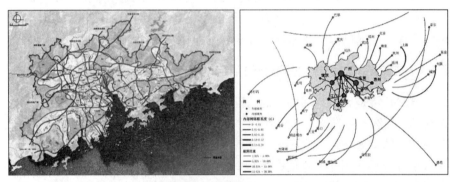

图 8-9　珠三角地区高速公路网分布及其空间特征

资料来源：叶昌东，2010

综上所述，技术进步对城市空间增长的影响主要有：①功能分散化，地铁、快速环路等的建设使城市内部联系更通畅，从而可以实现城市功能的分散化布局；而信息技术的发展则使城市空间向更加分散化的方向发展。②跳跃式的城市空间增长方式，在以快速、封闭为主要特征的城市高快速和轨道交通等交通方式的引导下，城市可以实现与外围距离较远空间的直接联系，从而推动了城市外围资源节点、新城节点等形式的跳跃式增长。③强化了节点区域的城市功能，由于现代高快速路封闭式、点对点式的特点，使得节点的区位优势得到提升，从而带来了商业、人流、住宅等在这些地区集聚，强化了以这些节点的发展形成的串珠状城市空间形态特征。

8.4.3　重大事件对城市空间增长的诱发作用

重大事件是城市空间增长的外在推动力，其对城市空间增长的影响主要表现在为应对这些事件活动而需进行大量基础设施建设投资，从而推动城市空间在短期内超前发展。近年来，随着中国大城市的国际化水平的不断提高，举办各种大型赛事和盛会的次数越来越多，这对城市空间增长的影响作用也越来越明显，其影响作用具有突发性的特征。2010 年广州亚运会对城市空间发展的影响主要有：①拉开了城市框架，城市空间实现跨越式拓展；为筹备亚运会，期间重点建设了番禺亚运城，南沙体育中心，共新建了 12 座场馆、改扩建了 60 座场馆；并建成开通城市轨道交通线路 229.6km，使城市道路总长度达 6 680km，完成了新机场 2 期工程，构建了广州主交通骨架；这些体育场馆和基础设施的建设和完善拉开了广州城市框架，优化了城市空间结构，实现了城市空间的跨越式拓展。②促进公共交通导向的出行模式的推广；亚运期间广州采取了一系列以"公共交通"为导向的交通引导措施，包括新开设了 76 条公交专线、优化和新开通公交线路、推广 BRT 精细化的管理模式等。③城市生态环境得到改善；为保证亚运期间广州的城市环境，自 2004 年申亚成功后，开始了治水和大气治理两大工程。④绿色低碳成为城市管理的主题；主要体现在交通、建筑等方面。

8.4.4　自然环境对城市空间增长的限定作用

自然环境是城市空间增长的基础条件，其中影响较大的有山体、河流、岸线等；自然条件在大框架上限定了城市空间增长的规模和方向，是城市空间增长的本底条件，在不同历史时期、不同的城市里这些自然条件所起的限定或依托作用会有不同的表现，如跨江、跨海的城市空间增长使城市空间突破了自然条件的限制，改变了城市的空间结构。

位于山川河谷地带的城市，因受山体限制，大多沿河谷呈带状结构布局，如兰州、西宁、呼和浩特、包头等。兰州市位于由黄河冲击而成的河谷盆地，周边由绵延起伏的山地和沟壑纵横的黄土梁峁构成，地形呈东北高、西南低。受自然地理条件的限制，兰州市区两侧受南北两山的阻隔，城市无法自由扩展，只能沿黄河自西向东的河谷地带延伸，形成多核心组团式的带状城市空间结构。

河流对城市的发展有交通运输、景观、取水、排污等多方面的作用，因此城市发育初期一般对河流有较强的依赖性，河流影响下的城市空间增长主要有两种模式：①沿江模式，城市发展早期的空间增长模式，如广州 1990 年代以前主要沿珠江航道向东延伸、上海早期沿苏州河与黄浦江延伸、福州沿闽江延伸、长沙沿湘江延伸等；随着城市空间实现跨江发展后，这些河流成为城市内河，主要起景观的作用。②跨江模式，城市大发展后的空间增长模式，在近 20 年的中国沿江河湾城市中出现较多，其城市空间形态主要由沿江带状布局结构向跨江组团式布局结构转变，如广州、重庆、上海、南京、武汉、杭州、福州、长沙、南昌、吉林等（图 8-10）。

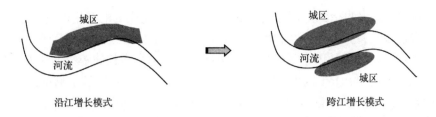

图 8-10　河流依托下的城市空间增长模式

资料来源：作者自绘

海岸资源不仅起着港口运输的作用，还具有景观的作用，因此海岸线是现代城市空间增长的重要依托。海岸资源依托下的城市空间增长有沿海城市、河口城市及海岛型城市三种模式（图 8-11）：①沿海城市的带状模式，其中沿海城市直接依托海岸线呈带状增长，海岸线同时兼具港口运输和城市景观的功能，如深圳、大连、青岛等。②河口城市的港城互动模式，由于海港资源的吸引采取跳跃式的布局，在河流出海口的区域建设深水港区，海岸线主要承担港口运输的功能，如广州、天津等。③海岛型城市的跨海发展模式，主要表现为海岛型城市由于本岛内空间资源有限，在突破海域的限制后向周边岛屿拓展的过程。

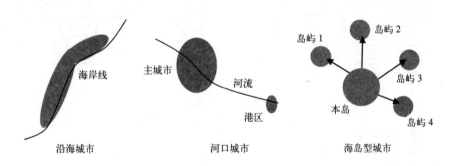

图 8-11　海岸资源引导下的城市空间增长

资料来源：作者自绘

8.5　小结

8.5.1　中国特大城市空间增长综合机制

综上所述，转型期中国特大城市空间增长主要受城市内部的经济性、社会性和行政性因素的影响，其中经济性因素主要包括经济增长目标、产业结构、地价机制等，社会性因素主要包括居住结构转变、郊区化、生态空间需求等，行政性因素主要包括城市竞争力目标、城市规划、区域合作框架等。同时也受到外部性因素的诱导作用，其中主要的有用地资源需求、技术进步、重大事件以及自然环境等。各种影响因素之间的相互关系如图8-14所示，经济性因素是转型期中国特大城市空间增长的基本推动力，社会性因素是对经济因素驱动下的城市空间增长的基本特征起到强化作用，行政性因素对城市空间增长主要起引导性作用，外部性因素则主要起诱发性作用[230]（图 8-12）。

8.5.2　不同类型城市空间增长动力机制

城市空间增长的各种影响因素在不同空间增长类型的城市中有不同的作用，按照其影响程度的强弱和重要性看，对旧城空间的分化增长模式而言，经济、社会性因素影响较大；对边缘区的推移增长模式而言，社会性因素影响较大，其中带状、放射状结构城市还受外部环境性因素的影响较大；对外围空间的跨越模式而言外部环境、经济、社会性因素的影响较大，此外行政性因素影响也较大；对区域空间的延伸模式而言，行政性因素影响较大（表 8-8）。

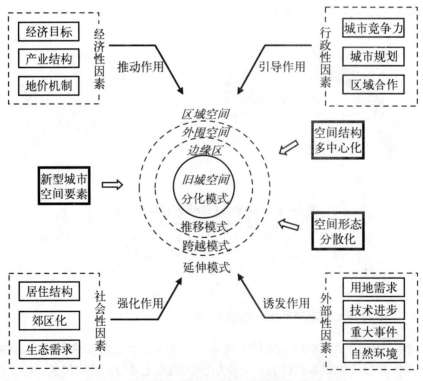

图 8-12　转型期中国特大城市空间增长的动力机制

资料来源：作者自绘

不同类型城市空间增长模式的主导动力因素 表8-8

空间增长类型		旧城分化模式	边缘区推移模式	外围跨越模式	区域延伸模式
空间形态	紧凑型	经济、社会	社会	经济、社会	行政
	分散型	经济、社会	社会	外部环境、经济、社会	行政
空间结构	单中心团块状	经济、社会	社会、行政	经济、社会、行政	行政
	带状	经济	社会、外部环境	外部环境、经济、社会	行政
空间结构	多中心组团状	经济、社会	社会	外部环境、经济、社会、行政	行政
	放射状	经济	社会、外部环境	外部环境、经济、社会、行政	行政
	主城+卫星城	经济、社会	社会	经济、社会、行政	行政

注：按主导因素的重要性排序。
资料来源：作者整理

第9章 结论与讨论

9.1 中国城市空间增长问题与对策

9.1.1 主要存在问题

当前中国城市空间增长中存在的主要问题有：

1. 城市空间增长的过度超前性

具体来说包括以下几个方面：一是建设理念过度超前，盲目追求国际先进规划设计理念，如郑东新区规划由日本黑川纪章事务所设计，设计手法和理念处于国际领先地位，虽然受到了一致的好评，但由于其规划理念过于超前，在规划实施过程中带来了许多问题，其中规划建设的 CBD 以总部经济、金融中心为发展目标，由于不切合郑州市的经济发展阶段致使许多办公建筑长期处于闲置状态，带来了极大的浪费；此外，规划人工开挖的龙湖水域面积达 $6km^2$，这对于水资源紧缺的郑州市来说，具有相当的实施难度。二是建设规模的超前，这主要体现在城市外围空间的跨越式增长上，造成了大量的土地资源浪费。在 1990～2008 年间，全国 41 个 100 万人口以上的特大城市建设用地规模平均增长超过 50%；到 2008 年，全国城市建成区面积达 $29\,402km^2$。从世界主要城市建成区面积比较来看，中国城市的建设规模大大高于世界水平，北京、上海、天津分列全球城市建成规模的 1、3、5 位。三是基础设施建设的超前性，如在许多开发区、城市新区开发中采取基础设施先行的策略，高标准、大规模地建设了大量基础设施，但由于对产业发展形势过于乐观的判断往往导致开发区、城市新区的产业填充进展缓慢，长期滞后，从而导致基础设施的闲置。2003 年全国省级以上的开发区实际开发面积仅仅占规划面积的 13.51%，且在已经占用或者开发的土地上土地闲置的比例高达 43%，造成严重的"圈而不开，开而不发"现象。

2. 城市功能定位不明确

其中包括两个层次的内容：一是城市的总体职能定位，大部分的城市总体规划均提出以建设国际性大都市、地区性综合中心城市等雷同的城市性质定位，致使城市之间分工不明确、盲目竞争，这在同一等级、同一区域内城市之间表现得尤其明显。二是城市内部主要功能区的定位不明确，尤其表现在新城、城市新区的开发建设上。由于功能定位不明确导致在招商引资、基础设施建设上的盲目性，城市开发随建设项目、企业性质而定，致使许多新区规划不能得到很好的落实，也妨碍了城市空间开发的有序进行。

3. 就业空间和居住空间的布局错位

随着产业结构调整的深入，大部分工业企业迁往郊区，但由于大部分地区郊区的商业、医疗、教育等公共配套设施仍十分不完善，因此大部分在郊区上班的人员仍回到城市中居住。与此同时，在一些大城市的中心区逐渐形成了以商务办公为主的中央商务区，大量办公人员聚集在中央商务区上班，但由于中心区的高房价以及环境质量的下降，这些办公人员一般选择在城市边缘地区居住。因此形成了居住空间主要布局在城市边缘地区，而就业空间则集中在中央商务区范围的错位现象。如北京市职住分离的两种情况是郊区居民集中于市区内部工作，而市区居民在郊区上班[231, 232]。又如广州开发区内住宅建设长期滞后于工业开发，开发区有 50% 以上的就业人口居住在区外，导致职住人口结构失衡，产生大量的钟摆式交通等社会问题[233]。

4. 城市区域性空间有待进一步开拓

城市区域性空间的开发在大部分城市中仍处于起步阶段，集中在基础设施的开发上，是未来城市空间增长的重要拓展领域。其存在的问题主要包括：一是区域内各城市产业结构同构化现象严重，如珠三角地区 2007 年城市产业同构化系数在 0.8 以上（表 9-1）。二是城市向区域性空间的延伸仍处于初期阶段，到 21 世纪初期才逐渐受到重视，大部分地区的区域合作仍停留在基础设施的层面，如发育比较成熟的长三角、珠三角、京津唐和辽中南四大城市群已经形成了十分完善的交通道路基础设施体系，其他次一级的城市群如长株潭、山东半岛、四川盆地等正处于交通基础设施的大量建设期；仅在一些发展较快的地区如广佛同城化区域已逐步实现了公共交通、医疗卫生、教育等公共服务资源的整合。

2007年珠三角地区城市产业同构化系数　　　　　　表9-1

	深圳	珠海	佛山	惠州	东莞	中山	肇庆
广州	0.981	0.947	0.876	0.897	0.946	0.905	0.927
深圳		0.990	0.952	0.962	0.991	0.969	0.913
珠海			0.985	0.990	0.999	0.994	0.906
佛山				0.996	0.985	0.998	0.850
惠州					0.988	0.998	0.892
东莞						0.993	0.892
中山							0.876

资料来源：珠三角区域一体化战略研究（2010年）

此外，中国的城市空间增长还存在其他的一些问题，如阶层分化、环境问题、交通问题以及旧城（城中村）改造问题等。其中阶层分化是随着市场机制作用的加强，城市用地的过度分化带来了社会阶层的日益分化，如上海中高收入阶层大部分集中在市区分布，少数位于远郊分布；而中低收入阶层则主要集中在近郊；在中心城区仍有部分低收入人群聚居在旧式里弄内。环境问题主要是对生态资源的侵占，由于城市外围空间的大规模开发，大量污染工业企业的集聚必然对郊区原有的生态系统造成破坏；如广州南沙地区是一个生态敏感性的地区，区内拥有滨海湿地、红树林等生态资源，同时它又是 2000 年以来广州市产业布局的重点区域，不可避免地会对生态环境造成严重的影响 [234-236]。交通问题包括城市内部交通组织及城市组团间的交通联系两个方面，是城市空间增长过程中需要经常面对的问题。城中村改造则是改善城市环境、提升城市形象所面临的问题。

9.1.2　未来城市空间增长对策建议

1990 年代以来，西方国家出现了许多针对郊区化、逆城市化背景下城市空间蔓延式发展所带来的问题的城市增长理念，如新城市主义、紧凑城市、精明增长、低碳城市等，其目的主要是为了保证城市空间增长的可持续、健康和有序 [237]。在当前快速城市化背景下，中国城市空间增长无序蔓延的态势与西方国家城市有相似之处，同时也有自身不同的社会经济背景和特征。根据前文对中国城市空间增长所面临的主要问题的分析，未来中国城市的空间增长应重点做好以下工作：

1. 区域性空间层面

主要措施有：一是要打破行政界线的约束，当前中国城市空间增长的区域化发展受行政界线的影响深远，只有打破传统的以行政单位为主体的经济发展模式，才能促进区域内城市之间的相互协作，实现共赢；打破行政界线的束缚应从加强空间联系性、消除文化差异等方面入手。二是要加强基础设施建设，基础设施尤其是交通基础设施是城市空间增长区域化发展的先行内容，对于加强城市之间的相互联系有重要作用；应主要从完善区域交通网的通达性、尽量减少或消除收费障碍方面入手，进而实现公交系统、公共服务等内容的无障碍流通，推进区域一体化的进程。三是要形成合理的城市体系结构，明确各城市的功能定位，形成合理的分工体系；其中重点是实现产业的合理布局，产业是城市经济发展的核心利益，区域内城市之间只有有了合理的产业分工布局，实行差异化发展，才能实现共赢，才能促进区域的共同发展；应主要从明确区域内各城市产业发展定位、引导企业进行合理的区位选择、促进生产要素的快速流通等方面入手。四是要完善协调合作的体制机制，良性互动的体制机制是城市空间增长区域化发展的重要保障；主要应从政府、企业、民间 3 个层次来构建，在政府层面城市之间应建立对话机制、完善政策配套环境、提供良好的公共服务产品等；在企业层面应合理选择区位，形成聚集经济、规模经济；在民间层面应加强文化交流，消除隔阂，从而减少人员流动的障碍。

2. 城市外围空间层面

主要的措施有：一是紧凑型的空间结构，紧凑型的空间结构是节约型城市空间增长的重要手段，西方国家提出的紧凑城市、精明增长理念均把紧凑型城市空间结构作为有效抑制城市空间无序蔓延的主要措施之一；紧凑型城市空间结构的内容主要应包括：填充式的城市用地开发、公共设施的集中布置、紧密性的城市设计和建筑设计、通达紧密的交通道路网等。二是设定明确的城市空间增长边界，目前城市规划、土地利用规划中所划定的城市规划范围仍存在边界模糊、相互不协调和实施过程中的随意性等问题；设定明确的城市空间增长边界应当从边界设定的科学性、法律的约束性、管理的有效性以及实施过程的长期稳定性等方面加以强化。三是提高用地集约化水平，目前中国城市外围空间增长中以工业用地的开发最为突出，在开发中往往存在基础设施的超前建设和用地集约化程度不高等问题，在这种背景下提高用地尤其是工业用地的集约化程度是有效推进节约型城市空间增长的手段；提高用地的集约化水平应当根据不同的用地性质和产业发展特征，结合经济、社会、生态效益制定合理的集约化开发标准，提高集约化水平的措施主要有根据用地的兼容性提倡混合型的用地、增加土地的开发强度等。四是加强地上、地下空间的开发，开拓城市空间增长可利用的领域，在不影响城市发展要求、符合工程技术要求的前提下开发地上、地下空间也是节约型城市空间增长的重要手段；主要的措施和内容有如地下交通、地下商场、高层建筑开发等。

3. 城市内部空间层面

主要的措施有：一是改善环境质量，具体来说包括保护城市内部原有的开敞空间、山体、河流、历史文化景观等自然和人文生态要素；发展公共交通系统，减少汽车尾气排放对环境的破坏，并构建适宜步行的低碳型居住社区；进行旧城更新改造，提升功能，改善环境等。二是促进不同阶层的融合，具体来说包括支持公众参与，鼓励居民参与到城市的环境治理、公共决策、文化宣传等方面上来；倡导社会平等的包容性增长，实现公共服务设施配置和使用的均等化；混合型社区的构建，强调不同收入阶层的融合；文化多样性的保存，促进不同文化背景人群的相互融合等。三是优化就业和居住模式，具体来说主要有调整产业结构，根据城市自身产业发展特征和主导产业发展方向，城市内部重点发展商务办公、服务业和都市型工业等产业类型，工业逐渐搬迁到城市郊区；引导人口流动，根据城市的发展阶段和规模制定合理的人口管理政策，其中重要的一点是放松甚至取消城市内部人口的户籍管理制度；转变经济增长模式，发展循环经济，使资源利用由"自然资源→产品和用品→废物排放"线性模式向"自然资源→产品和用品→再生资源"的循环模式转变等。

9.2 主要研究结论

9.2.1 城市空间增长要素形式多样化

转型期中国特大城市空间增长要素形式多样化，主要的新型空间要素及空间要素的新形式主要有5种类型：

1. 新型产业空间，主要包括开发区、中央商务区、会展中心、物流中心等。其中开发区有边缘区、近郊区、远郊区3种布局模式，对城市空间增长的影响主要体现在城市边缘区和城市外围空间上；中央商务区有中心布局、轴向布局2种模式，对城市空间增长的影响主要体现在旧城空间上；会展中心、物流中心等的影响主要体现在城市边缘区。

2. 新型居住空间，主要包括商品房住区、保障性住房和"城中村"。其中商品房住区在区位选择上主要集中在旧城空间和城市边缘区；保障性住房和"城中村"主要集中在城市边缘区。

3. 新型城市公共空间，主要包括基础设施性公共空间、大学城、行政中心、主题公园、重大事件性公共空间及生态性公共空间等，在区位选择上这类空间要素根据服务功能的不同在各个城市空间部位均有分布。

4. 综合性城市空间，主要包括新城、开发区的新城转变、城市新区等。这类新型空间要素主要布局在城市外围空间部位。

5. 区域性空间，其主要形式有撤县设区、同城化、城市群等，其中撤县设区是兼并式的区域性空间增长形式，同城化、城市群是竞合式的区域性空间增长形式。

9.2.2 城市空间结构轴向化、多中心化

转型期中国特大城市空间结构向轴向、多中心方向转变。从功能结构的角度出发，转型期中国特大城市空间结构可归纳为单综合中心＋环形专业中心、单综合中心＋轴向专业中心、单综合中心＋散点专业中心、连片式双综合中心＋专业中心、跳跃式双综合中心＋专业中心、多综合中心＋专业中心6种类型。从空间拓扑关系的角度出发，转型期中国特大城市空间结构可归纳为单中心团块状结构、带状结构、多中心组团状结构、放射状结构和主城＋卫星城结构5种类型。同时研究表明1990年以单中心团

块状结构占多数，2008 年则以多中心组团状结构和带状结构占多数，表明城市空间结构的轴向化和多中心化。

5 种城市空间结构类型之间在 1990 ~ 2008 年期间主要有 10 种演变形式，包括：①单中心团块状结构→带状结构、②单中心团块状结构→多中心组团状结构、③单中心团块状结构→放射状结构、④单中心团块状结构→主城 + 卫星城结构、⑤带状结构→单中心团块状结构、⑥带状结构→多中心组团状结构、⑦带状结构→放射状结构、⑧多中心组团状结构→放射状结构、⑨主城 + 卫星城结构→单中心团块状结构、⑩主城 + 卫星城结构→带状结构。其中主导的方向是单中心团块状结构→带状结构和单中心团块状结构→多中心组团状结构两种演变形式。

作用于城市空间结构演变过程的空间增长方式主要有蔓延式、定向式、跳跃式、填充式 4 种。其中蔓延式增长是在原有城市空间的基础之上呈无序蔓延的状态，空间结构未发生变化的城市大多以这种方式为主导；定向式增长是城市空间沿特定方向发展，城市空间结构一般以带状、放射状结构为方向，主要发生在城市空间结构向带状、放射状结构的转变过程中；跳跃式增长是城市空间在原有空间之外发展形成新的城市空间，主要发生在城市空间结构向多种组团状结构和主城 + 卫星城结构的转变过程中；填充式增长是在原有分离的城市空间之间填充使其连为整体，主要发生在城市空间结构向单中心团块状结构和带状结构的转变过程中。

城市空间结构与城市规模和产业结构有密切关系。多中心组团状结构和主城 + 卫星城结构在规模等级较高的城市中出现较多，带状结构较少在规模等级高的城市中出现。第二产业较发达的城市倾向于向多中心组团状结构或放射状结构转变，第三产业较发达的城市倾向于向单中心团块状结构转变。

9.2.3 城市空间形态分散化、破碎化

转型期中国特大城市空间形态表现出分散化、破碎化的演变规律，具体可归纳为以下三条：

1. 城市形状上带状特征日益明显，团块状特征日趋减弱，近 20 年来的城市形状率和圆形率指数呈不断下降的趋势。此外，各种结构类型城市的形状指数之间相差幅度在不断减小，表明城市之间在空间形状上的差异性在不断减弱。

2. 城市空间紧凑度不断下降，向分散化方向发展，其中多中心组团状结构和主城 + 卫星城结构的城市的分散化程度最大。

3. 城市空间分形维数不断上升，空间破碎化程度加大，其中以主城 + 卫星城结构的城市破碎程度增加的最多。

9.2.4 城市空间增长有分化、推移、跨越和延伸四种基本模式

转型期中国特大城市空间增长有分化、推移、跨越、延伸 4 种基本模式：

1.旧城空间的分化模式，主要针对计划经济时期形成的城市空间，在近 20 年来主要以商业、办公、居住功能开发为主，并呈中心向外围的圈层式分布，是城市内部空间的功能优化和提升，其主要的行动主体包括政府、开发商和市民。

2.城市边缘区的推移模式，主要针对城市沿旧城空间的连续性扩展空间，在近 20 年来主要以居住、生态、工业开发为主导，呈沿旧城空间边缘向外推移的空间增长，具体有圈层式推移、轴向式推移、填充式推移和混合式推移 4 种模式，其主要的行动主体包括开发商、集体和个人。

3.城市外围空间的跨越模式，主要指城市跳出旧城空间在城市外围地区独立开发形成的空间增长模式，在近 20 年来主要以工业、基础设施和综合性新城开发为主导，具体有跨江、城港和跨海 3 种主要的模式，其主要的行动主体包括政府和企业。

4.区域性空间的延伸模式，主要指城市向区域性空间的拓展，主要的开发建设内容是基础设施，具体包括兼并式和竞合式两种延伸模式，其主要的行动主体是城市政府。

9.2.5 城市空间增长动力机制复杂化

影响转型期中国特大城市空间增长的因素主要有经济性因素、社会性因素、行政性因素和外部性因素等，其中经济性因素是基本推动力，具体来说主要包括经济增长目标、产业结构升级调整、地价机制等影响因素；社会性因素是重要的推动力，对城市空间增长特征起到强化作用，具体来说主要包括居住结构转变影响下的城市居住空间分异、郊区化对城市空间分散化的强化以及生态空间需求增强带来的城市空间结构变化；行政性因素对城市空间增长主要起引导性作用，具体来说主要包括城市竞争力目标导向下的城市空间增长、城市规划对城市空间增长的引导以及区域合作推动城市空间的区域化发展等；外部性因素是城市空间增长的诱发性因素，具体来说主要包括用地资源需求的影响、技术进步的支撑、重大事件的诱发作用和自然环境的限定作用等。

9.3 研究创新点

论文主要的创新点有：

1.较为全面地总结了转型期中国特大城市空间增长中新的空间要素和

空间要素的新形式。将其分为新型产业空间、新型居住空间、新型公共空间、综合性空间的新形式以及向区域性空间拓展的新方式 5 种主要的类型，重点分析各种空间要素的区位选择特点及布局模式，进而总结转型期中国特大城市空间要素的布局模式。

2. 运用了定量方法研究转型期中国特大城市空间增长结构和形态的演变特征。通过功能结构、空间拓扑分析和形态指数分析的定量方法对转型期近 20 年来的中国特大城市空间结构和形态演变特征做了分析，并探讨了其与城市规模、产业结构的关系，总结演变规律。

3. 总结了转型期中国特大城市空间增长的基本模式。从功能布局、增长形式、行动主体三方面对中国特大城市中的旧城空间、城市边缘区、城市外围空间、城市区域性空间的增长模式进行了总结，并将其归纳为分化、推移、跨越和延伸四种基本模式。

9.4　研究不足与展望

论文的不足之处主要有：

1. 对国外城市空间增长的比较研究不够。一方面是由于国内外社会经济环境存在较大的差异，本研究立足于国内实证研究；另一方面则是国外城市空间增长数据较难获取，因此对此未做深入探讨；在后续的研究中希望对此有所补足。

2. 对城市立体空间的关注不够。城市空间包括了水平方向的二维空间，也包括垂直方向的三维空间，本研究主要以水平方向的二维空间增长为研究对象，对城市三维立体空间的分析不足；主要原因是由于城市立体空间相关数据较难获取，关于城市立体空间的研究可作为后续研究的方向之一。

附录：中国城市空间增长资料汇编

1. 北京

北京是中国最后五代封建王朝的都城，始建于元大都城，按《周礼·考工记》设计，形成规整的单中心结构。1950～1960年代重点拓展方向是南面的左安门、右安门和北面的新街口、安定门方向；1970年代主要向南和向东扩展；1980年代主要向东面朝阳门、往西面复兴门方向扩展；1990年代主要向东、西北、西、南、东南方向扩展；2000年代沿城市环线和轨道线路以开发区和大型居住区的形式进行空间扩展。

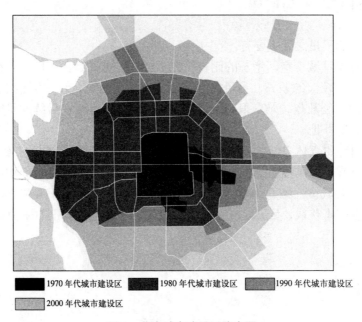

■ 1970年代城市建设区　■ 1980年代城市建设区　■ 1990年代城市建设区
■ 2000年代城市建设区

图1　北京城市建设区演变图

2. 西安

西安是周、秦、汉、唐等王朝的都城，1950年代确定城市中心在钟楼与西华门地区，城市空间拓展向东至纺织城、西至西户铁路、南至吴家坟，城北由于受汉长安城遗址及铁路限制不是主要扩展方向；1960年代城市空间扩展处于无序状态，工业项目大多布置于远离西安城市的长安县秦岭北麓，对西安城市空间发展作用不大；1970年代城市建设以"见缝插针"形式为主，主要向西、向南两个方向蔓延。1980年代拓展方向主要为东南、西南两个方向；1990年代城市空间形态仍以单中心方格网模式迅速向外膨胀，形成棋盘、环状加放射道路网格局；2000年代相继设立了高新技术产业开发区、北郊的经济技术开发区、曲江旅游开发区、农业技术开发区以及文教区，城市空间主要向西南方向拓展。

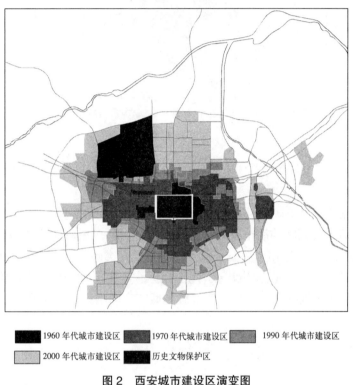

| ■ 1960年代城市建设区 | ■ 1970年代城市建设区 | ▨ 1990年代城市建设区 |
| ▨ 2000年代城市建设区 | ■ 历史文物保护区 | |

图2 西安城市建设区演变图

3. 成都

成都建于秦代，曾为蜀汉都城，城市空间形态上具有中国传统城市典型的规整方正的特征。从而形成了环形＋放射状路网结构，城市以放射状、同心圆的方式向外扩展；1950年代主要的扩展方向是城北沿人民路、解放路向火车站方向延伸；1960年代～1980年代城市扩展以城市环路和放射道路间的轴间填充为主；1990年代城市主要向东、向南扩展；2000年代仍然维持以向四周蔓延式的增长为主，城市空间增长的重点区域是成华区和金牛区，并开辟了一些城郊卫星城，采取单中心＋环形放射路网的蔓延式城市增长模式。

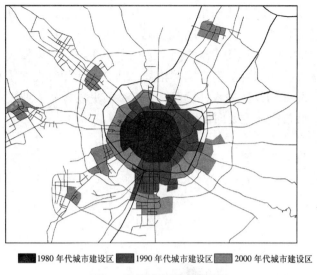

■1980 年代城市建设区　■1990 年代城市建设区　■2000 年代城市建设区

图 3　成都城市建设演变图

4. 苏州

苏州建于吴王阖闾时吴国都城，城市空间基本格局至今未有大的变动，具有中国古代都城的规整道路网的一般特征，呈单中心团块状增长。直至 1990 年代后由于苏州工业园的建设，城市空间突破了原古城范围，城市空间增长的重点地区是苏州新区、工业园区、吴中区和相城区等，但新区建设仍延续了古城的基本框架，使得整体城市空间结构表现为单中心结构。

■1980 年代城市建设区　■1990 年代城市建设区　□2000 年代城市建设区

图 4　苏州城市建设区演变图

5. 太原

太原建于汉代晋阳城，城市发育形成于明、清时期矿业、商业、手工业的发展。1950年代定位为国家能源重化工基地，许多大型骨干工业建设项目选址于太原；1960年代~1970年代先后建成了城北钢铁及机械工业区、北郊国防工业区、河西北部重型机械、河西南部化工能源、东山煤矿、西山煤矿、城南和北营工业区，城市空间扩展以南北方向为主；1980年代在郊区乡镇企业的带动下在城市郊区建设了高新技术开发区；1990年代以来太原逐渐形成了"单中心＋外围工矿组团"的城市空间结构，其中中心城区表现为单中心结构。

■ 1950年代城市建设区		■ 1980年代城市建设区	
■ 1990年代城市建设区		□ 2000年代城市建设区	

图5　太原城市建设区演变图

6. 大同

大同是国家重要的能源城市，依托煤炭资源发展起来。1950年代工业矿区主要分布在外围边远地区，这一时期的城市空间结构特征表现为煤炭工业造成的"城区＋矿区"的松散结构；1980 年代城市规模有较大的扩展，但仍表现为松散的特征；1990 年代以来城市进入发展转型时期，开发区引导下的城市新区得到快速发展，城市空间"一城多镇"格局。

■ 1980 年代城市建设区　■ 1990 年代城市建设区　■ 2000 年代城市建设区

图 6　大同城市建设区演变图

7. 鞍山

鞍山最早由日本人为开采铁矿资源而发展起来，起初城市建设主要集中在铁东、铁西、对炉山、和平路一带；1950 年代鞍钢的发展促进了城市基础设施建设，城市得到了较快发展；1960 年代至 1970 年代城市建设基本停滞，在"山、散、洞"方针指导下"城市东移，向山区发展"；1980 年代有较快发展，建成区面积达 70 多 km²，城市人口 96.8 万人；1990 年代～2000 年代城市建设主要在原有基础上，沿城市主干道和对外出口拓展，整体上城市空间保持单中心结构。

8. 长春

长春形成于清代长春厅，1931 年前的城市建设分散，城市空间形态由旧城、南满铁附属地、北满铁附属地和商埠地 4 个部分联接而呈带状格局；日本统治时期在原城市基础上重点向南扩建，形成南至南湖大路、西至长沈铁路、东至南岭街的新城区，使长春城市空间结构由带状结构向以大同广场（今人民广场）为中心的单中心同心圆团块状结构发展；1950 年代国家在长春布局了一汽、客车厂等重大项目，形成了西南部汽车、西北部客车、南部光学电子、东部拖拉机制造、北部制造业配套等工业区，在空间上工业区紧靠老城区保持团块状结构；1980 年代城市建设重点是城市中心区的调整更新，但由于城市规模不断扩大，工业、居住、商业混杂的状况没有得到根本改变；1990 年代产业结构升级使工业企业向外转移，居住用地开发向城市边缘区转移，商贸金融建设向城市核心区集聚，经济技术开发区和高新技术开发区成为承载长春市产业发展的主要地区；2000 年代后城市郊区化以及中心城区"退二进三"进程加快，城市空间开始呈现由紧密团状的蔓延式增长向沿交通线路的轴向拓展转变，但从整体上城市单中心结构没有根本性转变。

■ 1980 年代城市建设区　　■ 1990 年代城市建设区　　■ 2000 年代城市建设区

图 7　鞍山城市建设区演变图

图 8　长春城市建设区演变图

9. 洛阳

洛阳是著名古都，在近现代是以机械工业为主的工业基地。1980 年代以前城市空间增长以周边蔓延增长为主，受西部山脉、南部洛河等自然环境约束较大，城市主要扩展方向为东西向；1990 年代城市空间拓展逐渐突破洛河的限制向南发展，但南部城市建设规模仍比较有限；2000 年代以来城市空间扩展实现了对洛河的跨越，开展了洛南新区的建设，开始了沿河岸线的城市空间增长。

10. 邯郸

邯郸始建于战国时赵国都城，1906 年京汉铁路使其成为冀南的商业中心城市；"一五"期间勘探出有丰富的煤矿、铁矿资源，之后 1950 年代的开发围绕矿产资源开展，1958 年邯郸钢铁厂建设使城市产业结构变为以钢铁、轻纺工业为主，城市建设突破了京广铁路和滏阳河的限制，重点向东和向北两个方向增长；1966 年"文化大革命"开始后陷入无政府状态，城市基础设施受到较大破坏；1970 年代后期进入新的建设高潮，先后开通了东、南、西、北四条对外公路，城市空间增长开始由沿铁路转为沿公路发展；1980年代改革开放后进入协调发展阶段，加快了旧城改造步伐；1990年代以来城市空间增长转向以内涵式增长为主，工业向铁西、北部发展，居住集中建设于铁路东面中心城区的外缘，商业中心向东转移；城市空间采取"摊大饼"蔓延式的增长方式为主。

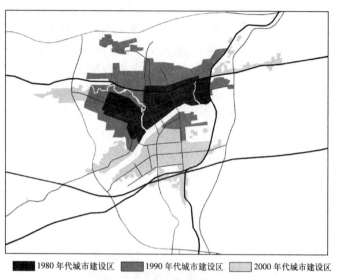

■ 1980 年代城市建设区 ■ 1990 年代城市建设区 □ 2000 年代城市建设区

图 9 洛阳城市建设区演变图

■ 1980 年代城市建设区 ■ 1990 年代城市建设区 ■ 2000 年代城市建设区

图 10 邯郸城市建设区演变图

11. 沈阳

沈阳最早城区为规整方正的形态，1905 年京奉铁路使在老城西侧形成铁路区，空间上呈现"双城"的形态结构；1927 年通车的东北走向的沈海线成为城市主要的拓展方向；1930 年代城市建设集中于铁西工业区，城市空间增长向西倾斜；1940 年代城市空间拓展表现为轴间填充和外围环状建设，使城市空间走向紧凑集中的块状形态；1950 年代沈阳作为东北最大的工业基地，工业用地是城市用地增长的重点，新增用地依托旧城区均衡向外扩展保持团块状形态；1960 年代沿沈吉、京哈、沈大铁路的轴向拓展明显，促使城市空间向星状形态转变；1970 年代由沿少数方向的轴向扩展转变为沿网状道路系统向多个方向放射状扩展，主要方向为以东、南两个方向；1980 年代加强了工业布局调整，实施旧区改造，重点改造了中街、太原街等历史街区，城市空间沿沈大、三环高速公路继续向外蔓延，并设立了张士、南湖等开发区；1990 年代以来城市外围用地迅速扩张，大学城、汽车城、开发区及工业组团迁移等成为城市空间拓展的主要内容，但仍表现为单中心圈层式的空间结构。

■1980 年代城市建设区 ■1990 年代城市建设区 ■2000 年代城市建设区 □2010 年城市建设区

图 11　沈阳城市建设区演变图

12. 齐齐哈尔

齐齐哈尔始建于清代，1931 年"九一八"事变后是伪满龙江省省城；新中国成立后黑龙江省会由齐齐哈尔市迁往哈尔滨市，齐齐哈尔作为重要的工业基地和商品粮基地发展；1950至1960年代城市以向南沿江发展为主，工业主要布局在北部、东部和西南部，居住主要布局在铁路以东和劳动湖西岸；1980至1990年代改革开放后城市空间扩展较慢；2000年代以来在振兴东北老工业基地的背景下，城市空间迅速扩张，南部设立了高新技术开发区，西部建设了大学城，城市行政中心向西部郊区搬迁，城市空间以四周蔓延式增长为主。

▰1980年代城市建设区　■1990年代城市建设区　　2000年代城市建设区

图12　齐齐哈尔城市建设区演变图

13. 南宁

南宁这座城市起源于商贸中转站和货物集散地，但发展缓慢，至1949年城区面积仅为4.5km²，城市空间沿邕江北岸东西向呈带状伸展；1950年代南宁城市空间布局突破原有城区用地范围，向四周扩展，先后开辟北湖、西郊、旱塘、江南中区等工业区；1960至1970年代由于政治经济的原因发展缓慢；1980年代以旧城改造和城区内填空式增长为主，保持向四周扩展的趋势，至1990年中心城面积达70km²；1990年代城市向东民族大道东段、白沙大桥、绕城高速路发展，向南设立了经济技术开发区；2000年代城市空间格局逐渐演变为"环形＋放射"的单中心圈层式空间结构，东部是城市增长的主要方向，其中埌东新区是重点建设的新区。

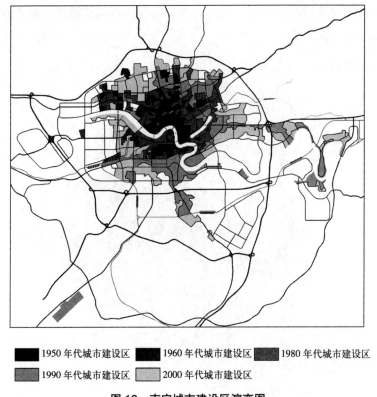

■ 1950年代城市建设区　■ 1960年代城市建设区　▨ 1980年代城市建设区
▨ 1990年代城市建设区　▨ 2000年代城市建设区

图13　南宁城市建设区演变图

14. 合肥

合肥在新中国成立后得到快速发展，逐渐成为以汽车、装备制造、机电、化工、橡胶轮胎、新型建材为主的综合工业城市；城市空间演变经历了"团城—风扇—大团城"3个阶段：1949年以前城市处于自然发展状态，城区形态方整但规模较小，对外依赖水运联系。1950年代拆除旧城墙，城市突破城墙沿对外交通线向外发展，主要向东、北、西南方向发展，重点建设了东部工业企业区、北部工业仓库区、西南部文教科研区和工业区等区域；城市形态上呈现以老城为中心，向东、北、西南郊伸展的"风扇"状格局。1990年代城市规模进迅速扩大，风扇状的城市格局逐渐被打破，城市东部、北部基本连为一体并通过产业升级转型逐渐置换为居住用地，重点建设了西南方向的经济技术开发区和新站开发区；2000年代以来在二、三环路建设下将东、北、西南三翼连接起来，城市空间呈现出单中心大团块状的特征。

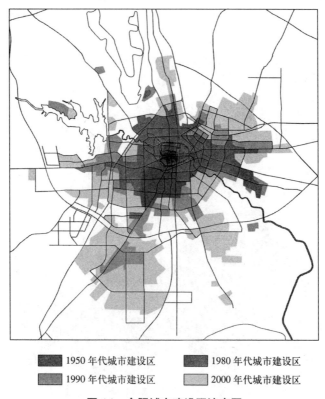

| ■ 1950 年代城市建设区 | ■ 1980 年代城市建设区 |
| ■ 1990 年代城市建设区 | ■ 2000 年代城市建设区 |

图 14　合肥城市建设区演变图

15. 昆明

　　昆明始建于唐代，按照中国"三面环山、一面临水"的山水城市传统建设。1905 年开辟商埠城市越过盘龙江向东、南拓展；1910 年滇越铁路开通和 1922 年巫家坝机场建成促使城市建设突破城墙向东南方向发展，重点围绕火车站进行建设；抗战时期作为战略后方基地城市迅速扩张，城市内部在"明城"基础上向四周连片扩张，城市外部工业分散布局在郊区或周围城镇，主要形成了北郊的岗头村—茨坝；西郊的马街、小石坝，西南部的安宁和海口等工业区。1950 至 1960 年代是国家"三线"建设的重点地区，在近郊形成了茨坝、上庄、普吉、马街，在远郊建设了安宁（钢铁）、海口（仪器仪表）、昆阳（磷化工）等 7 个工业组团，拉开城市空间发展的骨架，城市内部以均衡外溢式的方式增长，郊区以沿放射状道路向城区靠拢的轴向拓展增长。1970 年代由于政治原因，陷入停滞状态。1980 年代中期开始向市场经济体制转型，放射性道路网加强了昆明对周边地区的辐射作用；城市内部以旧城改造和填充式增长为主，中心区向北发展，大多数工业区与主城连成一片，城市空间格局向同心圆蔓延式增长转变。1992 年后第三产业迅速发展，3 个国家级开发区和 1999 年世界园艺博览会等重大项目的建设促进城市空间的跳跃式的发展，城市空间拓展方式以单中心蔓延式增长为主，城市空间形态趋向紧密的团块状。

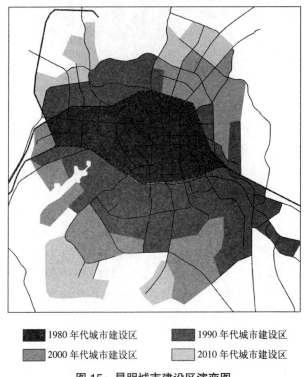

■ 1980 年代城市建设区　　　■ 1990 年代城市建设区
■ 2000 年代城市建设区　　　□ 2010 年代城市建设区

图 15　昆明城市建设区演变图

16. 乌鲁木齐

乌鲁木齐大规模建设始于清乾隆年间，以二道桥、南门一带为中心向外呈蔓延式扩展。1990 年代在改革开放的推进下步入高速发展时期，1992 年设立的乌鲁木齐高新技术产业开发区和 1994 年设立的乌鲁木齐经济技术开发区使城市中心向北转移，以新城区为中心向外扩展。2000 年代在西部大开发的背景下社会经济快速发展，2003 年米东新区的开发使城市逐渐演化为以老城中心区、米东新区和昌河新区为主要城市功能组团的空间格局。

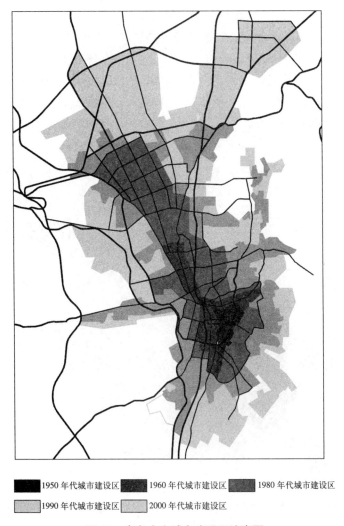

图 16　乌鲁木齐城市建设区演变图

17. 大连

　　大连曾先后为俄、日殖民地，1905 年日本人围绕着东部大连湾进行了大规模开发建设；"九一八"事变后日本政府建设了甘井子、南沙河口、五一广场等工业区；1930 年代以来在火车站周围建设了大量的公共建筑，形成了城市商业中心，使城市空间沿大连湾呈马蹄形格局。新中国成立后大连市逐渐形成了以造船、机车、轴承、机床、电机、石化、重型机械等重工业为主的产业结构，城市建设为配合工业的发展建成区扩展到周水子—黑石礁—沙河口一带，形成了沿大连湾南岸的"环形带状"空间结构。改革开放以来第三产业迅速发展，在城市东部为港口码头和港口工业区，西部、北部为以轻纺机械建材为主的工业区，中部、南部为居住生活区，西南部为科研文教区，南部为风景旅游区，东南部为电子仪表工业区；1984 年设立经济技术开发区和 1987 年金县改为金州区等措施使城市扩展到沿大连湾北部的大孤山半岛一带。2000 年代以来大连市城市空间结构形成了以中心区、旅顺口区、新市区、保税区、高新技术园区为核心的带状组团式的空间布局形态。

■ 1980 年代城市建设区　■ 1990 年代城市建设区　□ 2000 年代城市建设区

图 17　大连城市建设区演变图

18. 青岛

青岛建于光绪年间的胶州湾，19 世纪末期德国人在这里进行了大规模的城市建设，至 1914 年城市格局初步形成了青岛区、大鲍岛区、港口区 3 个带状连片的区域。一战后沦为日本殖民地，大量日本侨民的进入使青岛向商业城市转变，开辟了新城区，至 1922 年市区规模扩大了 3 倍。1950 至 1970 年代重点进行量大面积的住宅建设，主要集中在市区中部与北部；"文化大革名"时期的城市建设基本停滞，工业用地多在城区乱插乱建。改革开放后 1980 年代的城市建设以城市外围新建和旧城区改造两种方式为主，青岛经济技术开发区黄岛新区，石老人国家旅游度假区、黄岛保税区、高科技园的建设拉开了城市空间框架。1990年代以来城市行政中心的东移拉动了东部新城区的建设，从而形成了沿环胶州湾扩展的带状城市空间格局。

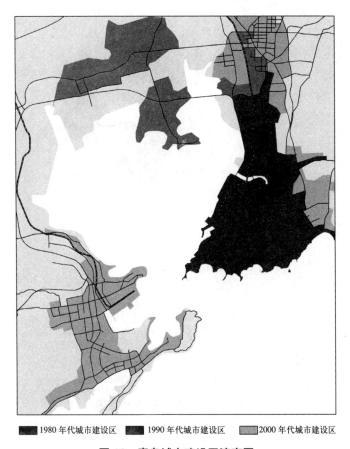

■1980年代城市建设区　■1990年代城市建设区　□2000年代城市建设区

图18　青岛城市建设区演变图

19.珠海

　　珠海于1979年设市，城市空间经历了从点状到多点状再到带状的发展阶段。1979～1992年呈点状，以发展旅游和商贸业为主，城市建设主要集中在特区范围内，城市建设主要集中在吉大、拱北、前山、湾仔、香洲中心组团。1992～2002年实施"大港口带动大工业"的发展战略，重点建设地区包括东部的金鼎、唐家、淇澳，西部的横琴、南湾、三灶、金湾、高栏港等区域，在空间上形成沿海岸线跳跃式多点状的扩展格局。2003年以来"工业西进、城市西拓"的城市发展战略的实施，使城市建设重点转向西部地区，东西向沿海岸线的各组团间进一步扩展和填充形成连片的带状城市空间结构。

227

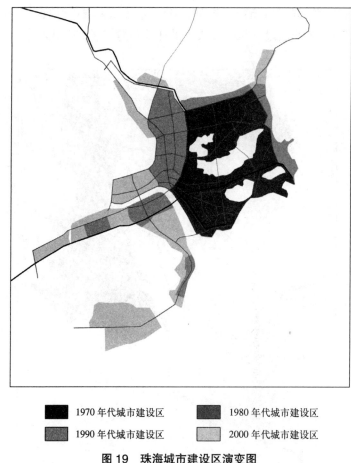

■ 1970 年代城市建设区	■ 1980 年代城市建设区
■ 1990 年代城市建设区	■ 2000 年代城市建设区

图 19　珠海城市建设区演变图

20. 海口

海口建于明洪武年间，城市空间经历了由"内陆"向"滨海、由点向面的转变。城区的发展经历了从旧州—府城—海口的变迁，初期城市中心在腹地广阔、濒临南渡江的旧州镇；近代海口成为对外通商口岸，新城市中心建在滨海区域，逐渐取代了旧的城市中心，沿海滨岸线轴向拓展。这一变迁主要是交通方式与交通枢纽的转变和推动过程。1966～1975年发展相对缓慢，城市向西发展。1988年海南建省，全岛为经济特区，海口市成为省会对海口城市建设有巨大促进作用，城市沿海岸向西的带形扩展更加明显，同时北部的海甸岛有所发展，南部与府城连成一片，沿交通线的长流、马村，以及东部的桂林洋、狮子岭、东营、美兰机场都出现了呈点状分布的一定规模的城市建设区域；1987～2004年海口的城市建设用地规模由22km² 扩大到91.4km²。

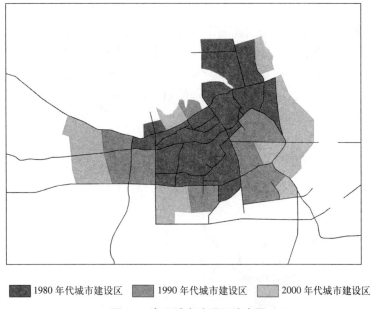

■1980 年代城市建设区　■1990 年代城市建设区　■2000 年代城市建设区

图 20　海口城市建设区演变图

21. 烟台

　　烟台始建于西周，历史上是由 3 个单核心城乡聚落组成的松散结构，清代转变为近代商埠工贸港口城市。1950 年代城市建设以公共建设和市政设施建设为主，新辟西南河路、青年路、建设路等城市南北向主干道路，南大道拓宽为城市东西轴线。1958 年到"文化大革命"结束以工业和支农建设为主，城市空间形态变化不大，新开辟的城西、西郊、南郊工业区。1980 年代以工业生产为主，西郊工业区发展较快，南郊设立了文教科研和轻工业区，在福山城区设立烟台经济技术开发区。1990 年代初期房地产的超常规发展导致在开发区海滨及东郊沿海地区兴建的大量别墅式住宅小区1990 年代中期成为烂尾楼；这一时期还开展了大量旧城改造工作，重点改造了奇山所城、烟台山下商埠区、东山区和所城西关、通伸村等地区。2000年代大型工业项目的引进促使城市建设不断向外膨胀，原有分散的城市空间结构开始走向融合，在东郊和开发区建设了大量高层和小高层住宅区。

22. 深圳

　　深圳城市空间形态演替可以分为以下 4 个阶段：1979 ~ 1986 年点状集中发展阶段，主要集中在罗湖和蛇口。1987 ~ 1990 年城市向外扩延初期阶段，主要是受到城市工业开发及交通基础设施建设的影响，城市用地扩展表现为沿城市交通条件好的区位扩展。1991～1995年是城市多中心形成阶段，由于地价上涨引起的工业外迁呈不连续跳跃性扩展，在交通区位好的地方形成了新的工业和城市中心。1996以来是连绵带状形成阶段，城市中心区开发重点西移至福田，城市用地的扩展沿梅观高速公路形成南北轴线，城市组团之间填充式的开发使原来串珠式空间结构演变为沿交通发展的连绵带状空间。

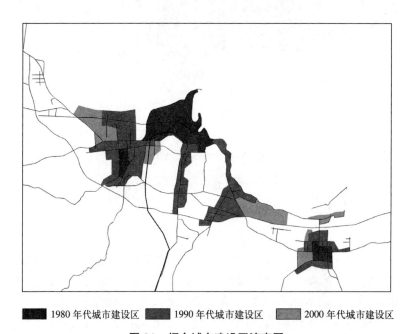

■ 1980年代城市建设区 ■ 1990年代城市建设区 ■ 2000年代城市建设区

图21　烟台城市建设区演变图

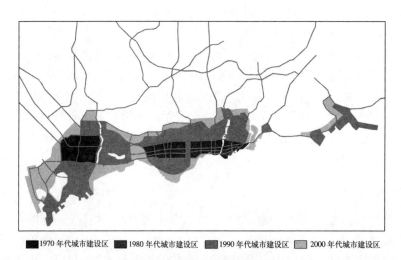

■1970年代城市建设区 ■1980年代城市建设区 ■1990年代城市建设区 ■2000年代城市建设区

图22　深圳城市建设区演变图

23. 宁波

　　宁波建始于明洪武年间，清初与天津、上海、广州并为中国"四大海港"。鸦片战争后城市逐渐向江东、江北发展，形成海曙、江东、江北三区，城市空间为单中心集中式的格局。新中国成立后以工业发展为重点，工业用地成为城市空间演变的主导力量。1970年代镇海港区的开发实现了从内河港向河口港的跨越，重点建设了镇海沿海港口工业区，城市空间逐渐发展成为城—港组合式的格局。1980年代北仑港的开发完成了由河口港到海港的第二次跨越，空间上形成了"三江片，镇海片，北仑片"的基本格局，城市形态向多城组合城市转变。1990年代以来三江，镇海，北仑三片以沿江或沿海岸线带状扩张，促进了城市空间形态上带状结构的成型；三江片集中了城市主要的管理、居住、商业与城服务功能，镇海片和北仑片主要承担城市的生产功能和口岸贸易功能。

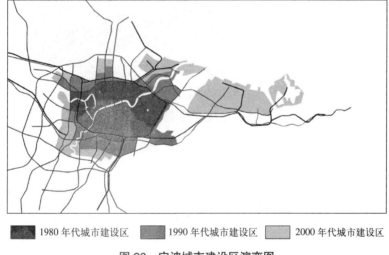

▉ 1980年代城市建设区　　▉ 1990年代城市建设区　　▉ 2000年代城市建设区

图23　宁波城市建设区演变图

24. 兰州

　　兰州始建于秦代，明清两代设置省府，城市建设取得较大发展。抗战期间为国际援华物资运进的大后方，城市发展较快，空间上集中在旧城及其周围以及分布在旧有道路和河岸两侧的居住用地。陇海铁路、兰新铁路的建成使其成为中国首批重点建设的工业城市和32个物流中心之一，城市建设用地主要集中在城关和七里河，出现"一张皮式"的沿铁路、道路带状发展的趋势；至1964年用地扩展到126km^2，空间上形成由西固、安宁、七里河、盐场堡、城关五个城市组团沿黄河依次分布的带状布局模式。

1980 年代城市用地主要集中在城市东出口东岗部分、西固组团东部以及雁滩、马滩、迎门滩等滩地，但布局零散。2000 年代以来在西部大开发的大背景下兰州进入了快速发展期，但城市用地受到地形的限制较大，主要的城市拓展方式包括：①向周围山体的蔓延，如盐场堡和七里河区；②填充原城市组团间空地，如七里河和西固组团之间；③占用城市防护绿地的黄河滩地，其中雁滩的大规模开发最为典型；④进一步填充开发强度较低的安宁和西固等城市组团的内部用地。

■ 1950 年代城市建设区　■ 1980 年代城市建设区　■ 1990 年代城市建设区　□ 2000 年代城市建设区

图 24　兰州城市建设区演变图

25. 包头

　　包头城市建设始于清嘉庆年间的包头镇，空间呈点状发展，规模小，但具有明显的向心集中性特征，呈紧凑团块状。新中国成立后，包头是内蒙古最大的工业城市，是国家重要的能源、冶金、机械、重型汽车、羊绒、化工工业基地，重点建设了包钢、内蒙古一机、二机械厂等工业项目，到1957 年新市区（今青、昆两区）基本建成，城市空间上呈西北—东南轴向拓展。1960 年代城市建设的重点是旧城改造，编制完成了《东河区旧城改造初步规划方案》。1970 年代后由于政治局势动荡，城市格局没有根本性的变化。1990 年代以来将新市区和东河区的发展形成了"一市双城"的空间格局。

26. 拉萨

　　拉萨城市成型于松赞干布时期，1959 年西藏民主改革后大批工人、干部、知识分子、工程技术人员进藏工作加快了拉萨的城市建设步伐。1964年西藏自治区成立，建成了布达拉宫周围一带的药王山供水站和两条新的商业街，使布达拉宫前面的新城区初具规模。1979 年编制和实施了《拉萨城市总体规划》，拉萨的城市建设进入了规范化。1984 年第二次西藏工作座谈会后由北京、上海、广东等省（市）援建西藏的 43 项重点工程中有 18 项在拉萨市区，促进了拉萨城市空间的拓展，重点建设了一批以拉萨饭店、拉萨剧院、体育馆为代表的具有民族风格和地方特色的现代化建筑群建成，重点建设地区是拉萨的北区、西区。1987～1991 年大规模地维修、改造了老城区，统一规划安排了两个统建小区和 13 个自建居住小区。1994 年以来国家加大对基础设施的投资力度，共计开展了 62 项重点工程的建设，城市空间增长以沿河谷地带呈带状延伸为主。

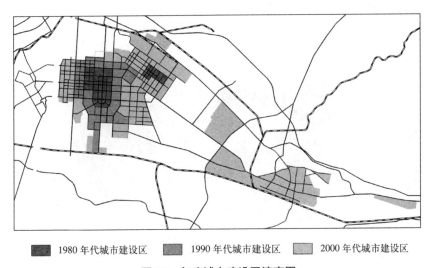

■ 1980 年代城市建设区　■ 1990 年代城市建设区　□ 2000 年代城市建设区

图 25　包头城市建设区演变图

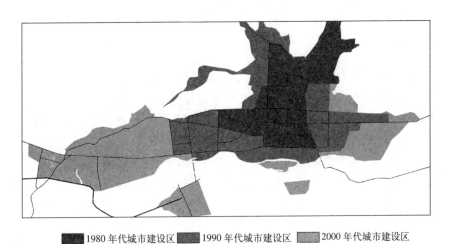

■1980 年代城市建设区　■1990 年代城市建设区　□2000 年代城市建设区

图 26　拉萨城市建设区演变图

233

27. 银川

银川始建于西汉的廉县城，曾为西夏国都城，从东到西依次展现出古代、近代、现代三个历史时期城市发展的脉络。1958 年包兰铁路的修建使得在包兰铁路以西建设了"新市区"，形成了新、旧两片城区的空间格局，城市基本上是在东西两片的基础上发展。改革开放以后城市发展较快，空间形态上逐步走向带状组团结构，城市建成区被南北走向的引黄灌溉渠道切割。2000 年代以来实施中心城市带动战略，城市规模逐渐扩大，城市总体空间呈"一城两区四片"的布局形式（"一城"指银川旧城，"两区"指城区和新城区，"四片"指旧城、开发区、新城、新市区）；城市带状空间从东而西依次为兴庆区、金凤区、西夏区，东西绵延达 30 多 km^2。

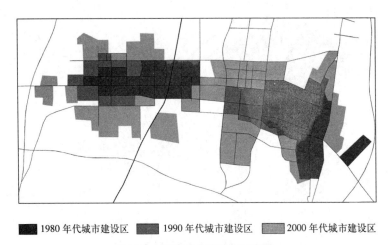

■ 1980 年代城市建设区 ■ 1990 年代城市建设区 ■ 2000 年代城市建设区

图 27 银川城市建设区演变图

28. 抚顺

抚顺是一个煤炭资源城市，抚顺煤田大规模开采始于 20 世纪初，开采顺序自西向东依次为西露天矿坑区—老虎台矿区—新屯矿区，煤田的大规模开发带动了电力、石油、机械工业等相关工业，城市空间结构表现为"集中分布型"。新中国成立初期大而全的"社会型"企业是城市社会生活的基本单元，在各煤矿周围均建有以煤矿办公为主，兼有生产、商业服务以及居住职能的独立单元；它们由东西向由交通干线和电气化铁路串联，形成了西露天、胜利、老虎台、新屯和龙凤单元构成的节点式线形结构。1970 年代初工业区域向北部及西部扩展。1970 年代后化学工业在西南部的田屯，纺织工业在浑河两岸，石油工业在东部的东洲地区发展，形成了河南矿工业区、河北机械工业区、望花冶金工业区、张甸石油化学工业区、

234

田屯化学工业区、章党电力、建材工业区，城市空间呈现为多核心式带状结构。2000年代后其煤炭资源面临枯竭，城市产业结构急需做出重大调整，抚顺与沈阳相距仅11km，在振兴东北老工业基地的背景下，近年来提出"沈抚同城化"发展战略，城市空间增长方向向沈阳方向靠拢。

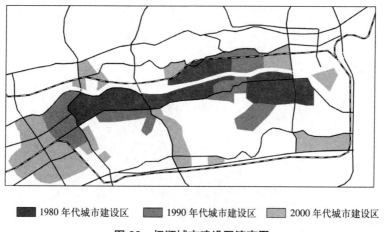

■ 1980 年代城市建设区　■ 1990 年代城市建设区　□ 2000 年代城市建设区

图28　抚顺城市建设区演变图

29. 淮南

淮南是一个煤炭城市，最早由在淮南三镇（田家庵、大通、九龙岗）的基础上设立的淮南煤矿特别行政区发展起来。1950至1960年代淮南的城市空间是散点式分布结构，由田家庵、九龙岗、大通三个小集镇发展起来，整个城市形态呈散点状分布，城市空间结构松散；1970年代淮南煤矿的大规模开采促进了城市空间的拓展和演变，至1990年代末期城市建成区51.6km^2，城市空间呈现为城镇群结构，分中心城镇、片区中心城镇、卫星城镇三级；2000年代以来城市产业发展逐渐向第三产业转型，主城区主要向南发展，在舜耕山以南建设新城区，西部城区向东南方向发展，东部城区向东发展。

30. 西宁

西宁始建于西汉的西平亭，先后经历南滩古城、青唐城、明清古城等古代城市建设，古城为典型的方正形，城内为棋盘式道路格局，以大十字为古城中心，有东、西、南、北四条大街，城市中轴线为东西方向。1950至1960年代西宁拆除了古城墙，城市从封闭式走向开放式；兰青铁路的建设促进了西宁东川、北川工业区的建设，至1966年市区面积已扩展到

34km^2。1960 至 1990 年代城市空间发展为"X"型格局，1969 年起西宁钢铁厂的扩建带动了西川工业区的快速发展，同时海山轴承厂、第二机床厂、省锻造厂等大型企业在南川集聚使南川成为机械加工基地；西宁逐步形成了东川、北川、西川、南川、小桥等几个工业区，城市用地空间逐步形成以旧城为中心，以"东西为主、南北为辅"的"X"空间格局。2000 年代以来对城市空间进行了整合，西宁高新技术开发区、城南新区、多巴、甘河等功能片区的建设，促进城市逐渐向多组团格局发展。

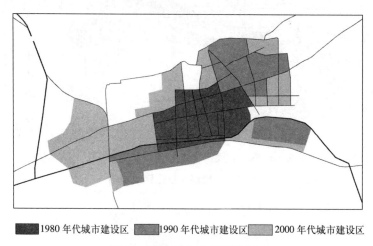

■1980 年代城市建设区　■1990 年代城市建设区　□2000 年代城市建设区

图 29　淮南城市建设区演变图

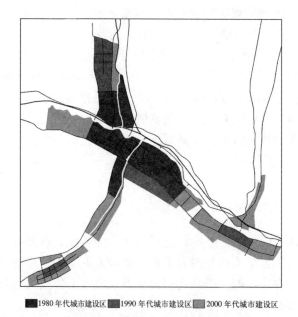

■1980 年代城市建设区　■1990 年代城市建设区　□2000 年代城市建设区

图 30　西宁城市建设区演变图

31. 贵阳

贵阳市位于四周环山的山间盆地，始建于元世祖时期的顺元城，空间范围东起今天的老东门，西至大西门，北达钟鼓楼，南到今大南门。明洪武年间进行了大规模建设，建有武胜门、朝京门、圣泉门、柔远门、德化门。新中国成立前由于没有受到帝国主义的直接侵略，受战争影响较少，基本保持明清时期的形态。"三线"建设期间城市建设取得了一定成就，但在 1960 年代受"左倾"思想影响受到严重的阻碍，城市中心区有所退化，商业功能严重萎缩。改革开放后于 1986 年制定了《贵阳市城市中体规划(1986 ~ 2000)》确立了中心区、市区、郊区小城镇三个层次的城镇发展格局。1990 年代以来的城市建设除对中心区进行改造外，大量的工业企业外迁促进了周边次中心的形成，重点发展了南部的小河经济技术开发区和花溪区，北部的新添片区，西北部白云片区、金阳新区，城市空间主要沿山谷呈南北向发展。

■ 1980 年代城市建设区　■ 1990 年代城市建设区　□ 2000 年代城市建设区

图 31　贵阳城市建设区演变图

32. 呼和浩特

呼和浩特最早筑城于战国时期，北魏王朝曾为都城（盛京）；此外，明归化城和清绥远城是对呼和浩特影响较大的另外两个古城。新中国成立后形成了以冶金机械工业为基础，以纺织、食品工业为依托的工业结构。1958年"大跃进"和人民公社化运动时期城市向四周蔓延,钢铁厂、热电厂、化工厂、焦化厂等工业企业布置在城市西部及西北部工业区，处于城市上风向，对城市造成了严重的污染。1959～1978年城市建设缓慢。改革开放后得到了迅速发展，在郊区出现大批城郊联合企业；1980年代城市空间多为填充式或近域推进式的增长模式，重点建设了城市东南方向的化工区（炼油厂和化肥厂），白塔机场以北依托京包铁路的大型储运基地。1990年代进入了的城市发展快速时期，在城市东西两翼兴建了如意和金川开发区，形成了"一个城区、两个组团"的带状城市空间结构。2000年代在东部规划扩建了如意开发区，在东南部规划建设了面积约43km²的新市区（金桥开发区），在西北部规划建设了面积约25km²的金海开发区，在南部规划建设了蒙古风情园；原有带状城市空间进一步加强，并向纵深拓展。

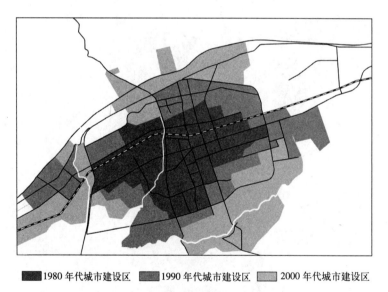

■1980年代城市建设区　■1990年代城市建设区　□2000年代城市建设区

图32　呼和浩特城市建设区演变图

33. 郑州

郑州曾为夏、商、管、郑、韩五朝都城，近代的发展受交通条件影响较大。1910年代京汉铁路和汴洛铁路建成并在郑州交汇，使其成为重要的农副产品集散地，工商业日趋繁荣。1920年代末是冯、蒋战争的主战场，城市遭到严重破坏。1938 年蒋介石决开黄河花园口大堤使郑州成为黄泛区直到 1948 年新中国成立前郑州地区受"水、旱、蝗、汤"灾害严重影响。"一五"时期为重点建设城市，河南省省会迁至郑州，逐渐成为一个新兴工业城市和行政中心，期间重点建设了棉纺织厂等一批大中型工业企业和一批铁路、公路设施，使城市发展初具规模；城市空间上以京广铁路为界分为东、西两个部分，其中西区为工业区，形成了沿铁路线带状布置的基本格局，大型工业企业主要沿陇海铁路扩展，中小型企业主要沿京广铁路两侧蔓延；东北部为行政文化区，集中了省委、省政府所属机关及大中专院校、科研机构。1960 年代"大跃进"运动期间重点发展重工业和机械工业，新建了郑州铝厂、第二砂轮厂、电缆厂、煤矿机械厂、水上机械厂等。1980 年代初期城市用地空间以轴向扩展为主，其中生产用地沿京广线北段、陇海线两段及东明路分布，工业用地集中在西部工业区外围及沿陇海线向南的地区；整个城市形态呈团块状，向西北、东和西南方向延伸。1990 年代城市空间呈轴向蔓延式增长，东西沿陇海铁路和 310 国道、南北以京广铁路和郑密公路为轴线向外拓展；居住用地向城市东北和西南方向蔓延；并在北部和东南部分别设立了高新技术开发区和经济技术开发区。2000 年代以来快速城市化背景下的城市空间表现为跨越式增长，其中郑东新区的崛起是城市化进程加快和城市功能的完善的集中表现，改变了郑州单中心放射状的空间结构。

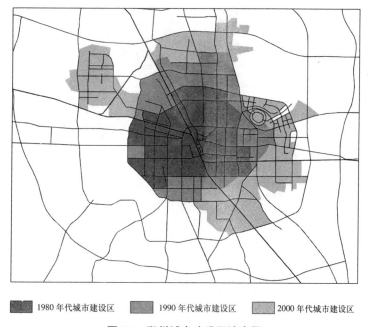

■ 1980 年代城市建设区　　■ 1990 年代城市建设区　　■ 2000 年代城市建设区

图 33　郑州城市建设区演变图

239

34. 哈尔滨

哈尔滨建于大金国早期的都城会宁府，1898 俄国人修建的中东铁路使其成为建设器材的集散中心、加工中心与工程指挥中心。1930 年代成为日伪满洲国的重要经济城市，并编制实施了"大哈尔滨都邑计划"，以顾乡屯火车站为中心点，约 9km 范围内为母市（规划城区），25km 范围内为都市计划区域（规划市区）。新中国成立后由于邻近苏联，成为全国主要的工业基地之一，"一五"期间许多工业项目建设选址在哈尔滨。"二五"期间扩大了原有工业区的面积，增加了新的工业小区，工业区的建设引导城市空间向外围扩展。之后直至"文化大革命"期间，城市发展处于停滞状态。改革开放后进行了大规模的城市改造，包括加强了路网建设、工业区的规划、棚户区的改造等。1980 年代后城市中心区开始复苏，以办公、商业等服务业为主，城市向水平和垂直两个方向扩展，道里区的透笼街市场、道外区的靖宇商业街形成，南岗的奋斗路商业街得到扩展，并在太平、动力、香坊等地区出现次级商业中心。1990 年代以来新区建设、旧城改造、快速干道、城市高速的发展使得城市空间形态发生了明显变化，城市沿多个方向呈放射状向外扩张。

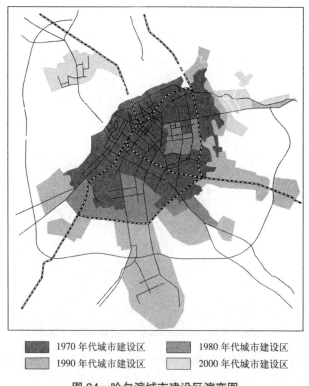

图 34　哈尔滨城市建设区演变图

35. 石家庄

石家庄城市发展得益于 1902 ~ 1907 年建成并在此交汇的京汉铁路与石太铁路,使其成为华北内地重要的交通枢纽。1939 年日伪政权制定了"石门市都市计划大纲"将石家庄作为重要的军事战略要地,制定了南北向的城市发展主轴,将铁路以西作为城市的重点发展区。1953 年编制的城市总体规划认为城市西、北向有限制较大,规划以东南向为主要发展方向,城市主轴的东南向。1981 年的规划强化了东西轴线的发展,是城市空间基本形成中间居住,南北工业,东西向以车站区为中心的空间格局。1990 年代后城市主要向东南方向发展,强化东西向轴线,并跨越京深高速公路设立了高新区,同时加强了南北向的发展,使城市空间呈现放射状发展的格局。

■ 1980 年代城市建设区 ■ 1990 年代城市建设区 □ 2000 年代城市建设区

图 35　石家庄城市建设区演变图

36. 济南

济南先后经历了历下古城堡、秦汉历城县城、魏晋南北朝"双子城"、唐朝齐州州城和宋朝济南府城与明清济南城几个发展阶段。1937 年被日本占领后作为交通运输枢纽来建设,规划的新市区位于经七路以南,四里山以北,齐鲁大学以西,岔路街以东地区。1941 年在胶济铁路以北开辟了北郊东、西部工业区,城市空间向南、向北扩展。1950 年代济南城市空间整体变化不大,仅向东、东北、北、西南方向有小规模蔓延式扩展。1960 至1970 年代受政治环境不稳定的影响,城市发展处于动荡时期,空间形态上呈东北-西南走向，工业主要沿铁路向西南、东北发展，居住区以老城为中心以向南扩展为主，城市增长以蔓延式分散式扩散为主。1980年代城市增长的沿"东北—西南"方向延伸，以东北方向为主；城区范围向东扩到五顶茂陵山和洪家楼，西到兴济河东的黄岗，南部和东南部到青龙山、千佛山和燕子山等山体的山脚下，正北沿济泺路和津浦铁路，越过小清河，抵黄河南岸附近。1990年代城市加速发展，主城区除东南部方向受山体阻挡，其他方向呈蔓延式增长，在东部的规划了经济技术开发区、高新技术产业开发区；向东扩展至大幸河和姚家东区，向西扩展到兴济河和长途客运西站西部，向南部绕过山体延伸，向北扩展到二环北路和姬家庄；城市空间形态表现为"摊大饼"的小范围向外蔓延扩展与内部填充式并存。2000年代城市空间增长转向内涵式增长方式，东部和西北部以高新科技区和工业区为主，南部和北部以居住用地为主，城市空间使用的集约化、立体化程度不断提高；空间上形成了"一城两组团"（主城区和王舍人、党家两组团）的格局；城市主要方向仍为东北—西南走向。

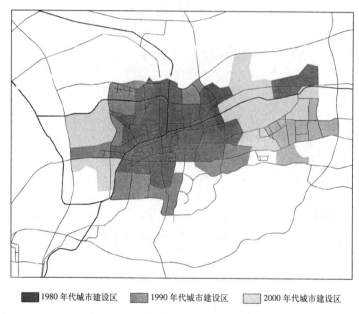

■1980年代城市建设区　■1990年代城市建设区　□2000年代城市建设区

图36　济南城市建设区演变图

37. 淄博

淄博为煤炭资源城市，1910年代德国修建胶济铁路的同时修筑了张店—博山和淄川—洪山两条铁路，打通了淄博的对外通道，确立了"T"形的城镇发展轴线架构，奠定了以交通轴线串联各大城镇与工矿点的组群式空间格局。1950 年代重点发展了重工业和资源型工业，城镇空间结构的基本形成。1960 年代淄川水源地与东营石油资源的发现促进了齐鲁石化公司的成立，使石化及相关产业在淄博集聚。1980 年代中期后工业布局向城市中心张店和胶济铁路沿线集中，形成了以胶济铁路和张博铁路为轴线的"T"字形框架的工业集聚带。

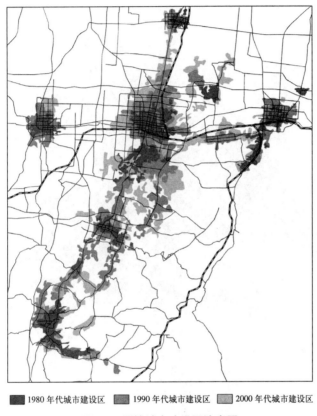

■ 1980 年代城市建设区　　■ 1990 年代城市建设区　　□ 2000 年代城市建设区

图 37　淄博城市建设区演变图

38. 徐州

徐州建于秦汉时期的彭城，面积约有 5.29km²；南北朝时期遭到严重破坏，至唐贞观年间在原城址重建了徐州城；明清时期按原城的模式在原址上进行了修建或重建，形成了以府署衙门为中心，南门大街为中轴线的空间格局。20 世纪初，京沪铁路、陇海铁路的修建促进了徐州的工业化进程，主要大型工业企业、部队等机构沿交通线建设，城市跨古黄河向东扩展，并沿铁路线两侧扩展，城市空间呈"指状"向外伸展。1950 至 1970 年代城市建设主要集中在城北，集中布局了工业区、居住区、铁路仓储区和编组站场区等;城西形成了生产办公和居住区,城南为文教区。1990 年代末逐渐由单一能源重工业和交通型城市转变为综合型工业基地、全国交通主枢纽和陇海—兰新经济带东部的中心城市,城市建设重点向东部和南部地区拓展,至 2000 年城市建成区面积达到 71.71km²,空间结构向组团式的发展,基本形成了一个中心区、一个风景区和几个组团的城市结构。

■ 1980 年代城市建设区　■ 1990 年代城市建设区　■ 2000 年代城市建设区

图 38　徐州城市建设区演变图

39. 无锡

无锡发展兴起于河运时代,在大运河沿岸呈方块状形态,明代以后逐渐突破城墙沿运河向南、北方向伸展呈带状。1906 年与大运河平的沪宁铁路通车强化了城市沿西北—东南的轴向拓展,至 1910 年城市伸展达 1.6km。新中国成立初期城市发展集中在环城河以内、运河和铁路之间以及河道间的空地填充上。1950年代工业用地的大规模扩展促使城市继续沿轴线向外拓展。1960年代以后公路运输逐渐代替了水路运输，城市空间扩展由单一的沿河变为沿河、沿路多方向扩展，空间形态趋向星状。1970年代城市沿路扩展成为空间增长的主要方式，表现为沿放射状公路均衡地向各个方向扩展，使城市空间向集中团块状演变。1992年在城市东南拓展轴上设立了国家高新技术产业开发区，之后在开发区基础上开发建设了无锡新区成为城市重点建设区，至2005年无锡新区面积达220km^2。

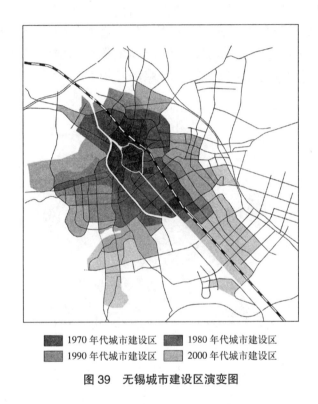

■ 1970年代城市建设区　　■ 1980年代城市建设区
■ 1990年代城市建设区　　■ 2000年代城市建设区

图39　无锡城市建设区演变图

40. 武汉

武汉由武昌、汉阳、汉口3镇组成，其中武昌最早建于三国时期的夏口，汉阳建于东汉末年的却月城，汉口建于明成化年间汉水改道所形成的码头和商业市镇。20世纪初，武汉"三镇鼎立"的空间格局基本形成，其中武昌、汉阳因建城较早受传统的城市布局思想影响较大，城址追求山环水绕，城市形态呈不规则方形或长方形，道路多呈方格网状；而汉口是作为水运码头和商业集市发展起来的，其空间结构形态主要沿汉水、长江岸线向外呈扇状发展。京汉铁路、粤汉铁路和川汉铁路的建设确立了武汉全国交通枢纽的地

245

位。"一五"、"二五"时期兴建了武汉钢铁厂、武汉重型机床厂、青山热电厂、武汉锅炉厂、武汉造船厂等工厂，形成了青山、答王庙、锛盂山、白沙洲、黄金山、十里铺、易家墩、堤角、庙山、鹦鹉洲等工业区，在空间上为多个分散的组团；1955～1957年武汉长江大桥建成，将武汉三镇连成整体。1960至1980年代受"大跃进"、"文化大革命"政治运动的影响城市空间没有大的突破。1980年代城市建设从工业转移到基础设施和居住区，先后兴建了建设大道、发展大道、青年大道、江汉北路、三阳北路、台北路、黄孝河路等城市干道，在北湖、鄂城墩、汉阳二桥头、三眼桥、花桥、钢花新村、常码头、东亭、晒湖、蔡家田、七里庙等地兴建了居住区。1990年代沌口开发区、东湖开发区的成立和发展，城市建设开始了新一轮的快速发展。2000年代以来随着城市中环线、大外环的建设，环路＋放射路的空间格局逐步成型，加速了城市由内向外同心圆式的扩展，城市建设主要沿河、沿路多方向分散扩展。

■ 1980年代城市建设区　■ 1990年代城市建设区　□ 2000年代城市建设区

图40　武汉城市建设区演变图

41. 广州

广州最早建于秦代的番禺城（任嚣城），后经南越国—三国—五代—宋—明5次较大的城池建设，长期处于有城墙围合的封闭式空间结构状态。到民国时期城墙逐渐被拆除，城市空间走向开放式的发展阶段，城市发展主要集中在荔湾、东山老城区及西南一带新兴商业场所，空间形态上呈团块状。1933 年海珠桥的建成带动了南岸海珠区的发展。1949 年后形成以旧城区为中心，沿珠江北岸向东发展的空间格局。1950 年代黄埔港的开辟促使许多大中型工业企业沿着珠江航道布置。1960 至 1970 年代广州火车站建设带动了城市向西北部发展，黄埔港建设带动城市沿广深公路向东发展，城市沿珠江水系发展的趋势更加明显。1980 年代形成以旧城区为第一组团、以天河为第二组团和黄埔为第三组团的带状城市空间结构。1990 年以后随着交通道路条件的改善，城市发展沿多个方向成触角状向外扩展。2000 年代以来在广州概念规划"东进、西联、南拓、北优"思想指导下，形成了"东进"、"南拓"两大轴线，城市空间跳跃式发展建设东部萝岗新城和南部的南沙滨海新城；2007 年第二版广州概念规划提出"中调"战略，强调旧城空间的调整更新，城市空间外延式与内涵式增长同时并举。

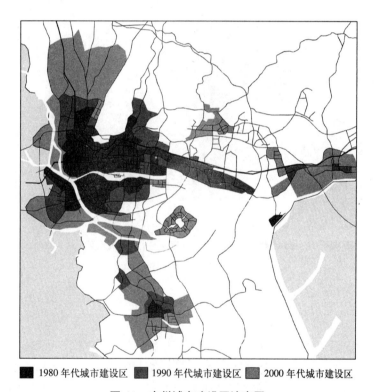

■ 1980 年代城市建设区　■ 1990 年代城市建设区　▨ 2000 年代城市建设区

图 41　广州城市建设区演变图

42. 杭州

　　杭州建于隋朝，至清末城市主要沿西湖、内河两侧及对外道路呈放射状拓展，城市形态较紧凑集中。1950 年代前沿铁路、公路线向外呈放射状扩展，城市建设范围限定在由湖滨路、南山路、庆春路和河坊街组成的区域之内。1950 至 1980 年代环城东路、环城西路、环城北路相继建成，城市空间在环线范围内沿放射状道路向外延伸。1980年代城市扩展的方向主要集中在主城区的外围、南部的杭州高新技术开发区和主城区东北部下沙区的杭州经济技术开发区。2000年代以来绕城公路及自西向东跨钱塘江的五座桥梁相继建成，城市实现的跨江发展，空间布局上"跨江沿江"的趋势明显，城市中心向东迁移。2001年杭州市行政区划调整后确定了"城市东扩，旅游西进，沿江开发，跨江发展"的城市空间发展战略。

■ 1930年代城市建设区 ■ 1980年代城市建设区 ▨ 1990年代城市建设区 ▨ 2000年代城市建设区

图42　杭州城市建设区演变图

43. 福州

福州建于汉代的冶城，为"北枕越王山，东、西、南三面绕以护城河"的城市空间格局，后经历了唐罗城、梁夹城与宋外城的变迁和发展，至明清时期在南部沿江形成独立的功能组团，与北部主城区相对为组团式的空间结构。鸦片战争后成为首批开埠的城市之一，促进了城市跨闽江的发展；马尾船政工业区的形成促进了福州城市空间沿闽江向下游跳跃式的发展。1919年拆除城墙并修筑了西南环城路，1928年对城内的主干道进行扩建形成了近代城市的主轴，期间工业区沿河道线型生长呈"带状"形态。抗战至新中国成立前城市形态变化不大。"一五"计划时期沿工业路形成了西工业区，先后建设了福建机器厂、上游造船厂、汽车修配厂、玻璃厂、

248

罐头厂等。"大跃进"及国民经济调整时期生产性用地迅速扩展，形成了东、西、南、北、洋里、港头等6个工业区，这些工业用地多是以道路为轴线伸展，主要拓展方向以东西向为主、南北向为辅；同时造成了城市内部工业与居住用地混杂的问题。"文化大革命"期间城市建设滞后，空间形态遭到破坏，尤其是镇海楼的拆毁破坏了福州传统"三山两塔一楼"的城市空间形态；期间交通联系轴间用地被填充，工业路以北的用地扩展至与台江组团的逐渐连片成块状。1980年代在中心城东面和西面的边缘地区先后建成王庄、上海、洋下、杨桥、浦下、三叉街、斗门、和五四路老干部古田新村等30片新村住宅区，促进了城市用地圈层式蔓延的扩展；1985年设立的福州经济技术开发区促进了城市"一城一组团"空间结构的形成。1990年代后在城市外围建设了一批成片开发工业的开发区、投资区、科技园区，这些工业园区的分布以东部和南部为主，兼有西部和北部的部分区域。2000年开始决定建设的大学城位于福州市中心城西侧，延伸了城市向西的拓展空间，福州城市空间开始跨乌龙江分片扩展。

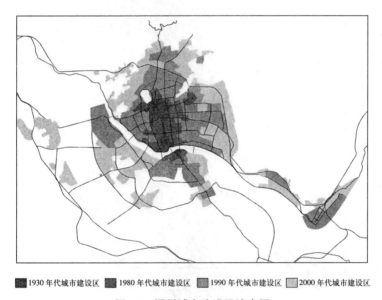

■1930年代城市建设区 ■1980年代城市建设区 ■1990年代城市建设区 ■2000年代城市建设区

图43 福州城市建设区演变图

44. 南京

南京建于战国时范鑫所筑土城，三国是吴国都城；明太祖定都南京时修筑的明城墙所圈定的城市范围对南京的城市空间发展有重要影响。民国时期开辟的中山路，将建成区与下关码头区联系起来促使南京城市空间向北、向东发展轴线的形成。1949～1957年借鉴苏联经验，提倡依托旧城在近郊设置工业项目,至 1957 年建成区面积达 54km²。1958 ～ 1965 年"大跃进"期间将城市框架过大、过散导致大量土地闲置浪费。1966 ～ 1978 年长江大桥的通车及冶金、化工等的建设使南京成为国家重化工业基地,在主城外围形成了迈皋桥、燕子矶机械化工区,尧化门—甘家巷炼油化工区,栖霞、龙潭建材工业区,板桥、西善桥冶金、机械工业区,大厂化工、冶金工业区等,城市空间形成了沿江的工业城镇的布局模式。1980 年代城市总体规划、分区规划的编制促进了南京的城市建设高潮。1990 年代南京都市圈空间框架初步拉开,发展较快的地区包括以三大开发区为依托的东山、新尧、浦口等,1994 年行政区划的调整后建成区以每年 3.2km² 的速度向外扩展,主要的扩展方向是沿长江向东北、西南和南面方向发展,空间扩展轴为东北—西南走向。2002 年江北地区撤县设区后的江北新区得到快速发展,沿西南—东北方向呈带状延伸。

■1980 年代城市建设区 ■1990 年代城市建设区 ■2000 年代城市建设区

图 44　南京城市建设区演变图

45. 重庆

重庆是典型的山城、江城，古代为两江交汇处形成的分散式的城市布局形态。1929年重庆建市，形成了半岛中心城、江北、南岸三足鼎立的空间格局。抗战时期为战时首都得到了较快发展，重点沿两江及城市对外交通干道向外扩展，建城区范围逐渐扩大到西至沙坪坝、东起涂山脚下，南抵大渡口，形态上表现为"大分散，小集中，梅花点状"的分散格局，到1938年建城区面积达近30km²。1950年代重点发展城市西部的大坪、杨家坪、石桥铺三角地区、沙坪坝、磁器口、小龙坎地区、大渡口地区、中梁山等地区。1960年代"三线"建设时期城市主要沿两江三线（长江、嘉陵江及成渝、襄渝、川黔铁路线）展开，形成了"有机松散、分片集中"的"组团式"空间结构。改革开放后主要向南北两翼发展，北部地区以江北观音桥为中心呈扇形格局，沿210国道等交通干道向江北方向推进；南部地区从杨家坪、石桥铺、凤鸣山一线向茄子溪、孙家湾方向发展；同时南坪和大石坝地区也因长江大桥和石门大桥的建成而发展起来；逐渐形成了"多中心、组团式"的城市空间结构。1997年重庆成为直辖城市后，空间维持"多中心、组团式"的布局结构，规划建设的"三片区，十二组团"分别是北部片区包括大石坝、观音桥、唐家沱三个组团；南部片区包括弹子石、南坪、李家沱三个组团；西部片区包括渝中、大杨石、大渡口、中梁山、沙坪坝、双碑六个组团。2009年设立"两江新区"，拥有副省级新区权力，城市空间进一步向北拓展。

■1950年代城市建设区 ■1980年代城市建设区 □2000年代城市建设区

图45 重庆城市建设区演变图

46. 吉林

吉林是东北历史最悠久的城市之一，曾为少数民族政权夫余国的都城；是清王朝的发祥地，主要依托松花江缓慢发展。"九·一八"事变后日本侵略者在这里建设了工业区，修建了龙丰、龙舒、拉滨铁路，促进了城市空间向沿交通路线南北向的扩展，城市空间增长表现出以古城为中心向东西两侧沿松花江延伸的特征。1950年代的先后两次进行跨江城市拓展，分别是1951年的江北重工业区和1956年的江南城市新区，使城市形成了"一江三区"的基本格局。1980年代将污染性逐步迁出市区布置在江南、哈达湾、泡子沿与八家子一带，形成了跨江发展的有机城市空间形态。1990年代重点建设了主城区与丰满、双吉两个外围组团，其中主城区包括由中心组团与江南、江北、西部、西南部四个边缘组团，从而促使城市向多中心分散组团式结构发展。

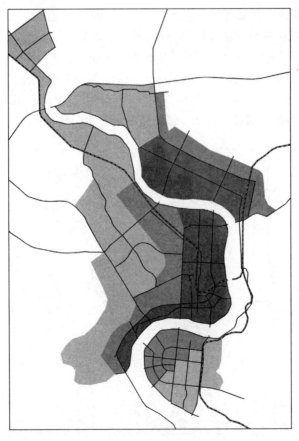

■1980年代城市建设区　■1990年代城市建设区　■2000年代城市建设区

图46　吉林城市建设区演变图

47. 上海

上海位于太湖水系下游苏州河与黄浦江汇流处，明清时由于商业贸易迅速发展使其成为繁荣的港口城市，水运是当时的主要对外交通方式，因此城市主要沿黄浦江南北方扩展和沿苏州河两岸向西北延伸，形成"扇形"放射状的空间形态。1843年辟为通商口岸后以沿黄浦江和沿苏州河间的横向填充为主，空间形态上趋向块状。1907～1909年沪宁、沪杭铁路通车后在铁路沿线和闸北区车段附近形成新区，城市空间沿黄浦江、苏州河和铁路线呈多轴放射状扩展。新中国成立后为我国最大的工业城市，以工业区建设为先导的城市扩展成为城市空间拓展的主要方式，在水运、铁路运输引导下城市继续沿黄浦江扩展，同时沿沪宁、沪杭铁路向西和东北方向伸展。1960年代以后公路运输逐渐成为对外运输的主要方式，城市开始以沿路向多个方向扩展，并不断进行轴间填充使整个城市比较均衡地成同心圆状推进。1980年代港口功能进一步加强，城市在黄浦江西侧向东北江湾五角场方向扩展，同时外围地区的闵行、吴径、嘉定、松江、安亭、金山和吴微等卫星城镇逐渐发展使上海城市空间的重要组成部分。1990年代浦东新区开发以来，新城建设和新产业空间在郊区崛起，2010年世博园区、深水港区、北外滩、上海南站等项目和设施的建设更加促进了上海向多中心多组团式空间形态结构发展。

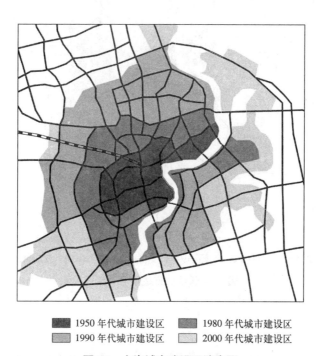

■ 1950 年代城市建设区　　■ 1980 年代城市建设区
■ 1990 年代城市建设区　　□ 2000 年代城市建设区

图 47　上海城市建设区演变图

253

48. 长沙

长沙形成于楚汉时期，之后到明清时期主要以纺织、药材、饮食、商业等为主，对外以湘江水运为主，通过湘江与武汉相连成为沿长江的重要通商口岸，城市空间结构及形态主要沿湘江呈带状发展。1930年代长沙现代工业逐渐兴起，铁路和公路的发展对长沙城市空间拓展有一定作用，但城市中心区仍以沿湘江发展为主，城市空间结构与明清时期相比变化不大。直到改革开放前主城区仍然被老铁路线和湘江所限制，1980年代随着新京广线的外迁、新火车站的修建才促使整个城市向东扩展。1990年代的城市空间以旧城为核心，外围向东西两翼伸展（东翼马泉、西翼天望），形成了"一中心两组团"（南面的坪塘、北面的捞霞组团）的城市空间结构。2000年代以来在长株潭一体化的区域发展背景下，城市空间以"重点向南、向东拓展"战略为指导，逐步形成一主（河东主城区）、两次（河西、星马）、四组团（捞霞、高星、暮云、含浦）的城市空间结构。

■1980年代城市建设区 ■1990年代城市建设区 □2000年代城市建设区

图48 长沙城市建设区演变图

49. 南昌

南昌建于汉高祖时的"灌城"，唐代的青瓷器在全国享有盛名，近代因战乱城市遭破坏。"一五"时期开辟了城北、城东两个工业区,同时建设的八一大道、北京西路和站前路,加强了市区中心与火车站的交通联系,推动了城市向东、向南发展,形成了以八一大道为主轴的城市空间形态。"大跃进"时期城市形成了城东文教区、昌北工业区和罗家工业区,并在外围地区建设了莲塘、向塘、长棱、罗家等卫星城镇。"文化大革命"时期城市建设工作遭到严重的破坏。1980年代城市建设主要集中在昌南地区,工业主要分布在昌南工业园和罗家工业组团,整个城市呈团块状发展,并逐渐沿井冈山大道、京九铁路向南延伸。1990年代开展了南昌新火车站、昌北民用机场、新八一大桥、红谷滩新区开发、老城区环境整治等一系列工程,城市"一江两岸"的格局逐渐成形。2000年代后红谷滩新区、瑶湖高校园区的建设对南昌城市空间形态产生了重要影响,城市空间向组团式结构转变,在昌北形成经济技术开发区、湾里、长埂3个功能组团,昌南形成中心组团、高新技术产业开发区组团、文化商住组团、城南工业组团4个功能组团。

■1950年代城市建设区 ■1970年代城市建设区 ■1980年代城市建设区
■1990年代城市建设区 ■2000年代城市建设区

图49 南昌城市建设区演变图

50. 厦门

　　厦门建于明代，城市规模较小，且几经拆毁、重建；郑成功曾在此建立政权。鸦片战争后经厦门移居海外的华侨人数不断增加，成为闽南华侨的出入口岸，但城市空间仍局限在厦门本岛西南地区。1920年代开展了大规模的城市建设，包括新修筑了51条路，修筑了长约2.86km的鹭江道堤岸，开辟了中山公园等。抗战后直到新中国成立前是作为前线城市，加上"文化大革命"期间十年动乱，厦门城市除发展了少量工业和基础设施外，城市空间始终没有超越以老城区为中心的三角区域。改革开放创办特区后，厦门得以迅猛发展，到1997年城市建成区面积扩展到近70km²，城市空间结构以厦门岛为中心，逐渐从本岛向岛外蔓延，形成环海湾"众星拱月，一城多镇"组团式的城市空间形态。

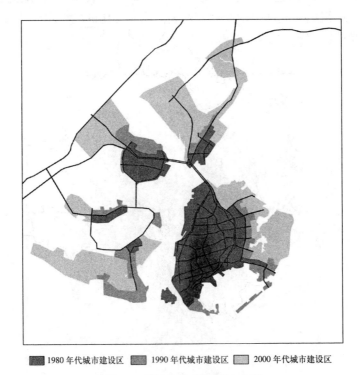

■ 1980年代城市建设区　■ 1990年代城市建设区　□ 2000年代城市建设区

图 50　厦门城市建设区演变图

51. 汕头

　　汕头最早做为潮州的外港形成和发展起来，开埠后逐步取代潮州的地位成为重要的海港城市。1920年代城市建设加快，城区路网呈放射状，初步形成了"四永一升平"的空间格局。抗战期间处于萧条的状态，城市建设基本停滞，仅向东有所延伸。1949～1978年经济发展呈曲折波浪式发展，城市建设主要致力于市政工程，在改造道路的同时，兴建市区交通桥梁；将市区南部外马路一带建成为行政区；南海路、民族路至外马路一带成为文化教育卫生综合区；并建设了光华埠、西港工业区和市区东北部工业区。1981年在龙湖区创办经济特区，1991年扩大到整个汕头市，期间城市建设取得较快发展，拓宽改造了北部与东北部的潮汕路、汕樟路、杏花桥，在南部兴建了客运码头、煤码头和粮杂码头，在东部新区形成了新的商贸区和住宅区，龙湖片加工区成为集中的工业区；城市主要向东和东北方向发展。1992年邓小平"南行讲话"后掀起了新一轮的建设高潮，先后完成了珠池港、海湾大桥、汕头机场改造工程、广澳港区和国际集装箱码头工程等一批重大项目的建设；城市建成区以向北岸的东部、东北部扩展为主，并将南岸作为汕头城市空间发展的组成部分，形成"一市两城，中间为水域和风景区"的组团式城市结构。

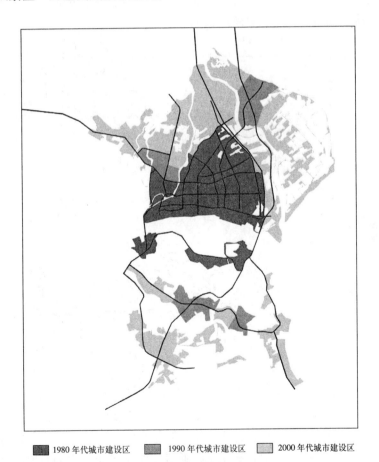

■ 1980年代城市建设区　　■ 1990年代城市建设区　　□ 2000年代城市建设区

图51　汕头城市建设区演变图

52. 天津

天津位于海河水系下游，水运在天津城市早期的发展中占有重要的地位，旧城建于明代，为一座东西长、南北短的长方形城市；清代扩大至东到大直沽，经宫南、宫北、侯家后，西抵马头一带，形成沿海河带状发展的形态。新中国成立后到改革开放前主要沿海河两岸向纵深地带扩展，并继续沿海河向东南延伸，到达张贵庄、小海地一带；城市扩展的主要沿与海河方向平行的津塘公路和大沽路伸展，空间形态上趋向块状；同时在海河下游开发塘沽，形成"一城一镇"的格局。1980年代塘沽地区沿海河东西扩展，向东往海岸推进，向西部沿河上溯；另一方面市区继续沿海河向出海口方向扩展，并建设了汉沽、北大港以及天津外围工业小城镇，从而形成了以天津市区—塘沽滨海城镇组群的带状城镇群形态。1990年代后随着滨海新区的开发，逐步同中心城区形成天津双极核的城市形态，西南面的海河方向成了这一时期的主要扩展方向，在海河方向的城市主轴上陆续建设了津滨高速、铁路、轻轨等快速通道。

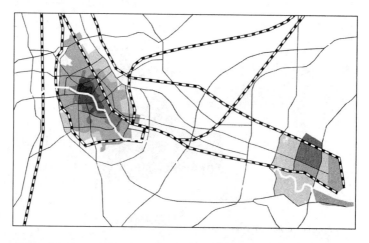

■1920年代城市建设区 ■1950年代城市建设区 ▨1980年代城市建设区 ▢2000年代城市建设区

图52 天津城市建设区演变图

53. 唐山

唐山建于明永乐年间，以农业生产为主，有少量采煤、采石、制陶等活动。1878开始兴建了唐山煤矿，是唐山城市建设的开始，修建了中国第一条标准轨距铁路（唐胥铁路），煤炭工业的兴起和铁路的修建促进了现代化工业的发展；1907年京奉铁路开通进一步促进了唐山的发展。之后至1976年地震前唐山成为以煤炭、钢铁、电力，陶瓷、建材等为主的重工业城市。1976年的唐山大地震造成了巨大损毁，地面建筑和城市基础设施全部被震毁。震后重建的唐山改变了工厂和住宅混杂交错，道路弯曲狭窄的面貌；工业区、生活区、商业区、仓库区进行了合理布局，到1986年城市建成区面积达101.38km²。1990年代后机场的搬迁为中心区发展提供了用地空间；丰润城区用地向唐遵线以西、京秦线以南、京沈高速公路以北发展；古冶城区将唐林古赵连成一片；开平区向南发展至京山铁路以北、半壁店村以东；城市空间上形成了"一市三城"（中心城区、丰润城区和古冶城区）布局结构。

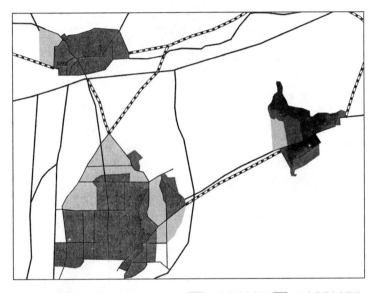

■1970年代城市建设区 ■1980年代城市建设区 ■1990年代城市建设区 ▨2000年代城市建设区

图53　唐山城市建设区演变图

54. 佛山

佛山兴起于宋代的工商业城镇，得益于河运区位的优势，至15世纪中叶佛山成为珠三角地区的经济中心，与汉口镇、景德镇、朱仙镇并称"中国四大名镇"，清初与京师、苏州、汉口并称为天下"四大聚"。鸦片战争后"五口通商"局面的形成，西、北江的水运地位下降，穗—港经济轴线迅速崛起；加之受西方工业产品的冲击，佛山农业与家庭手工业密切结合的传统经济体系解体，此后佛山在区域发展中的地位不断下降。新中国成立后建立了以机电、化工、建材为主的工业体系。1980年代在乡镇企业快速发展的带动下形成了典型的"自下而上"城市化发展模式，城市建设在城乡地域间蔓延，但城市化滞后于工业化，城市空间表现为单中心结构。

1990年代以来佛山城市发展进入了都市区化发展阶段，城市化发展中的政府主导与自发增长相结合，城市化模式由乡村城市化向提高城市发展质量转变，形成了网络状的城市空间结构。

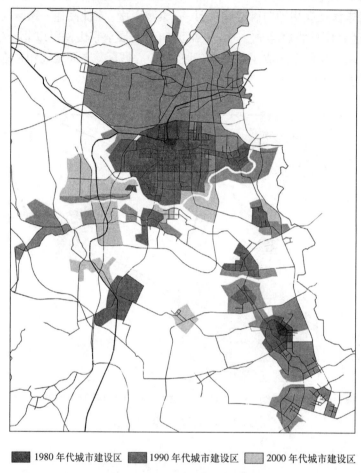

■ 1980年代城市建设区 ■ 1990年代城市建设区 □ 2000年代城市建设区

图54 佛山城市建设区演变图

55. 东莞

明代前期东莞城市空间以莞城为中心呈放射状网络结构，清代随着石龙崛起之后，形成以莞城—石龙为中心，东江水道为东西轴，石龙—莞城—到洛—厚街—太平、石龙—茶山—寮步—常平—塘下为南北轴的"π"形空间结构。1993年前东莞主要是以莞城、长安、塘厦、大朗等镇为中心向外"辐射式"扩张，城市扩张主要集中在西北部，莞城的扩张最为显著。1993～2001年东莞城市扩张主要以现有城市用地为基础向外呈网络状扩张；其中 1993 ~ 1997 年莞城、万江、东城、高埗和石碣是发展建设较快的地区，西南部的厚街、虎门和长安镇则沿交通线路向两侧扩张；1997 ~ 2001 年增长较快的地区主要在长安、虎门、厚街、大岭山、东城组成的中南部组团；2001 年后东城、寮步、东坑、横沥、常平等镇组成的中部板块扩张最显著，沿广深高速公路西南城镇带和沿广深铁路东南城镇带也有较明显扩张。

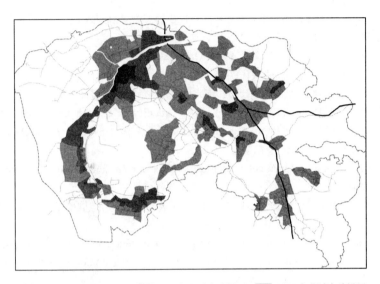

■ 1980 年代城市建设区　■ 1990 年代城市建设区　▨ 2000 年代城市建设区

图 55　东莞城市建设区演变图

参考文献

[1] 陈素蜜.遥感与地理信息系统相结合的城市空间扩展研究 [J].地理空间信息,2005. 3（1）：33-36.

[2] 蔡博峰,张增祥,刘斌等.基于遥感和 GIS 的天津城市空间形态变化分析 [J].地球信息科学,2007. 9（5）：89-93.

[3] 高杨,吕宁,薛重生等.基于 RS 和 GIS 的城市空间结构动态变化研究——以浙江省义乌市为例 [J].城市规划,2005. 29（9）：35-38.

[4] 段进.城市空间发展论 [M].ed. 1.南京：江苏科学技术出版社,1999.

[5] Clarke K C Hoppen S,Gaydos L. A self-modifying cellular automaton model of historical urbanization in the San Francisco Bay Area[J]. Environment and Planning B：Planning and Design,1997. 24：247-261.

[6] Batty M,Xie Y. From cells to cities[J]. Environment and Planning B,1994. 21：531-548.

[7] 吴启焰,张京祥,朱喜钢.现代中国城市居住空间分异机制的理论研究 [J].人文地理,2002. 17（3）：26-30.

[8] Li Xia,Yeh A G O. Modeling sustainable urban development by the integration of constrained cellular automata and GIS[J]. Int J Geographical Information Science,2000. 14（2）：131-152.

[9] 刘小平,黎夏.从高维特征空间中获取元胞自动机的非线性转换规则 [J].地理学报,2006. 61（6）：663-672.

[10] 黎夏,刘小平,李少英.智能式 GIS 与空间优化 [M].北京：科学出版社,2010.

[11] Wu F,Webster C J, Simulation of land development through the integration of cellular automata and multicriteria evaluation[J]. Environment and Planning B,1998. 25：103-126.

[12] 刘继生,陈涛.东北地区城市体系空间结构的分形研究 [J].地理科学,1995. 15(2)：136-143.

[13] 李江,段杰.组团式城市外围空间形态分形特征研究 [J].经济地理,2004. 24（1）：62-66.

[14] 舒倩,周国华,谭卫红.基于分形理论的城市体系空间结构研究——对比分析长江三角洲、珠江三角洲和东京圈 [J].热带地理,2005. 25（2）：103-106.

[15] 尚正永,张小林.长江三角洲城市体系空间结构及其分形特征 [J].经济地理,2009. 29（6）：913-917,928.

[16] 余瑞林,王新生,孙艳玲等.中国城市空间形态分形维及时空演变 [J].地域研究与开发,2007. 26（2）：43-47.

[17] 苗长虹.变革中的西方经济地理学：制度、文化、关系与尺度转向 [J].人文地理,2004. 19（4）：68-76.

[18] 吕拉昌.“城市空间转向”与新城市地理研究 [J]. 世界地理研究, 2008. 17（1）: 32-38.

[19] 纪良纲, 陈晓永. 城市化与产业集聚互动发展研究 [M]. 北京: 冶金工业出版社, 2005.

[20] 马润潮. 西方经济地理学之演变及海峡两岸地理学者应有的认识 [J]. 地理研究, 2004. 23（5）: 573-580.

[21] Douglass C. North. Institution institutional change and economic performance[M]. ed. 1. New York: Cambridge University Press, 1990.

[22] 熊国平. 90 年代以来中国城市形态演变研究 [D]. 南京: 南京大学, 2005.

[23] 黄亚平. 城市空间理论与空间分析 [M]. 南京: 东南大学出版社, 2002.

[24] 阎川. 开发区蔓延反思及控制 [M]. 北京: 中国建筑工业出版社, 2008.

[25] 于英. 城市空间形态维度的复杂循环研究 [D]. 哈尔滨: 哈尔滨工业大学, 2009.

[26] 邰艳丽. 东北地区城市空间形态研究 [M]. 北京: 中国建筑工业出版社, 2006.

[27] J W R Whitehand, N J Morton. Urban morphology and planning: the case of fringe belts[J]. Cities, 2004. 21（4）: 275–289.

[28] 栾峰, 王忆云. 城市空间形态成因机制解释的概念框架建构 [J]. 城市规划, 2008. 32（5）: 31-37.

[29] 梁鹤年. 中国城市规划理论的开发: 一些随想 [J]. 城市规划学刊, 2009（179）: 14-17.

[30] 邰艳丽. 东北地区古代城市空间形态发展背景与进程 [J]. 地理科学, 2010. 30（1）: 8-14.

[31] 宛素春. 城市空间形态解析 [M]. 北京: 科学出版社, 2004.

[32] 张骁鸣. 形态·结构·空间结构: 由《集聚与扩散》引发的思考 [J]. 规划师, 2003(5): 55-58.

[33] 段进. 城市空间发展论 [M]. ed. 2. 南京: 江苏科学技术出版社, 2006.

[34] 朱喜钢. 城市空间有机集中规律探索 [J]. 城市规划汇刊, 2000（3）: 47-51, 60.

[35] 朱喜钢. 城市空间集中与分散的哲学透视 [J]. 人文地理, 2004. 19（4）: 45-49.

[36] Michael Batty, Nancy Chin, Elena Besussi. State of the Art Review of Urban Sprawl Impacts and Measurement Techniques. 2002, CASA-University College of London.

[37] Helene H. Wagner, Marie-Josée Fortin. Spatial Analysis of Landscapes: Concepts and Statistics[J]. Ecology, 2005. 86（8）: 1975-1987.

[38] Lien Poelmans, Anton Van Rompaey. Complexity and performance of urban expansion models[J]. Computers, Environment and Urban Systems, 2010. 34: 17–27.

[39] Jochen A G Jaeger, Rene´ Bertiller, Christian Schwick. Urban permeation of landscapes and sprawl per capita: New measures of urban sprawl[J]. Ecological Indicators, 2010. 10: 427-441.

[40] 吴志强. 百年西方城市规划理论史纲 [J]. 城市规划汇刊, 2000（2）: 9-18, 53.

[41] P. 霍尔. 城市与区域规划 [M]. 邹得慈, 金经元译. 北京: 中国建筑工业出版社, 1985.

[42] 胡俊. 中国城市: 模式与演进 [M]. 北京: 中国建筑工业出版社, 1994.

[43] 周春山. 城市空间结构与形态 [M]. ed. 1. 北京: 科学出版社, 2007.

[44] Chris Webster. Pricing accessibility: Urban morphology, design and missing markets[J]. Progress in Planning, 2010. 73: 77–111.

[45] Lewis.Mumford. The city in history: its origins, its transformations, and its prospects[M]. New York: Harcourt, Brace & World, 1961.

[46] R J Bennett, R P Haining. Spatial Structure and Spatial Interaction: Modelling Approaches to the Statistical Analysis of Geographical Data[J]. Journal of the Royal Statistical Society, 1985. 148 (1): 1-36.

[47] Gallion, Simon Eisner. Urban Pattern[M]. New York: Van Nostrand, 1975.

[48] 沈玉麟. 外国城市建设史 [M]. 北京: 中国建筑工业出版社, 1989.

[49] Gidens. Golany, Urban design morphology and thermal performance[J]. Atmospheric Enuironment, 1996. 30 (3): 455-465.

[50] 叶昌东, 周春山. 城市新区开发的理论与实践 [J]. 世界地理研究, 2010. 19 (4): 106-112.

[51] Martin T Katzman.The Von Thuenen Paradigm, the Industrial-Urban Hypothesis, and the Spatial Structure of Agriculture[J]. American Journal of Agricultural Economics, 1974. 56 (4): 683-696.

[52] M Clarke, A G Wilson. The dynamics of urban spatial structure: the progress of a research programme[J]. Transactions of the Institute of British Geographers, 1985. 10: 427-451.

[53] Homer Hoyt. One hundred years of land values in Chicago[M]. New York: Arno Press, 1970.

[54] David Clark. Interdependent Urbanization in an Urban World: An Historical Overview[J]. The Geographical Journal, 1998. 164 (1): 85-95.

[55] 梁鹤年. 经济·土地·城市研究思路与方法 [M]. 北京: 商务印书馆, 2008.

[56] Simon Parker. Urban Theory and the Urban Experience[M]. London: Routledge, 2004.

[57] Jack Harvey. Ernie Jowsey, Urban land Economics[M]. ed. 6. New york: Palgrave Macmillan, 2004.

[58] John Friedmann. Ferritory and Function: the Evolution of Regional Planning[M]. London: Edward Arnold, 1976.

[59] John Friedmann. Urbanization, Planning and National Development[M]. London: Sage Publications, 1973.

[60] Darren Robinson. Urban morphology and indicators of radiation availability[J]. Solar Energy, 2006. 80: 1643–1648.

[61] Soe W Myint. An exploration of spatial dispersion, pattern, and association of socio-economic functional units in an urban system[J]. Applied Geography, 2008. 28: 168–188.

[62] Murdie R A. Factorial ecology of metropolitan toronto[M]. 1969, Chicago: University of Chicago.

[63] Alonso William. Location and land use: Toward a general theory of land rent[M]. Cambridge: Harvard University Press, 1964.

[64] R F Muth. Cities and housing: the spatial pattern of urban residential land use[M]. Chicago: The University of Chicago Press, 1969.

[65] Yves Zenou, Tony E Smith. Efficiency wages, involuntary unemployment and urban spatial structure[J]. Regional Science and Urban Economics, 1995. 25: 547-573.

[66] Linda Harris Dobkins, Yannis M Ioannides. Spatial interactions among U.S. cities: 1900–1990[J]. Regional Science and Urban Economics, 2001. 31: 701–731.

[67] Emília MalcataRebelo. Urban planning in office markets: A methodological approach[J]. Land UsePolicy, 2010: P. doi: 10.1016/j.landusepol.2010.05.003.

[68] Jan K Brueckner. Urban Sprawl: Diagnosis and Remedies[J]. International Regional Science Review, 2000. 23 (2): 160-171.

[69] T C Matisziw, T H Grubesic, H Wei. A generalised representation for a comprehensive urban and regional model[J]. Computers, Environment and Urban Systems, 2008. 32: 81–93.

[70] Robert Fishman. Bourgeois Utopias: The Rise and Fall of Suburbia [M]. New York: Basic Books, 1987.

[71] Nen. Brenner. State territorial restructuring and the production of spatial scale: Urban and regional planning in the Federal Republic of Germany, 1960–1990[J]. Political Geography, 1997. 16 (4): 273-306.

[72] Yang Zhang, Komei Sasaki. Effects of subcenter formation on urban spatial structure[J]. Regional Science and Urban Economics, 1997 (27): 297-324.

[73] Lori A. Hennings, W Daniel Edge. Riparian Bird Community Structure in Portland, Oregon: Habitat, Urbanization, and Spatial Scale Patterns[J]. The Condor, 2003. 105 (2): 288-302.

[74] Peter Katz. The new urbanism: toward an architecture of community [M]. New York: McGrawHill, 1994.

[75] Roberto Camagni, Maria Cristina Gibelli, Paolo Rigamonti. Urban mobility and urban form: the social and environmental costs of different patterns of urban expansion [J]. Ecological Economics, 2002. 40: 199-216.

[76] Katarina Löfvenhaft. Cristina Björn, Margareta Ihse. Biotope patterns in urban areas: a conceptual model integrating biodiversity issues in spatial planning[J]. Landscape and Urban Planning, 2002. 58: 223–240.

[77] José I. Barredo, Luca Demicheli. Urban sustainability in developing countries' megacities: modelling and predicting future urban growth in Lagos[J]. Cities, 2003. 20 (5): 297-310.

[78] Wei Yaping, Zhao Min. Urban spill over vs. local urban sprawl: Entangling land-use regulations in the urban growth of China's megacities[J]. Land Use Policy, 2009. 26: 1031–1045.

[79] Eugenie L Birch. The Urban and Regional Planning Reader[M]. New York: Routledge, 2009.

[80] 陈戴臻. 节约型城市空间增长研究——以广州市为例 [D]. 广州: 中山大学. 2008.

[81] Gerrit Jan Knaap Yan Song. New urbanism and housing values: a disaggregate

assessment[J]. Journal of Urban Economics, 2003. 54: 218-238.

[82] Paul A Longley, Michael Batty, John Shepherd. The Size, Shape and Dimension of Urban Settlements[J]. Transactions of the Institute of British Geographers, New Series, 1991. 16 (1): 75-94.

[83] Timothy J Dowling. Reflections on Urban Sprawl, Smart Growth, and the Fifth Amendment[J]. University of Pennsylvania Law Review, 2000. 148 (3): 873-887.

[84] Gyoungju Lee. A spatial statistical approach to examining sprawled urban growth patterns over time in the framework of Geographic Information Systems (GIS) [D]. Buffalo: The State University of New York at Buffalo. 2008.

[85] M B Gleave. Port activities and the spatial structure of cities the case of Freetown, Sierra Leone[J]. Journal of Transport Geography, 1997. 5 (4): 257-275.

[86] Michael Jenks, Mike Jenks, Rod Burgess. Compact cities: sustainable urban forms for developing countries [M]. Suffolk: St Edmundsbury Press, 2000.

[87] 叶昌东, 周春山. 低碳社区建设框架与形式 [J]. 现代城市研究, 2010 (8): 30-33.

[88] Mikael Johnson Eva Heiskanen, Simon Robinson, Edina Vadovics, Mika Saastamoinen. Low-carbon communities as a context for individual behavioural change[J]. Energy Policy, 2009.

[89] John Peponis, Catherine Ross, Mahbub Rashid. The structure of urban space, movement and co-presence: The case of Atlanta[J]. Geoforum, 1997. 28 (3-4): 341-358.

[90] Jose Julio Lima. Socio-spatial segregation and urban form Belém at the end of the 1990s[J]. Geoforum, 2001. 32: 493-507.

[91] M Crang. Between places: producing hubs, flows and networks[J]. Environment and planning A, 2002. 34 (4): 569-574.

[92] Pengjun Zhao. Sustainable urban expansion and transportation in a growing megacity: Consequences of urban sprawl for mobility on the urban fringe of Beijing[J]. Habitat International, 2010. 34: 236–243.

[93] Miguel A Fortuna, Carola Gómez-Rodríguez, Jordi Bascompte. Spatial Network Structure and Amphibian Persistence in Stochastic Environments[J]. Biological Sciences, 2006. 273 (1592): 1429-1434.

[94] Manuel Castells. Space of Flows[J]. 2006.

[95] Marjo Kasanko, Jos'e I Barredo, Carlo Lavalle, Are European cities becoming dispersed? A comparative analysis of 15 European urban areas[J]. Landscape and Urban Planning, 2006. 77: 111–130.

[96] Manul Castell, Gustavo Cardoso. The Network Society: From Knowledge to Policy[M]. Washington: Center for Transatlantic Relations, 2005.

[97] J V Beaverstock, Smith, R G , Taylor P J World city network: a new metageography?[J]. Annals of the Association of American Geographers, 2000a. 90 (1): 123–134.

[98] Alain Bertaud. The Spatial organization of cities: deliberate Outcome or Unforeseen Consequence?, in The Urban and Regional Planning Reader [M]. E L Birch, Editor.

Routledge: New York, 2004.

[99] Ho-Sang Lee. The structure of the international network throuth the social network analysis[J]. journal of geography, 2008. 117 (6): 985-996.

[100] John Friedmann. Planning in the public domain: from knowledge to action [M]. Chichester: Princeton University Press, 1987.

[101] Philip Cooke. Modern Urban Theory in Question[J]. Transactions of the Institute of British Geographers, New Series, 1990. 15 (3): 331-343.

[102] John Friedmann. The World City Hypothesis[J]. Development and Change, 1986. 17 (1): 69-83.

[103] Andrew D Lipman, Alan D Sugarman, Robert F Cushman. Teleports and the Intelligent City[M]. Homewood, Illinois: Dow Jones-Irwin, 1986.

[104] William H. Dutton. Wired cities: shaping the future of communications[M]. Boston: G K Hall & Co, 1987.

[105] William J Mitchell. City of bits: space, place, and the infobahn [M]. 1996: First MIT Press paperback edition.

[106] Tony E Smith, Yves Zenou. Spatial mismatch, search effort, and urban spatial structure[J]. Journal of Urban Economics, 2003. 54: 129-156.

[107] Robert Fishman. Bourgeois Utopias: Visions of Suburbia.Readings in Urban Theory[M]. Blackwell Publishers, 1996.

[108] Robert Fishman. Beyond Suburbia: The Rise of the Technoburb.The City Reader[M]. Routledge, 1996.

[109] Robert Fishman. Global Suburbs[J]. www.caup.umich.edu/workingpapers.

[110] Brian Deal, Daniel Schunk. Spatial dynamic modeling and urban land use transformation: a simulation approach to assessing the costs of urban sprawl[J]. Ecological Economics, 2004. 51: 79-95.

[111] Jingnan Huang, X.X. Lu, Jefferey M Sellers. A global comparative analysis of urban form: Applying spatial metrics and remote sensing[J]. Landscape and Urban Planning, 2007. 82: 184–197.

[112] Qing Shen. Spatial technologies, accessibility, and the social construction of urban space[J]. Computers, Environment and Urban Systems, 1998. 22 (5): 447-464.

[113] D P Ward, A T Murray, S R Phinn. A stochastically constrained cellular model of urban growth[J]. Computers, Environment and Urban Systems, 2000. 24: 539-558.

[114] Martin Herold, Noah C Goldstein, Keith C Clarke. The spatiotemporal form of urban growth: measurement, analysis and modeling[J]. Remote Sensing of Environment, 2003. 86: 286–302.

[115] Hillier B Space is the Machine: A Configurational Theory of Architecture[M]. Cambridge: Cambridge University Press, 1996.

[116] Ronan Paddison. Handbook of Urban Studies[M]. London: SAGE Publications Inc, 2001.

[117] P M Allen. Cities and Regions as self-organizing systems Models of Complexity[M]. Gordon and Breach Science Publishers, 1997.

[118] C. 亚历山大，严小婴（译）. 城市并非树形 [J]. 建筑师，1986. 24.

[119] Fred Moavenzadeh, Keisuke Hanaki, Peter Baccini. Future cities: Dynamics and Sustainability[M]. Kluwer Academic Publishers, 2002.

[120] 冯健，周一星. 中国城市内部空间结构研究进展与展望 [J]. 地理科学进展，2003. 22（3）：304-315.

[121] 虞蔚. 城市社会空间的研究与规划 [J]. 城市规划，1986（6）：25-28.

[122] 邹德慈. 汽车时代的城市空间结构——赴美考察有感 [J]. 城市规划，1987（5）：16-22.

[123] 许学强，胡华颖，叶嘉安. 广州市社会空间结构的因子生态分析 [J]. 地理学报，1989. 44（4）：385-399.

[124] 吴良镛. 历史文化名城的规划结构、旧城更新与城市设计 [J]. 城市规划，1983(6)：2-12，35.

[125] 武进. 中国城市形态 [M]. 南京：江苏科技出版社，1990.

[126] 冯健. 转型期中国城市内部空间重构 [M]. 北京：科学出版社，2003.

[127] 张京祥，罗震东，何建颐. 体制转型与中国城市空间重构 [M]. ed. 1. 南京：东南大学出版社，2007.

[128] Laurence J C Ma. Economic reforms, urban spatial restructuring, and planning in China[J]. Progress in Planning, 2004. 61: 237–260.

[129] 卜雪旸. 当代西方城市可持续发展空间理论研究热点和争论 [J]. 城市规划学刊，2006. 4（164）：106-110.

[130] 姚士谋，陈振光，朱英明. 中国城市群 [M]. ed. 1. 合肥：中国科学技术大学出版社，1992.

[131] 许学强，姚华松. 百年来中国城市地理学研究回顾及展望 [J]. 经济地理，2009. 29（9）：1412-1420.

[132] 王铮，邓悦，宋秀坤. 上海城市空间结构的复杂性分析 [J]. 地理科学进展，2001. 20（4）：331-339.

[133] 林炳耀. 城市空间形态的计量方法及其评价 [J]. 城市规划汇刊，1998（3）：42-45.

[134] 董鉴泓. 中国城市建设史 [M]. ed. 1. 北京：中国建筑工业出版社，1982.

[135] 傅崇兰. 中国运河城市发展史 [M]. ed. 1. 成都：四川人民出版社，1985.

[136] 叶骁军. 中国都城发展史 [M]. 陕西人民出版社，1988.

[137] C P LO. The Urban Models of China[J]. 中国地理学科（香港），1981（2）.

[138] 朱锡金. 城市结构的活性 [J]. 城市规划汇刊，1987（5）.

[139] Kam Wing Chan, Xueqiang Xu. Urban population growth and urbanization in China since 1949: reconstructing a baseline[J]. China Quarterly, 1985. 104: 583-613.

[140] 崔功豪，武进. 中国城市边缘区空间结构特征及其发展——以南京等城市为例 [J]. 地理学报，1990. 45（4）：399-411.

[141] 吴缚龙. 应开展我国城市空间结构的实证研究 [J]. 城市规划，1990（6）：63.

[142] C Y Jim, H T Liu. Patterns and Dynamics of Urban Forests in Relation to Land Use and Development History in Guangzhou City, China[J]. The Geographical Journal, 2001. 167（4）：358-375.

[143] George C S Lin, Samuel P S Ho. China's land resources and land use change:

insights from the 1996 land survey[J]. Land Use Policy 2003. 20（3）：87-107.

[144] 胡兆量，福琴．北京人口的圈层变化 [J]. 城市问题，1994（4）：42-45.

[145] 周春山．改革开放以来大都市人口分布与迁居研究——以广州为例 [M]. 广州：
广州高等教育出版社，1996.

[146] 冯健．杭州城市工业的空间扩散与郊区化研究 [J]. 城市规划汇刊，2002（138）：
42-47，80.

[147] 周一星，孟延春．沈阳的郊区化——兼论中西方郊区化的比较 [J]. 地理学报，
1997. 52（4）：289-299.

[148] 顾朝林，C·克斯特洛德．北京社会极化与空间分异研究 [J]. 地理学报，1997. 52
（5）：385-393.

[149] 陈果，顾朝林，吴缚龙．南京城市贫困空间调查与分析 [J]. 地理科学，2004. 24
（5）：542-549.

[150] 袁媛，许学强．广州市城市贫困空间分布、演变和规划启示 [J]. 城市规划学刊，
2008（176）：87-91.

[151] 王兴中．中国城市社会空间结构研究 [M]. 北京：科学出版社，2000.

[152] 柴彦威．以单位为基础的中国城市内部生活空间结构——兰州市的实证研究 [J].
地理研究，1996. 15（1）：30-38.

[153] 阎小培，周春山，冷勇．广州 CBD 的功能特征与空间结构 [J]. 地理学报，2000.
55（4）：475-486.

[154] 仵宗卿，戴学珍．北京市商业中心的空间结构研究 [J]. 城市规划，2001. 25（10）：
15-19.

[155] 王缉慈等．创新的空间——企业集群与区域发展 [M]. 北京：北京大学出版社，
2001.

[156] 朱玉明．城市产业结构调整与空间结构演变关联研究——以济南市为例 [J]. 人文
地理，2001. 16（1）：84-87.

[157] 吕拉昌．新经济时代我国特大城市发展与空间组织 [J]. 人文地理，2004. 19（2）：
17-21.

[158] 吴缚龙．城市空间结构的控制与规划管理 [J]. 城市问题，1994（3）：12-15.

[159] 闫小培，魏立华，周锐波．快速城市化地区城乡关系协调研究——以广州市"城
中村"改造为例 [J]. 城市规划，2004. 28（3）：30-38.

[160] 张晓平，刘卫东．开发区与我国城市空间结构演进及其动力机制 [J]. 地理科学，
2003. 23（2）：142-149.

[161] 吴启焰．城市密集区空间结构特征及演变机制——从城市群到大都市带 [J]. 人文
地理，1999. 14（1）：11-16.

[162] 赵和生．城市规划与城市发展 [M]. 南京：东南大学出版社，1999.

[163] 周一星．城镇郊区化和逆城镇化 [J]. 城市，1995（4）：7-10.

[164] 周一星．北京的郊区化及引发的思考 [J]. 地理科学，1996. 16（3）：198-206.

[165] 陈文娟，蔡人群．广州城市郊区化的进程及动力机制 [J]. 热带地理，1996. 16（2）：
122-129.

[166] 周一星，孟延春．中国大城市的郊区化趋势 [J]. 城市规划汇刊，1998（3）：
22-26，64.

[167] 冯健. 杭州城市郊区化发展机制分析 [J]. 地理学与国土研究, 2002. 18 (2)：88-92.

[168] 华天舒, 徐敏娟. 上海城市郊区化浅析 [J]. 现代城市研究, 2002 (4)：27-32.

[169] 冯健. 杭州城市形态与土地利用结构的时空演化 [J]. 地理学报, 2003. 58 (3)：343-353.

[170] 陈彦光, 刘继生. 基于引力模型的城市空间互相关和功率谱分析——引力模型的理论证明、函数推广及应用实例 [J]. 地理研究, 2002. 21 (6)：742-752.

[171] 周春山, 刘洋, 朱红. 转型时期广州市社会区分析 [J]. 地理学报, 2006. 61 (10)：1046-1056.

[172] 周春山, 陈素素, 罗彦. 广州市建成区住房空间结构及其成因 [J]. 地理研究, 2005. 24 (1)：77-88.

[173] 冯健, 周一星. 北京都市区社会空间结构及其演化 (1982-2000) [J]. 地理研究, 2003. 22 (4)：465-483.

[174] 谢守红, 宁越敏. 广州城市空间结构特征及优化模式研究 [J]. 现代城市研究, 2004 (10)：27-31.

[175] 张京祥, 吴缚龙, 马润潮. 体制转型与中国城市空间重构——建立一种空间演化的制度分析框架 [J]. 城市规划, 2008. 32 (6)：55-60.

[176] 王慧. 开发区发展与西安城市经济社会空间极化分异 [J]. 地理学报, 2006. 61 (10)：1011-1024.

[177] 王战和, 许玲. 高新技术产业开发区与城市经济空间结构演变 [J]. 人文地理, 2005 (82)：98-100.

[178] 李志刚, 吴缚龙, 高向. "全球城市"极化与上海社会空间分异研究 [J]. 地理科学, 2007. 27 (3)：304-311.

[179] 张庭伟. 全球转型时期的城市对策 [J]. 城市规划, 2009. 33 (5)：9-21.

[180] 甄峰, 顾朝林. 信息时代空间结构研究新进展 [J]. 地理研究, 2002. 21 (2)：257-266.

[181] 汪明峰, 宁越敏. 网络信息空间的城市地理学研究——综述与展望 [J]. 地球科学进展, 2002. 17 (6)：855-863.

[182] 张楠楠, 顾朝林. 从地理空间到复合式空间——信息网络影响下的城市空间 [J]. 人文地理, 2002. 17 (4)：20-24.

[183] 马强, 徐循初. "精明增长"策略与我国的城市空间扩展 [J]. 城市规划汇刊, 2004 (151)：16-22, 95.

[184] 陈爽, 刘云霞, 彭立华. 城市生态空间演变规律及调控机制——以南京市为例 [J]. 生态学报, 2008. 28 (5)：2270-2278.

[185] 潘海啸, 汤锡, 吴锦瑜等. 中国"低碳城市"的空间规划策略 [J]. 城市规划学刊, 2008. 6：57-64.

[186] 顾朝林, 谭纵波, 刘宛等. 气候变化、碳排放与低碳城市规划研究进展 [J]. 城市规划学刊, 2009 (3)：38-45.

[187] 周春山, 叶昌东. 中国城市空间结构研究进展评述 [J]. 地理科学进展, 2013, 32 (7)：1030-1038.

[188] 许学强, 周一星, 宁越敏. 城市地理学 [M]. 北京：高等教育出版社, 2009.

[189] 周一星, 孙则昕. 再论中国城市的职能分类 [J]. 地理研究, 1997. 16 (1): 11-22.

[190] 许峰, 周一星. 科学划分我国城市的职能类型建立分类指导的扩大内需政策 [J]. 城市发展研究, 2010. 17 (2): 88-97.

[191] 梁江, 孙晖. 计划经济模式的城区中心的城市形态分析 [J]. 现代城市研究, 2006 (6): 46-52.

[192] 周安伟. 计划经济体制下城市商业网点规划理论的解构 [J]. 城市规划汇刊, 1994 (2): 52-56.

[193] Miquel-Àngel Garcia-López. Population suburbanization in Barcelona, 1991–2005: Is its spatial structure changing?[J]. Journal of Housing Economics, 2010. 19: 119–132.

[194] 曼纽尔·卡斯特 (著), 杨友仁 (译). 全球化、信息化与城市管理 [J]. 国外城市规划, 2006. 21 (5): 88-92.

[195] 迪肯 (著), 刘卫东等 (译). 全球性转变——重塑 21 世纪的全球经济地图 [M]. 商务印书馆, 2007.

[196] Peter Hall (著), 陈闽齐 (译). 全球城市 [J]. 国外城市规划, 2005. 19 (4): 6-10.

[197] P J Taylor. Specification of the world city network[J]. Geographical Analysis, 2001. 33 (2): 181–194.

[198] P J Taylor, Aranya. A global 'urban roller coaster'? Connectivity changes in the world city network, 2000–04[J]. Regional Studies, 2008. 42: 1–16.

[199] A M Townsend. The Internet and the rise of the new network cities (1969–1999) [J]. Environment and Planning B, 2001. 28: 39–58.

[200] D J Keeling. Transportation geography: new directions on wellworn trails[J]. Progress in Human Geography, 2007. 31 (2): 217–225.

[201] 郑国, 邱士可. 转型期开发区发展与城市空间重构——以北京市为例 [J]. 地域研究与开发, 2005. 24 (6): 39-42.

[202] 刘伟奇. 长三角国家级开发区与城市空间效益比较研究 [J]. 城市问题, 2009 (163): 10-17.

[203] 任春洋. 新开发大学城地区土地空间布局规划模式探析 [J]. 城市规划汇刊, 2003 (146): 90-92, 94.

[204] 高相铎, 李诚固, 高艳丽. 西部大学城对未来西安市城市空间扩散的影响 [J]. 人文地理, 2005 (85): 62-65.

[205] 姚士谋, 冯长春, 王成新. 中国城镇化及其资源环境基础 [M]. 北京: 科学出版社, 2010.

[206] 蒋峻涛. 当前我国城市新中心区规划建设的隐忧 [J]. 城市规划, 2005. 29 (11): 72-74.

[207] 张立. 大学城是"政策的失误"还是"建设管理的价值偏离"——大学城建设的公共政策分析 [J]. 现代城市研究, 2006 (9): 72-80.

[208] 吴志强, 干靓. 世博会选址与城市空间发展 [J]. 城市规划学刊, 2005 (4): 10-15.

[209] 崔宁. 重大城市事件对城市空间结构的影响——以上海世博会为例 [D]. 上海: 同济大学. 2007.

[210] 周维颖. 新产业区演进的经济分析 [M]. 上海: 复旦大学出版社, 2004.

[211] 张艳.开发区空间拓展与城市空间重构——苏锡常的实证分析与讨论 [J]. 城市规划学刊, 2007（167）：49-54.

[212] 杨东峰, 殷成志, 易正晖.沿海开发区的现实图景及其深层剖析——以天津开发区为例 [J]. 城市问题, 2007（144）：29-34.

[213] 邢海峰, 马玫.城市开发区空间有机生长的规划研究——以天津经济技术开发区为例 [J]. 城市开发, 2003（6）：18-21.

[214] 黄珍, 段险峰.城市新区发展的经济学研究方法初探 [J]. 城市规划, 2004.28（2）：43-47.

[215] 赵英魁, 张建军, 王丽丹.沈抚同城区域协作探索——以沈抚同城化规划为例 [J]. 城市规划, 2010.34（3）：85-88.

[216] 邢铭.沈抚同城化建设的若干思考 [J]. 城市规划, 2007.31（10）：52-56.

[217] 胡序威, 周一星, 顾朝林.中国沿海城镇密集地区空间集聚与扩散研究 [M]. 北京：科学出版社, 2000.

[218] 罗世俊, 焦华富, 王秉建.基于城市成长能力的长三角城市群空间发展态势分析 [J]. 经济地理, 2009.29（3）：409-414.

[219] 张虹鸥, 叶玉瑶, 陈绍愿.珠江三角洲城市群城市规模分布变化及其空间特征 [J]. 经济地理, 2006.26（5）：806-809.

[220] 叶昌东, 周春山.近 20 年中国特大城市空间结构演变 [J]. 城市发展研究, 2014（3）：28-34.

[221] 叶昌东, 周春山.中国特大城市空间形态演变研究 [J]. 地理与地理信息科学, 2013, 29（3）：70-75.

[222] 叶昌东, 周春山.转型期广州城市空间增长分异研究 [J]. 中山大学学报（自然科学版）, 2013, 52（3）：133-138.

[223] 叶昌东, 周春山, 刘艳艳.近 10 年来广州工业空间分异及其演进机制研究 [J]. 经济地理, 2010.3（10）：1664-1669.

[224] 李立勋.广州市城中村形成及改造机制研究 [D]. 广州：中山大学.2001.

[225] 柴彦威, 塔娜.北京市 60 年城市空间发展及展望 [J]. 经济地理, 2009.29（9）：1421-1427.

[226] 洪世键, 张京祥.土地使用制度改革背景下中国城市空间扩展：一个理论分析框架 [J]. 城市规划学刊, 2009.181（3）：89-94.

[227] 杨上广.大城市社会极化的空间响应研究——以上海为例 [D]. 上海：华东师范大学.博士.2005：278.

[228] 叶昌东, 周春山, 李振.城市新区开发的供需关系分析 [J]. 城市规划, 2012, 36（7）：32-37.

[229] 叶昌东.全球化下珠江三角洲地区城市网络的空间联系特征, in 中国城市研究 [M]. 上海：商务印书馆, 2010.

[230] 周春山, 叶昌东.中国特大城市空间增长特征及其原因分析 [J]. 地理学报, 2013, 68（6）：728-738.

[231] 孟繁瑜, 房文斌.城市居住与就业的空间配合研究——以北京市为例 [J]. 城市发展研究, 2007.14（6）：87-94.

[232] 孟斌.北京城市居民职住分离的空间组织特征 [J]. 地理学报, 2009.64（12）：

1457-1466.

[233] 刘剑锋 . 从开发区向综合新城转型的职住平衡瓶颈——广州开发区案例的反思与启示 [J]. 北京规划建设, 2007（1）: 85-88.

[234] 韦亮英 . 南宁城市空间扩展及其生态环境效应研究 [J]. 规划师, 2008. 24（12）: 31-34.

[235] 朱政，贺清云 . 资源节约型、环境友好型社会建设背景下长株潭城市群空间形态的优化 [J]. 经济地理, 2008. 28（6）: 1004-1007.

[236] Peng Gong, Philip J Howarth. The use of structural information for improving land-cover classification accuracies at the rural urban fringe[J]. Photogrammetric Engineering and Remote sensinc, 1990. 56（1）: 67-73.

[237] 陈锦富，任丽娟，徐小磊等 . 城市空间增长管理研究述评 [J]. 城市规划, 2009. 33（10）: 19-24.

后记

　　本书是我在中山大学学习和在华南农业大学工作期间的研究成果。这些研究成果与我学习和工作成长中得到的众多关心和爱护是分不开的，谨以此书向曾经关心和爱护过我的老师、同学、同事、家人和朋友们表示最衷心的感谢和最真诚的祝福！

　　首先衷心感谢我的导师周春山教授，周老师学识渊博、高瞻远瞩、思维敏锐，不仅在科学研究中是我们学习的榜样，在为人处事上也是我们的楷模。"潜心学习、认真做事、诚信做人"，"不说不行的理由，寻找可行的方法"是您做学问、做人做事的最好诠释，也是指引学生不断成长的金玉良言。

　　感谢中山大学地理科学与规划学院对我的培养，感谢许学强教授、李郇教授、曹小曙教授、林耿教授、李志刚教授等对我学习和研究工作的指导。感谢姚士谋研究员、冯德显研究员等前辈们在博士论文答辩中的批评指正。感谢黎婴迎、张志强、罗彦、宋立新、张润鹏、马海涛、高军波、江海燕、刘艳艳、代丹丹、姚苑平、邓神志、王龙、李诗、吴倩祯、刘毅、蔡水清等同门对我的研究提供的宝贵意见和生活上的关心、支持。感谢郑延敏、王山河、尹向东、刘峰、李禹辰、李矿辉、陈树荣、朱宇姝等为我的研究工作提供基础数据和资料。

　　感谢华南农业大学林学与风景园林学院的领导对我工作的支持和帮助，感谢李敏教授、赵晓铭副教授等同事对我工作和生活上的关心和爱护。

　　感谢张媛媛、郭嘉慧、邓智皓等对书稿进行校对整理工作。

　　感谢父母、感谢家人无微不至的呵护和无私的奉献。

　　最后致所有支持和帮助我开展研究工作的所有人，祝愿人生事事顺利！

叶昌东

2016 年 6 月 9 日